工业和信息化**精品系列**教材

# 现代信息技术基础

## （Windows 10+ Office 2016）

陶洁 刘继清 黄金花｜主编

杨志勇 李熙 卢锐｜副主编

人民邮电出版社

北 京

**图书在版编目（CIP）数据**

现代信息技术基础：Windows 10+Office 2016 / 陶洁，刘继清，黄金花主编. -- 北京：人民邮电出版社，2022.9

工业和信息化精品系列教材

ISBN 978-7-115-57395-7

Ⅰ. ①现… Ⅱ. ①陶… ②刘… ③黄… Ⅲ. ①电子计算机－高等职业教育－教材 Ⅳ. ①TP3

中国版本图书馆CIP数据核字(2021)第192179号

## 内 容 提 要

本书采用"任务驱动，理论实训一体"的教学模式编写，内容组织以工作任务为载体，将整个教学过程贯穿于完成工作任务的全过程，在教学内容选取、教学方法运用、教学环节设计、训练任务设置、教学资源配置等方面都有创新，力求做到基本知识系统化、技能训练任务化、教学资源多样化。

本书遵循学生认识规律和技能成长规律，形成了模块化结构，共 8 个模块，分别为使用与维护计算机、使用与配置 Windows 10、操作与应用 Word 2016、操作与应用 Excel 2016、操作与应用 PowerPoint 2016、Python 编程基础、信息技术基础、应用互联网技术与认知新一代信息技术。

本书既可以作为高等职业院校各专业现代信息技术基础的教材，也可以作为计算机操作的培训教材及自学参考书。

- ◆ 主　　编　陶　洁　刘继清　黄金花
  　　副主编　杨志勇　李　熙　卢　锐
  　　责任编辑　刘　佳
  　　责任印制　焦志炜
- ◆ 人民邮电出版社出版发行　　北京市丰台区成寿寺路 11 号
  　　邮编　100164　　电子邮件　315@ptpress.com.cn
  　　网址　https://www.ptpress.com.cn
  　　山东华立印务有限公司印刷
- ◆ 开本：787×1092　1/16
  　　印张：16　　　　　　　　　　　　2022 年 9 月第 1 版
  　　字数：463 千字　　　　　　　　　2022 年 9 月山东第 1 次印刷

定价：49.80 元

读者服务热线：(010)81055256　印装质量热线：(010)81055316
反盗版热线：(010)81055315
广告经营许可证：京东市监广登字 20170147 号

# 前言 PREFACE

本书依据高等职业教育"信息技术"课程的教学目标，在教学内容选取、教学方法运用、教学环节设计、训练任务设置、教学资源配置等方面充分满足实际教学需求和考证需求基础上力求有所创新，让学习者不但系统掌握现代信息技术基础知识，还能运用所学知识解决实际问题。

（1）优选1种先进的教学模式组织教学

本书采用"任务驱动，理论实训一体"的教学模式编写，内容组织以典型工作任务为载体，将整个教学过程贯穿于完成工作任务的全过程。训练任务都来源于活动组织、教学管理、企业营销等方面的真实任务，具有较强的代表性和职业性。

（2）满足2种需求

如今，小学开始都开设了"信息技术"课程，学生都具备一定的计算机基础知识，对计算机的基本操作有所了解，但缺乏系统性和职业化的训练。"信息技术"这门基础课程需要完整的知识梳理和系统的方法指导，进一步加强规范化、职业化的操作训练，以满足学习者当下的考证需求和未来的就业需求。基于这一需求现状，本书对任务驱动教学进一步进行了优化，分别设置了单项操作训练任务和综合性实践任务，可强化学习者动手能力和职业能力的训练。本书以应用信息技术解决学习、工作、生活中常见问题为重点，强调"做中学、做中会"。不是以学习信息技术的理论知识为主线，而是以完成任务为主线，在完成规定的任务过程熟悉规范、学会方法、掌握知识。

（3）覆盖2类考试

全国计算机等级考试：1级MS Office。

全国计算机软件水平考试：信息处理技术员。

（4）实现3个目标

本书要实现熟练掌握计算机基础知识和基本技能的目标、按规定要求快速完成规定操作任务的目标以及遇到疑难问题时能想办法自行解决的目标。

本书注重方法和手段的创新，力求基本知识系统化、方法指导条理化、技能训练任务化、理论教学与实训指导一体化。

本书适应教学组织的多样性需求，可以满足先知识讲解后上机操作、理论实训一体、课程教学＋综合实训等多种教学组织需求，对于不同课时、不同教学条件都能顺利实施课程教学。

本书提供多样化的教学资源，为授课老师提供课程标准、电子教案、训练素材和习题答案，书中熟悉活页式中的内容，可联系作者索取。

由于编者水平有限，书中难免存在疏漏之处，敬请各位专家和学习者批评指正。

编　者

2022年1月

# 目录 CONTENTS

# 模块 3

## 操作与应用 Word 2016 ...75

### 3.1 初识 Word 2016.............75

### 3.2 认知键盘与熟悉字符输入.........76

## 模块 5

## 操作与应用 PowerPoint 2016........................164

# 模块 6

# Python 编程基础 ........201

## 6.1 Python 简介 .................201

## 6.2 Python 基础语法知识.........202

# 模块1
# 使用与维护计算机

计算机是一种存储和处理数据的工具，如今已广泛应用于日常生活、文化教育、工农业生产、商贸流通、科学研究、军事技术、金融等领域。计算机技术的高速发展极大地推动了经济增长乃至整个社会的进步。目前计算机在行政管理、人事管理、财务管理、生产管理、物资管理等诸多应用方面发挥着重要的作用，是实现办公自动化、提高工作效率必不可少的工具。

## 1.1 认知计算机基础知识

计算机是一种能够按照事先存储的程序，自动、高速进行大量数值运算和数据处理的智能电子装置。本节我们首先回顾计算机的发展历程，了解计算机的应用领域和微型计算机的主要特点；其次熟悉计算机硬件系统、微型计算机硬件系统和软件系统的基本组成；然后了解计算机病毒及其防治措施，常用的计数制及其转换方法，以及计算机中数据的表示与常见的信息编码；最后熟悉多媒体技术和信息素养。

### 1.1.1 认知计算机发展历程

1946 年 2 月 15 日，世界上第一台通用电子数字计算机"埃尼阿克"（Electronic Numerical Integrator And Computer，ENIAC）在美国的宾夕法尼亚大学宣告研制成功。"埃尼阿克"的发明，是计算机发展史上的一座里程碑，是人类在发展计算技术的历程中一个新的出发点。"埃尼阿克"共使用了 18800 个电子管，另加 1500 个继电器及其他器件，重达 30 吨，占地 167 平方米，是个地地道道的庞然大物。这台耗电量为 150 千瓦时的计算机，运算速度为每秒 5000 次加法运算或者 400 次乘法运算，比机械式的继电器计算机快 1000 倍。

根据计算机所采用的主要电子元器件的不同，一般把计算机的发展历程分成 4 个阶段，习惯上称为"四代"。

#### 1. 第一代：电子管计算机时代（从 1946 年到 20 世纪 50 年代后期）

这一阶段的计算机的主要特点是采用电子管作为基础器件，内存储器为磁鼓，外存储器采用纸带、卡片和磁带等，体积庞大、运算速度慢、可靠性差、功耗大、维护困难，代表机型有 IBM 公司的 IBM 650。

软件方面，开始时只能使用机器语言，20 世纪 50 年代中期出现了汇编语言。这一时期的计算机主要用于科学计算和军事领域。

#### 2. 第二代：晶体管计算机时代（从 20 世纪 50 年代后期到 20 世纪 60 年代中期）

这一阶段的计算机采用的主要器件逐步由电子管改为晶体管，缩小了体积，减小了功耗，减轻了重量，降低了价格，提高了速度，增强了可靠性，代表机型有控制数据公司（CDC）的大型计算机系统 CDC 6600。

软件方面，操作系统已开始使用，出现了各种计算机高级语言（如 ALGOL 语言、Fortran 语言、COBOL 语言等），输入和输出方式有了很大改进。这一阶段的计算机应用领域已由科学计算扩展到数据处理及事务处理。

#### 3. 第三代：集成电路计算机时代（从 20 世纪 60 年代中期到 20 世纪 70 年代初期）

这一阶段的计算机采用集成电路作为基本器件，功耗、体积、价格进一步下降，运算速度和可靠性相应提高，代表机型有 IBM 公司的 IBM 360。

软件方面，操作系统得到发展与完善，诞生了多种高级语言。这一阶段计算机主要用于科学计算、数据处理和过程控制等方面。

### 4. 第四代：大规模和超大规模集成电路计算机时代（从 20 世纪 70 年代初至今）

20 世纪 70 年代初，半导体存储器问世，迅速取代了磁芯存储器，并不断向大容量、高速度发展。1984 年内含 2300 个晶体管的 Intel 4004 芯片问世，开启了现代计算机的篇章，微型计算机迅速发展，并走向社会各个领域和平常家庭。

软件方面，操作系统不断发展和完善，各种高级语言和数据库管理系统进一步发展。这一阶段计算机已广泛应用于科学计算、数据处理、过程控制、计算机辅助系统及人工智能等各个方面。

## 1.1.2　认知计算机应用领域

计算机广泛应用于工作、科研、生活中，其应用领域可以概括为以下 7 个。

### 1. 科学计算

科学计算又称为数值计算，主要解决科学研究和工程技术中所提出的数学问题，如工程设计、天气预报、地震预测、火箭发射等过程中的问题。应用计算机进行数值计算，速度快、精度高，可以大大缩短计算周期，节省人力和物力。

### 2. 数据处理

数据处理是目前计算机应用非常广泛的领域，数据处理的特点是数据量大但计算并不复杂，其任务是对大量的数据进行分析和处理，如人口统计、工资管理、成本核算、档案管理、图书检索、库存管理等。

### 3. 过程控制

过程控制也称为实时控制，是指计算机及时采集监测数据，按最佳方法迅速地对控制对象进行自动控制和调节。计算机广泛应用于石油化工、电力、冶金、机械加工、通信等领域中的生产过程控制，例如数控机床、高炉炼钢、生产线等方面的自动控制。

### 4. 计算机辅助设计

计算机辅助设计（Computer Aided Design，CAD）是工程设计人员借助计算机进行设计的一项专门技术，不仅可以缩短设计周期，还提高了设计质量和设计过程的自动化程度。目前，计算机辅助设计已被广泛用于机械设计、电路设计、建筑设计、服装设计等各个方面。

### 5. 计算机辅助教学

计算机辅助教学（Computer Aided Instruction，CAI）是利用计算机进行辅助教学的一项专门技术，它利用图、文、声、像等多媒体方式使教学过程形象化，使教学内容图文并茂，从而大大提高教学效果。也可以利用计算机给学生提供多样化的教学方法和丰富的学习资料，通过人机交互方式帮助学生自学、自测，使教学更加灵活和方便，有效激发学生的学习兴趣，有利于实现因材施教。

除了计算机辅助设计和计算机辅助教学之外，计算机还可以用于计算机辅助制造（Computer Aided Manufacturing，CAM）、计算机辅助测试（Computer Aided Testing，CAT）等方面。

### 6. 人工智能

人工智能（Artificial Intelligence，AI）主要研究如何利用计算机"模仿"人的智力，也就是使计算机具有"推理"的功能，如工业机器人、智能机器人、计算机模拟医生看病、指纹识别等。

### 7. 网络通信

网络通信指利用计算机网络，可使不同地区的计算机之间实现资源共享，还可收发电子邮件、搜索资料等。

## 1.1.3　认知微型计算机主要特点

微型计算机（简称微机）的主要特点如下。

### 1. 运算速度快

运算速度是指计算机每秒能执行的指令数，常用单位是 MIPS，即百万条指令/秒。当今计算机系统的运算速度已达到每秒万亿次，微型计算机也可达每秒亿次以上，使大量复杂的科学计算问题得以解决。例如卫星轨道的计算、大型水坝的计算、24 小时天气预报的计算等。

### 2. 计算精度高

科学技术的发展特别是尖端科学技术的发展，需要高精度的计算。计算机控制的导弹之所以能准确地击中预定的目标，是与计算机的精确计算分不开的。

### 3. 存储容量大

计算机中的存储器能够存储大量数据，进行数据处理和计算，并把结果保存起来，当需要时又能准确无误地取出来。

### 4. 具有记忆和逻辑判断能力

随着计算机存储容量的不断增大，可存储记忆的信息越来越多。计算机能够进行各种基本的逻辑判断，并且根据判断的结果，自动决定下一步该做什么。

### 5. 有自动控制能力

计算机内部操作是根据人们事先编好的程序自动控制进行的。用户根据解题需要，事先设计好运行步骤与程序，计算机十分严格地按程序规定的步骤操作，整个过程无须人工干预。

## 1.1.4　认知计算机硬件系统的基本组成

计算机由运算器、控制器、存储器、输入设备和输出设备 5 个基本部分组成，这 5 个基本部分也称为计算机的五大部件。人们通常把运算器、控制器和存储器合称为计算机主机。把运算器、控制器做在一个大规模集成电路块上，这个电路块称为中央处理器（Central Processing Unit，CPU）。微型计算机的中央处理器习惯上称为微处理器（Microprocessor），是微型计算机的核心。计算机硬件系统的基本组成如图 1-1 所示。

### 1. 控制器

控制器主要由指令寄存器、译码器、程序计数器和操作控制器等组成，控制器用来控制计算机各部件协调工作，并使整个处理过程有条不紊地进行。它的基本功能就是从内存储器中取出指令和执行指令，即控制器按程序计数器提供的指令地址从内存储器中取出该指令进行译码，然后根据该指令功能向有关部件发出控制命令，执行该指令。另外，控制器在工作过程中，还要接收各部件反馈回来的信息。

### 2. 运算器

运算器又称算术逻辑单元（Arithmetic Logic Unit，ALU），是计算机对数据进行运算和处理的部件，它的主要功能是对二进制数进行加、减、乘、除等算术运算和与、或、非等基本逻辑运算，实现逻辑判断。运算器在控制器的控制下实现其功能，运算结果由控制器指挥送到内存储器中。

### 3. 存储器

存储器具有记忆功能，用来保存信息，如数据、指令和运算结果等。存储器可分为两种：内存储器与外存储器。

（1）内存储器

内存储器（简称内存或主存）也称主存储器，它直接与 CPU 相连接，存储容量较小，但存储速度快，

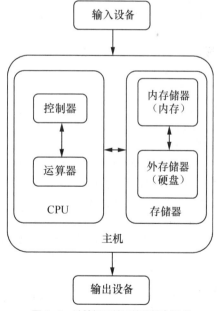

图 1-1　计算机硬件系统的基本组成

用来存放当前运行程序的指令和数据，并直接与 CPU 交换信息。内存由许多存储单元组成，每个单元能存放一个二进制数，或一条由二进制编码表示的指令。

（2）外存储器

外存储器又称辅助存储器（简称外存或辅存），它是内存的扩充。外存存储容量大，价格低，但存储速度较慢，一般用来存放大量暂时不用的程序、数据和中间结果，需要时，可成批地和内存进行信息交换。外存只能与内存交换信息，不能被计算机系统的其他部件直接访问。常用的外存有硬盘、移动硬盘、U 盘、光盘等。

**4. 输入/输出设备**

输入/输出设备简称 I/O（Input/Output）设备。用户通过输入设备将程序和数据输入计算机，输出设备将计算机处理的结果（如数字、字母、符号和图形）显示或打印出来。常用的输入设备有键盘、鼠标、扫描仪等，常用的输出设备有显示器、打印机、绘图仪等。

## 1.1.5 认知微型计算机硬件系统的基本组成

微型计算机的硬件系统是指计算机系统中可以看得见摸得着的物理装置，即机械器件、电子线路等设备。

**1. 微处理器**

微处理器是微型计算机的核心，由运算器和控制器两部分组成。运算器（也称执行单元）是微型计算机的运算部件，控制器是微型计算机的指挥控制中心。大规模集成电路的出现，使得将微处理器的所有组成部分都集成在一块半导体芯片上成为可能。

评价微型计算机运算速度的指标是微处理器的主频，主频是微处理器的时钟频率，主频的单位是MHz（兆赫兹）。主频越高，微型计算机的运算速度越快。

**2. 主板**

主板又叫主机板（Mainboard）或系统板（Systemboard）或母板（Motherboard），它安装在机箱内，是微型计算机最基本的也是最重要的部件之一。

主板是整台计算机稳定运行的基础，就好比人体的神经中枢，承载起计算机中的各种部件并使它们得以进行数据交换。微处理器、内存、显卡及电源等都必须连接到主板上才能使用。

**3. 内存储器**

目前，微型计算机的内存由半导体器件构成。内存按功能可分为两种：只读存储器（Readonly Memory，ROM）和随机（存取）存储器（Random Access Memory，RAM）。

ROM 的特点：存储的信息只能读出（取出），不能改写（存入），断电后信息不会丢失。ROM 一般用来存放专用的或固定的程序和数据。

RAM 的特点：可以读出，也可以改写，因此又称读写存储器。读取时不损坏原有的存储内容，只有写入时才修改原来所存储的内容。断电后，存储的内容立即消失。内存通常是以字节为单位编址的，一个字节由 8 个二进制位组成。

**4. 外存储器**

微型计算机的外存储器可分为硬盘存储器、U 盘、光盘等多种类型。

（1）硬盘存储器

硬盘存储器习惯上称为硬盘（Hard Disk）。硬盘是将一组高密度的磁性材料盘片与磁头、传动机构等部分进行密封组合的大容量存储器。硬盘通常内置于主机箱内，也可以加装硬盘盒作为移动硬盘使用。移动硬盘携带方便，通常使用 USB 接口和主机相连。由于硬盘是内置在硬盘驱动器里的，所以容易把硬盘和硬盘驱动器混为一谈。平常所说的 C 盘、D 盘，与真正的硬盘不完全是一回事。一个真实的硬盘，专业术语称其为"物理硬盘"，可以将一个物理硬盘分区，分为 C 盘、D 盘、E 盘等若干个"逻辑硬盘"。

一个硬盘一般由多个盘片组成，盘片的每一面都有一个读写磁头。硬盘在使用时，要将盘片格式化成若干个磁道（称为柱面），再将每个磁道划分为若干个扇区。

硬盘的存储容量计算：存储容量＝磁头数×柱面数×扇区数×每扇区字节数（512B）。

硬盘的一个重要性能指标是存取速度。影响存取速度的因素有：平均寻道时间、数据传输率、盘片的旋转速度和缓冲存储器容量等。一般来说，转速越高的硬盘寻道的时间越短，而且数据传输率也越高。

（2）U盘

U盘具有存储容量大、携带方便、存储速度快、不需要驱动器等特点，能通过 USB 接口和主机相连，即插即用、支持热插拔。

（3）光盘

光盘（Optical Disk）是一种利用激光技术将信息写入和读出的高密度存储媒体，能在光盘上进行信息读出或写入的装置称为光盘驱动器。

### 5. 输入设备

（1）键盘

键盘（Keyboard）是用户与计算机进行交流的主要工具，是计算机最重要的输入设备，也是微型计算机必不可少的外部设备。

通常键盘由主键盘区、小键盘区、功能键区 3 部分组成。主键盘区包括字母键、数字键、符号键和控制键等，是实现数据输入的主要区域。小键盘区中有 17 个键，其中 11 个键印有上挡符（数字 0、1、2、3、4、5、6、7、8、9 及小数点）和相应的下挡符（Insert、End、↓、PageDown、←、→、Home、↑、PageUp、Delete，其中数字 5 键没有下挡符）。功能键区一般设置成常用命令的字符序列，即按某个键就是执行某条命令或完成某个功能，在不同的应用软件中，相同的功能键可以具有不同的功能。

（2）鼠标

鼠标（Mouse）是微型计算机上的一种常用的输入设备，是控制显示屏上指针位置的一种设备。在软件支持下，用户可以通过鼠标上的按键，向计算机发出输入命令，或完成某种特殊的操作。

### 6. 输出设备

（1）显示器

显示器（Monitor）是微型计算机不可缺少的输出设备。用户可以通过显示器方便地观察输入和输出的信息。显示器单位面积的像素越多，分辨率越高，显示的字符或图形也就越清晰细腻。一般显示器的分辨率在 800 像素×600 像素以上，如 1024 像素×768 像素、1280 像素×1024 像素等。

显示器按输出色彩可分为单色显示器和彩色显示器两大类，按其显示器件可分为阴极射线管（CRT）显示器和液晶（LCD）显示器，按其显示器屏幕的对角线尺寸可分为 14 英寸（1 英寸≈2.54 厘米）、15 英寸、17 英寸和 21 英寸等几种。分辨率、色彩数量及屏幕尺寸是显示器的主要指标。显示器必须配置正确的适配器（显卡）才能构成完整的显示系统。

（2）打印机

打印机（Printer）是常见的计算机输出设备，用于将计算机处理结果打印在相关介质上。打印机的种类很多，按工作原理可分为击打式打印机和非击打式打印机。目前微型计算机系统中常用的针式打印机（又称点阵打印机）属于击打式打印机，喷墨打印机和激光打印机属于非击打式打印机。

针式打印机打印的字符和图形是以点阵的形式构成的。它的打印头由若干根打印针和驱动电磁铁组成。打印时使相应的针头接触色带击打纸面来完成。目前，使用较多的是 24 针打印机。针式打印机的主要特点是价格便宜、使用方便，但打印速度较慢、噪声大。

喷墨打印机是直接将墨水喷到纸上来实现打印。喷墨打印机具有价格低廉、打印效果较好等优势，较受用户欢迎，但喷墨打印机对使用的纸张要求较高，墨盒消耗较快。

激光打印机是激光技术和电子照相技术的复合产物。激光打印机的技术来源于复印机，但复印机的光源用的是灯光，而激光打印机用的是激光。由于激光光束能聚焦成很细的光点，因此激光打印机能输出分辨率很高且色彩很好的图形。激光打印机具有打印速度快、分辨率高、无噪声等优势，但价格稍高。

## 1.1.6　认知微型计算机软件系统的基本组成

软件是计算机系统必不可少的组成部分。微型计算机软件系统分为系统软件和应用软件两部分。系统软件一般包括操作系统、语言编译程序、数据库管理系统。应用软件是指计算机用户为某一特定应用而开发的软件，如文字处理软件、表格处理软件、绘图软件、财务软件、实时控制软件等。

**1. 系统软件**

（1）操作系统

操作系统（Operating System，OS）是最基本、最重要的系统软件，它负责管理计算机系统的全部软件资源和硬件资源，合理地组织计算机各部分协调工作，为用户提供操作界面。

（2）语言编译程序

人和计算机交流信息使用的语言称为计算机语言或程序设计语言，计算机语言通常分为机器语言、汇编语言和高级语言3类。

① 机器语言

机器语言（Machine Language）是一种用二进制码"0"和"1"形式表示的，能被计算机直接识别和执行的语言。用机器语言编写的程序，称为计算机机器语言程序。机器语言是一种低级语言，用它编写的程序不便于记忆、阅读和书写，通常不用机器语言直接编写程序。

② 汇编语言

汇编语言（Assemble Language）是一种用助记符表示的面向机器的程序设计语言。汇编语言的每条指令对应一条机器语言代码，不同类型的计算机系统一般有不同的汇编语言。用汇编语言编制的程序称为汇编语言程序，机器不能直接识别和执行该程序，必须由"汇编程序"（或汇编系统）翻译成机器语言程序才能运行。这种"汇编程序"就是汇编语言的翻译程序。汇编语言适用于编写直接控制机器操作的低层程序，它与机器密切相关，不容易使用。

③ 高级语言

高级语言（High Level Language）是一种比较接近自然语言和数学表达式的计算机程序设计语言。一般用高级语言编写的程序称为"源程序"，计算机不能识别和执行该程序，要把用高级语言编写的源程序翻译成机器指令，通常有编译和解释两种方式。编译方式是将源程序整个编译成目标程序，然后通过链接程序将目标程序链接成可执行程序。解释方式是将源程序逐句翻译，翻译一句执行一句，边翻译边执行，不产生目标程序。采用解释方式的常用语言有BASIC语言和Perl语言。常用的高级语言有Visual Basic、Fortran、C、C#、Java等。

（3）数据库管理系统

数据库管理系统（Database Management System，DBMS）的作用是管理数据库。数据库管理系统是有效地进行数据存储、共享和处理的工具。目前，微型计算机系统常用的数据库管理系统有SQL-Server、Oracle、Sybase、DB2等。当今数据库管理系统主要用于档案管理、财务管理、图书资料管理、仓库管理、人事管理等方面的数据处理。

**2. 应用软件**

（1）文字处理软件

文字处理软件主要用于对输入计算机的文字进行编辑，并将输入的文字以多种字形、字体及格式打印出来。目前常用的文字处理软件有Microsoft Word、WPS等。

（2）表格处理软件

表格处理软件可根据用户的要求处理各式各样的表格并进行存盘或打印出来。目前常用的表格处理软件有Microsoft Excel等。

（3）实时控制软件

用于生产过程自动控制的计算机一般都是实时控制的，这对计算机的运算速度要求不高，但对可靠性要求很高。用于控制的计算机，其输入信息往往是电压、温度、压力、流量等模拟量，将模拟量转换成数字量后计算机才能进行处理或计算。

## 1.1.7 认知计算机病毒及其防治措施

### 1. 计算机病毒的概念

计算机病毒是指编制或者在计算机程序中插入的破坏计算机功能或者破坏数据、影响计算机使用并且能够自我复制的一组计算机指令或者程序代码。其旨在干扰计算机操作，记录、毁坏或删除数据，或者自行传播到其他计算机和整个互联网（Internet）。随着计算机及网络的发展，计算机病毒传播造成的恶劣后果越来越受到人们的关注。互联网上出现的很多新病毒与以往的计算机病毒相比，其破坏性更大、传播性更强，给用户和整个网络造成了极大的损失。计算机病毒主要特征有寄生性、传染性、潜伏性、隐蔽性、破坏性、可触发性和衍生性。对计算机病毒的防治，应采取以"防"为主、以"治"为辅的方法，阻止病毒的侵入比病毒侵入后再查杀它重要得多。

### 2. 计算机病毒的特征

计算机病毒一般具有以下特征。

（1）传染性

传染性是病毒的最基本特征，是判断一段程序代码是否为计算机病毒的依据。计算机病毒可以通过各种渠道从已经被感染的计算机扩散到未被感染的计算机，使被感染的计算机工作失常甚至瘫痪，病毒程序一旦侵入计算机系统就开始寻找可以传染的程序或者磁介质，然后通过自我复制迅速传播。由于目前计算机网络日益发达，计算机病毒的传播更为迅速，破坏性更大。

（2）潜伏性

一段编制精巧的计算机病毒程序进入系统之后可能不会立即发作，它可以在几周甚至几年内隐藏在合法文件中，对其他文件进行传染，而不被人发现，只有条件满足时才被激活，开始进行破坏性活动。计算机病毒潜伏性越好，其在系统中的时间就会越长，其传染范围就会越大，危害也就越大。

（3）破坏性

计算机病毒不仅占用系统资源，还可以删除或者修改文件或数据，加密磁盘中的一些数据，格式化磁盘，降低运行效率或者中断系统运行，甚至使整个计算机网络瘫痪，造成灾难性的后果。计算机病毒的破坏性直接体现了病毒设计者的真正意图。

（4）可触发性

病毒因某个事件或者数值的出现，诱使其实施感染或进行攻击的特性称为可触发性。病毒的触发机制用来控制感染和破坏动作的频率。病毒具有预定的触发条件，这些条件可能是时间、日期、文件类型或者某些特定数据等。病毒运行时，触发机制检查预定条件是否满足，如果满足，启动感染或破坏动作；如果不满足，病毒则继续潜伏。

（5）衍生性

病毒的传染性和破坏性是病毒设计者的目的和意图。但是，如果被其他一些恶作剧者或者恶意攻击者所模仿，就会衍生出不同于原版本的新的计算机病毒（又称为变种），这就是计算机病毒的衍生性。这种变种病毒造成的后果可能要比原版病毒严重很多。

除了以上特征外，计算机病毒还有其他的一些特点，比如攻击的主动性、病毒执行的非授权性、病毒的欺骗性、病毒的持久性、病毒检测的不可预见性、病毒对不同操作系统的针对性等。计算机病毒的这些特点，决定了病毒难以被发现，难以被清除，危害持久。

### 3. 计算机病毒的分类

根据计算机病毒的特征，计算机病毒的分类方法有许多种。

（1）按照病毒的破坏能力分类

① 无害型：这类病毒除了传染时减少磁盘的可用空间外，对系统没有其他影响。

② 无危险型：这类病毒仅仅会减少内存、显示图像、发出声音等。

③ 危险型：这类病毒会使计算机在系统操作中产生严重的错误。

④ 非常危险型：这类病毒可以删除程序、破坏数据、消除系统内存区和操作系统中一些重要的信息。这些病毒对系统造成的危害，并不完全是本身的算法中存在危险的调用，而是当它们传染时会引起无法预料的破坏。由病毒引起的其他程序产生的错误也会破坏文件。现在一些无害型病毒也可能会对新版的 DOS、Windows 和其他操作系统造成破坏。

（2）根据病毒特有的算法分类

① 伴随型病毒：这一类病毒并没有改变本身，它们根据算法产生 exe 文件的伴随体，具有同样的名字和不同的扩展名（com），例如，xcopy.exe 的伴随体是 xcopy.com。病毒把自身写入 com 文件，并不改变 exe 文件，当加载文件时，伴随体优先被执行，再由伴随体加载执行原来的 exe 文件。

② 蠕虫型病毒：这一类病毒主要通过计算机网络进行传播，不改变文件和资料信息，利用网络从一台计算机的内存传播到其他计算机的内存，将自身通过网络传播。这种病毒一般除了内存外不占用其他的资源。

③ 变型病毒：又被称为幽灵病毒。这类病毒使用了一个复杂的算法，使自己每传播一份都具有不同的内容和长度。

（3）根据病毒的传染方式分类

① 文件型病毒：文件型病毒是指能够感染文件，并能通过被感染的文件进行传染扩散的计算机病毒。这种病毒主要感染的文件为可执行性文件（扩展名为 exe、com 等）和文本文件（扩展名为 doc、xls 等）。前者通过实施传染，后者则通过 Word 或 Excel 等软件在调用文档中的"宏"病毒指令时实施感染和破坏。已感染病毒文件执行速度会减慢，甚至完全无法执行。有些文件被感染后，一旦执行就会遭到删除。感染病毒的文件被执行后，病毒通常会趁机对下一个文件进行感染。

② 系统引导区病毒：这类病毒隐藏在硬盘的引导区，当计算机从感染了系统引导区病毒的硬盘启动，或者当计算机从受感染的磁盘中读取数据时，系统引导区病毒就会开始发作。一旦加载系统，病毒会将自己加载在内存中，然后开始感染其他被执行的文件。早期出现的大麻病毒、小球病毒就属于此类。

③ 混合型病毒：混合型病毒综合了系统引导区病毒和文件型病毒的特性，它的危害比系统引导区病毒和文件型病毒更为严重。这种病毒不仅感染系统引导区，还感染文件，更增加了病毒的传染性及存活率。不管以哪种方式传染，都会在开机或执行程序时感染其他的磁盘或文件，所以，这种病毒也是最难杀灭的。

④ 宏病毒：宏病毒是一种寄存于文档或模板的宏中的计算机病毒，主要利用 Word 提供的宏功能来将病毒带进带有宏的 doc 文档中，一旦打开这样的文档，宏病毒就会被激活，并转移到计算机内存中，驻留在 Normal 模板上。从此以后，所有自动保存的文档都会感染上这种宏病毒。如果网上其他用户打开了感染病毒的文档，宏病毒就会被传染到其他计算机上。宏病毒的传播速度很快，对系统和文件都可以造成破坏。

**4. 计算机病毒的危害**

计算机病毒的危害可以分为对网络系统的危害和对计算机系统的危害两方面。

（1）计算机病毒对网络系统的危害

① 病毒程序通过"自我复制"传染正在运行其他程序的系统，并与正常运行的程序争夺系统的资源，使系统瘫痪。

② 病毒程序可在发作时冲毁系统存储器中的大量数据，致使计算机及其用户丢失数据，蒙受巨大损失。

③ 病毒程序不仅侵害使用的计算机系统，而且通过网络侵害与之联网的其他计算机系统。

④ 病毒程序可导致计算机控制的空中交通指挥系统失灵，使卫星、导弹失控，使银行金融系统瘫痪，使自动生产线控制紊乱等。

（2）计算机病毒对计算机系统的危害

① 破坏磁盘的文件分配表或目录区，使用户磁盘上的信息丢失。

② 删除硬盘上的可执行文件或覆盖文件。

③ 将非法数据写入 DOS 内存参数区，引起系统崩溃。

④ 修改或破坏文件和数据。

⑤ 影响内存常驻程序的正常执行。

⑥ 在磁盘上标记虚假的坏簇，从而破坏有关的程序或数据。

⑦ 更改或重新写入磁盘的卷标号。

⑧ 对可执行文件反复传染复制，造成磁盘存储空间减少，并影响系统运行效率。

⑨ 对整个磁盘进行特定的格式化，破坏全盘的数据。

⑩ 使系统空挂，造成显示器键盘处于被封锁的状态。

**5. 防治计算机病毒传播的主要措施**

① 谨慎使用公共和共享的软件，因为这种软件使用人多而杂，它们携带病毒的可能性较大。应尽量不使用外来的移动存储设备，特别是公用计算机上使用过的 U 盘。对外来盘要查杀病毒，确认无病毒后再使用。

② 提高病毒防范意识，尽量使用正版软件，不使用盗版软件和来历不明的软件。

③ 密切关注媒体发布的病毒信息，及时打好补丁，修复杀毒软件、操作系统和应用软件中的漏洞。

④ 除非是原始盘，否则绝不用来历不明的启动盘去引导硬盘。

⑤ 在计算机中安装正版杀毒软件，定期对引导系统进行查毒、杀毒，对杀毒软件及时进行升级。使用防火墙，实时监控病毒，抵抗大部分的病毒入侵。

⑥ 对重要的数据、资料、分区表进行备份，创建一张无毒的启动盘，用于重新启动或安装系统。不把用户数据或程序写到系统盘中。

⑦ 如果无法防止病毒入侵，至少应尽早发现病毒的入侵。发现病毒越早越好，如果能够在病毒产生危害之前发现和排除它，则可以使系统免受危害；如果能够在病毒广泛传播之前发现它，则可以使修复系统的任务较轻和较容易。总之，病毒在系统中存在的时间越长，产生的危害就越大。

⑧ 计算机染上病毒后，应尽快予以清除，对付计算机病毒比较快捷和简便的方法就是使用优秀的杀毒软件进行查杀，几乎所有的杀毒软件都能事先备份正常的硬盘引导区，当硬盘被病毒感染时，先清除病毒再将引导区重新复制回硬盘，以保证硬盘能正确引导系统。

## 1.1.8 认知常用的计数制及其转换方法

常用的计数制有十进制、二进制、八进制和十六进制，一般在数字的后面用特定字母表示该数的计数制，例如：B 表示二进制，D 表示十进制（D 可省略），O 表示八进制，H 表示十六进制。读者应熟悉这些常用的计数制及其相互之间的转换方法。

**1. 计数制的基本概念**

计数制也称数制，是指用一组固定的符号和统一的规则来表示数值的方法。人们在日常生活、工作中常用多种计数制来描述事物，例如 10 角为 1 元，即"逢 10 进 1"；7 天为 1 周，即"逢 7 进 1"；12 个月为 1 年，即"逢 12 进 1"；24 小时为 1 天，即"逢 24 进 1"；60 分钟为 1 小时，即"逢 60 进 1"，2 个为 1 双或 1 对，即"逢 2 进 1"等。

在计数制中有数位、基数和位权三个要素。数位是指数码在数中的位置；基数是指在某种计数制中，每个数位上所能使用的数码个数。例如二进制数基数是 2，每个数位上可以使用的数码为 0 和 1 两个；

十进制数基数是 10，每个数位上可以使用的数码为"0~9"10 个。在计数制中有一个规则，如果是 $N$ 进制数，必须是逢 $N$ 进1。

对于多位数，每个数位上的数码所代表数值的大小都等于该数位上的数码乘以一个固定的数值，这个固定数值称为该位的位权（简称权）。例如，二进制数的整数部分第 1 位的位权为 $2^0$，第 2 位的位权为 $2^1$，第 3 位的位权为 $2^2$；十进制数中，小数点左边的第 1 位的位权为 $10^0$，第 2 位的位权为 $10^1$，第 3 位的位权为 $10^2$，小数点右边第 1 位的位权为 $10^{-1}$，第 2 位的位权为 $10^{-2}$。一般情况下，对于 $N$ 进制数，整数部分第 $i$ 位的位权为 $N^{i-1}$，而小数部分第 $j$ 位的位权为 $N^{-j}$。

（1）十进制（十进位计数制）

我们习惯使用的十进制数由 0、1、2、3、4、5、6、7、8、9 十个不同的数字组成，每一个数字处在十进制数中不同的位置时，它所代表的实际数值是不一样的。例如"1011"可表示成 $1 \times 1000 + 0 \times 100 + 1 \times 10 + 1 \times 1 = 1 \times 10^3 + 0 \times 10^2 + 1 \times 10^1 + 1 \times 10^0$，式中每个数字符号的位置不同，它所代表的数值也不同，这就是经常所说的个位、十位、百位、千位的意思。十进制数的基数为 10，逢 10 进1。

（2）二进制（二进位计数制）

二进制和十进制一样，也是一种计数制，但二进制数的基数是 2。数中 0 和 1 的位置不同，它所代表的数值也不同。例如，二进制数 1101 表示十进制数 13，如下所示：

$$(1101)_2 = 1 \times 2^3 + 1 \times 2^2 + 0 \times 2^1 + 1 \times 2^0 = 8 + 4 + 0 + 1 = (13)_{10}$$

一个二进制数具有 2 个基本特点：有 2 个不同的数码，即 0 和 1；逢 2 进 1。

（3）八进制（八进位计数制）

八进制数有 8 个不同的数码：0、1、2、3、4、5、6、7，其基数为 8，逢 8 进 1，例如：

$$(1011)_8 = 1 \times 8^3 + 0 \times 8^2 + 1 \times 8^1 + 1 \times 8^0 = (521)_{10}$$

（4）十六进制（十六进位计数制）

十六进制数有 16 个不同的数码：0、1、2、3、4、5、6、7、8、9、A、B、C、D、E、F，其基数为 16，逢 16 进 1，例如：

$$(1011)_{16} = 1 \times 16^3 + 0 \times 16^2 + 1 \times 16^1 + 1 \times 16^0 = (4113)_{10}$$

**2. 不同计数制之间的转换方法**

用计算机处理十进制数，必须先把它转换成二进制数才能被计算机所接受，同理，计算结果应将二进制数转换成人们习惯的十进制数。4 位二进制数与其他计数制数的对照见表 1-1。

表 1-1　4 位二进制数与其他计数制数的对照

| 二进制数 | 十进制数 | 八进制数 | 十六进制数 |
| --- | --- | --- | --- |
| 0000 | 0 | 0 | 0 |
| 0001 | 1 | 1 | 1 |
| 0010 | 2 | 2 | 2 |
| 0011 | 3 | 3 | 3 |
| 0100 | 4 | 4 | 4 |
| 0101 | 5 | 5 | 5 |
| 0110 | 6 | 6 | 6 |
| 0111 | 7 | 7 | 7 |
| 1000 | 8 | 10 | 8 |
| 1001 | 9 | 11 | 9 |
| 1010 | 10 | 12 | A |
| 1011 | 11 | 13 | B |

续表

| 二进制数 | 十进制数 | 八进制数 | 十六进制数 |
|---|---|---|---|
| 1100 | 12 | 14 | C |
| 1101 | 13 | 15 | D |
| 1110 | 14 | 16 | E |
| 1111 | 15 | 17 | F |

（1）十进制整数转换成二进制整数

十进制整数转换为二进制整数的方法是，把被转换的十进制整数反复地除以2，直到商为0，所得的余数（从末位读起）就是这个数的二进制表示。简单地说，就是"除以2取余法"。

掌握了十进制整数转换成二进制整数的方法以后，学习十进制整数转换成八进制整数或十六进制整数就很容易了。十进制整数转换成八进制整数的方法是"除以8取余法"，十进制整数转换成十六进制整数的方法是"除以16取余法"。

（2）十进制小数转换成二进制小数

十进制小数转换成二进制小数是将十进制小数连续乘以2，选取进位整数，直到满足精度要求为止。简单地说，就是"乘2取整法"。

十进制小数转换成八进制小数的方法是"乘8取整法"，十进制小数转换成十六进制小数的方法是"乘16取整法"。

（3）二进制数转换成十进制数

把二进制数转换为十进制数的方法是，将二进制数按权展开求和即可。

同理，非十进制数转换成十进制数的方法是，把各个非十进制数按权展开求和即可。

（4）二进制数转换成八进制数

二进制数与八进制数之间的转换十分简捷，由于二进制数和八进制数之间存在特殊关系，即 $8^1=2^3$，八进制数的每一位对应二进制数的3位。具体转换方法是，将二进制数从小数点开始，整数部分从右向左3位一组，小数部分从左向右3位一组，不足3位用0补足即可（整数部分左侧补0，小数部分右侧补0）。

（5）八进制数转换成二进制数

八进制数转换成二进制数的方法为，以小数点为界，向左或向右每一位八进制数用相应的3位二进制数取代，然后将其连在一起即可。

（6）二进制数转换成十六进制数

二进制数的每4位，刚好对应于十六进制数的1位（ $16^1=2^4$ ），二进制数转换成十六进制数的方法是，将二进制数从小数点开始，整数部分从右向左4位一组，小数部分从左向右4位一组，不足4位用0补足（整数部分左侧补0，小数部分右侧补0），每组对应转换为1位十六进制数，即可得到十六进制数。

（7）十六进制数转换成二进制数

十六进制数转换成二进制数的方法为，以小数点为界，向左或向右将每1位十六进制数转换为4位二进制数，然后将其连在一起即可。

### 1.1.9 认知计算机中数据的表示与常见的信息编码

#### 1. 认知计算机中数据的表示

计算机内表示的数，分成整数和实数两大类。在计算机内部，数据是以二进制的形式存储和运算的。数的正负用字节的最高位来表示，定义为符号位，用"0"表示正数，用"1"表示负数。

（1）整数的表示

计算机中的整数一般用定点数表示，定点数的小数点在数中有固定的位置。整数又可分为无符号整数（不带符号的整数）和有符号整数（带符号的整数）。无符号整数中，所有二进制位全部用来表示数的大小，有符号整数则用最高位表示数的正负号，其他位表示数的大小。如果用 1 个字节表示 1 个无符号整数，则其取值范围是 0~255（即 $2^8-1$）。如果用 1 个字节表示 1 个有符号整数，则其取值范围是 $-128$~$+127$（即 $-2^7$~$2^7-1$）。如果用 1 个字节表示有符号整数，则能表示的最大正整数为 01111111（最高位为符号位），即最大值为 127。计算机中的地址常用无符号整数表示。

（2）实数的表示

实数一般用浮点数表示，因为它的小数点位置不固定，所以称浮点数。它是既有整数又有小数的数，纯小数可以看作实数的特例，例如：57.625、$-1984.045$、0.00456 都是实数。

以上 3 个数又可以表示为

$$57.625 = 10^2 \times 0.57625 - 1984.045$$
$$= 10^4 \times (-0.1984045)0.00456$$
$$= 10^{-2} \times 0.456$$

其中，指数部分用来指出实数中小数点的位置，括号内是一个纯小数。二进制的实数表示也是这样，例如，二进制数 110.101 可表示为

$$110.101 = 2^{10} \times 1.10101 = 2^{-10} \times 11010.1 = 2^{11} \times 0.110101$$

在计算机中一个浮点数由指数（阶码）和尾数两部分组成。指数用来指示尾数中的小数点应当向左或向右移动的位数；尾数表示数值的有效数字，其小数点约定在数符和尾数之间，在浮点数中数符和阶符各占一位，指数的值随浮点数数值的大小而定，尾数的位数则依浮点数的精度要求而定。

**2. 认知常见的信息编码**

信息编码是采用少量的基本符号，选用一定的组合原则，以表示大量复杂多样数据的技术。计算机是数据处理的工具，任何信息必须转换成二进制形式数据后才能由计算机进行处理、存储和传输。

（1）BCD 码（二~十进制编码）

BCD（Binary Code Decimal）码是用若干个二进制数表示 1 个十进制数的编码。BCD 码有多种编码方法，常用的是 8421 码。表 1-2 是十进制数 0~19 的 8421 编码表。

**表 1-2　十进制数 0~19 的 8421 编码表**

| 十进制数 | 8421 码 | 十进制数 | 8421 码 |
| --- | --- | --- | --- |
| 0 | 0000 | 10 | 00010000 |
| 1 | 0001 | 11 | 00010001 |
| 2 | 0010 | 12 | 00010010 |
| 3 | 0011 | 13 | 00010011 |
| 4 | 0100 | 14 | 00010100 |
| 5 | 0101 | 15 | 00010101 |
| 6 | 0110 | 16 | 00010110 |
| 7 | 0111 | 17 | 00010111 |
| 8 | 1000 | 18 | 00011000 |
| 9 | 1001 | 19 | 00011001 |

8421 码是将十进制数码 0~9 中的每个数分别用 4 位二进制编码表示，阶符的数是 8、4、2、1，这种编码方法比较直观、简便，对于多位数，只需将它的每一位数字按表 1-2 中所列的对应关系用 8421 码直接列出即可。例如，十进制数转换成 BCD 码如下：

$$(1209.56)_{10} = (0001\ 0010\ 0000\ 1001.0101\ 0110)_{BCD}$$

8421 码与二进制数之间的转换不是直接的，要先将 8421 码表示的数转换成十进制数，再将十进制

数转换成二进制数。例如：

$$(1001\ 0010\ 0011.0101)_{BCD} = (923.5)_{10} = (1110011011.1)_2$$

（2）ASCII

计算机中，对非数值的文字和其他符号进行处理时，要对文字和符号进行数字化处理，即用二进制编码来表示文字和符号。字符编码（Character Code）用二进制编码来表示字母、数字及专门符号。

目前计算机中普遍采用的是美国信息交换标准代码（American Standard Code for Information Interchange，ASCII）。ASCII 有 7 位版本和 8 位版本两种，国际上通用的是 7 位版本，7 位版本的 ASCII 有 128 个元素，只需用 7 个二进制位（$2^7 = 128$）表示，其中控制字符 34 个，阿拉伯数字 10 个，大小写英文字母 52 个，各种标点符号和运算符号 32 个。在计算机中实际用 8 位表示一个字符，最高位为"0"。例如，数字 0 的 ASCII 为 48，大写英文字母 A 的 ASCII 为 65，空格的 ASCII 为 32 等。如果 ASCII 码用十六进制数表示，数字 0 的 ASCII 为 30H，字母 A 的 ASCII 为 41H。

（3）汉字编码

汉字也是字符，与西文字符相比，汉字数量大，字形复杂，同音字多，这就给汉字在计算机内部的存储、传输、交换、输入、输出等带来了一系列的问题。为了能直接使用西文标准键盘输入汉字，必须为汉字设计相应的编码，以适应计算机处理汉字的需要。

① 国标汉字字符集

为了规范汉字信息的表示形式，便于汉字信息的交流，1980 年我国国家标准总局颁布了《信息交换用汉字编码字符集·基本集》，其代号为 GB 2312－1980，简称《国标汉字字符集》，是国家规定的用于汉字信息处理的代码依据。在《国标汉字字符集》中共收录了 6763 个常用汉字和 682 个非汉字字符（图形、符号），其中一级汉字 3755 个，以汉语拼音的顺序排列，二级汉字 3008 个，以偏旁部首的顺序进行排列。

② 区位码

《国标汉字字符集》规定，所有的国标汉字与符号组成一个 94×94 的矩阵，在此方阵中，每一行称为一个"区"（区号为 01～94），每一列称为一个"位"（位号为 01～94），该方阵组成了一个有 94 个区、每个区内有 94 个位的汉字字符编码表，每一个汉字或符号在编码表中都有一个由区号和位号组成的唯一的 4 位位置编码，称为该字符的区位码。使用区位码方法输入汉字时，必须先在表中查找汉字并找出对应的代码，才能输入。区位码输入汉字的优点是无重码，而且输入码与内部编码的转换方便。

在汉字字符编码表中，每一行称为一区，每一列称为一位，因此汉字字符编码表也称为汉字字符区位码表，简称为区位码表。区位码表中共有 94 区和 94 位，区和位的编号分别为 1～94。因此，区位码表的总容纳量为 94×94＝8836 个编码单位。

在区位码表中，第 1 区至第 9 区为字符，第 16 区至第 55 区为一级汉字，第 56 区至第 87 区为二级汉字，第 10 区至第 15 区及第 88 区至第 94 区为空码，分别保留给扩展汉字和扩展字符时使用。

汉字的区位码是由在汉字编码表中的每个汉字的区号和位号共两个字节组成的，即汉字的区位码由以下两个字节组成：

区位码高字节＝区号

区位码低字节＝位号

区号和位号的有效范围为十进制的 1～94，十六进制的 1～5E，二进制的 00000001～01011110。

③ 国标码

汉字的国标码与区位码之间有着密切的联系，汉字的国标码也是由两个字节组成，分别称为国标码低字节和国标码高字节。在 ASCII 中有 94 个可打印字符（21H～7EH），为了与 ASCII 对应，给区位码的区号和位号都分别加上十进制的 32（即十六进制的 20H），从而得到国标码。国际码与区位码之间的关系如下：

国标码高字节＝区位码高字节+20H

国标码低字节＝区位码低字节+20H

例如，汉字"中"的区位码十进制形式为 5448，十六进制形式为 3630，使用 3630H 表示。

国标码高字节＝区位码高字节+20H＝36H+20H＝56H

国标码低字节＝区位码低字节+20H＝30H+20H＝50H

即汉字"中"的国标码为 5650H，二进制形式为 01010110 01010000。

④ 机内码

汉字的机内码是计算机系统内部对汉字进行存储、处理、传输时统一使用的代码，又称为汉字内码。由于汉字数量多，一般用 2 个字节来存放汉字的机内码。在计算机内汉字字符必须与英文字符区别开，以免造成混乱。英文字符的机内码用一个字节来存放 ASCII，一个 ASCII 占一个字节的低 7 位，最高位为"0"。为了达到与英文字符兼容的目的，汉字的机内码不能与标准 ASCII 冲突。因此，在汉字真正被存储到计算机的存储器里时使用的汉字机内码为变形的国标码，即将国标码的两个字节的最高位均置为"1"，相当于为国标码的高字节和低字节均加上十进制的 128（十六进制的 80H 或二进制的 10000000）。

机内码与国标码之间的关系如下：

机内码高字节＝国标码高字节+80H

机内码低字节＝国标码低字节+80H

例如，汉字"中"的国标码为十六进制的 5650H，即二进制的 01010110 01010000。

机内码高字节＝国标码高字节+80H＝56H+80H＝D6

机内码低字节＝国标码低字节+80H＝50H+80H＝D0

即汉字"中"的机内码为 D6D0H，即二进制的 11010110 11010000。

比较汉字"中"的国标码和机内码可以发现，其国标码的两个字节的最高位为"0"，机内码的两个字节的最高位为"1"。

汉字的区位码、国标码、机内码之间的对应关系如下：

国标码＝区位码+2020H

机内码＝国标码+8080H

机内码＝区位码+A0A0H

例如，汉字"啊"的区位码以十进制数表示为 1601，以十六进制数表示为 1001H，国标码为 3021H，机内码为 B0A1H。

⑤ 字形码

每一个汉字的字形都必须预先存放在计算机内，例如《国标汉字字符集》的所有字符的形状描述信息集合在一起，称为字形信息库，简称字库。字库通常分为点阵字库和矢量字库。目前汉字字形的产生大多是用点阵方式，即用点阵表示汉字字形码。根据汉字输出精度的要求，有不同密度点阵。汉字字形点阵有 16 点阵×16 点阵、24 点阵×24 点阵、32 点阵×32 点阵、64 点阵×64 点阵等。汉字字形点阵中每个点的信息用一位二进制码来表示，"1"表示对应位置处是黑点，"0"表示对应位置处是空白。字形点阵的信息量很大，所占存储空间也很大，例如 16×16 点阵，每个汉字就要占 32 个字节（16×16÷8=32）；24×24 点阵的字形码需要用 72 字节（24×24÷8=72），因此字形点阵只能用来构成"字库"，而不能用来替代机内码用于机内存储。字库中存储了每个汉字的字形点阵码，不同的字体（如宋体、仿宋、楷体、黑体等）对应着不同的字库。在输出汉字时，计算机要先到字库中找到它的字形描述信息，再把字形送去输出。

## 1.1.10　认知多媒体技术

多媒体技术是指利用计算机对文字、数据、图形、图像、动画、声音等多种媒体信息进行综合处理和管理，使用户可以通过多种感官与计算机进行实时信息交互的技术，又称为计算机多媒体技术。

多媒体技术除信息载体的多样化以外，还具有以下的关键特性。

**1. 集成性**

多媒体技术采用了数字信号，可以综合处理文字、声音、图形、动画、图像、视频等多种信息，并将这些不同类型的信息有机地结合在一起。

**2. 交互性**

多媒体技术中的信息以超媒体结构进行组织，可以方便地实现人机交互。换言之，人们可以按照自己的思维习惯，按照自己的意愿主动地选择和接收信息，拟定观看内容的路径。

**3. 智能性**

多媒体技术提供了易于操作、十分友好的界面，使计算机更直观、更方便、更亲切、更人性化。

**4. 易扩展性**

多媒体技术可方便地与各种外部设备挂接，实现数据交换、监视控制等多种功能。此外，采用数字化信息有效地解决了数据在处理传输过程中的失真问题。

## 1.1.11 认知信息素养

"信息素养"（Information Literacy）的本质是全球信息化需要人们具备的一种基本能力。

**1. 信息素养的定义**

信息素养简单的定义来自 1989 年美国图书馆协会（American Library Association，ALA），它包括文化素养、信息意识和信息技能 3 个层面。一个有信息素养的人，能够判断什么时候需要信息，并且懂得如何去获取信息，如何去评价和有效利用所需的信息。

（1）信息素养是一种基本能力

信息素养是一种对信息社会的适应能力。对信息社会的适应能力包括基本学习技能（指读、写、算）、信息素养、创新思维能力、人际交往与合作精神、实践能力。信息素养是其中一个方面，它涉及信息的意识、信息的能力和信息的应用。

（2）信息素养是一种综合能力

信息素养涉及各方面的知识，是一种特殊的、涵盖面很宽的能力，它包含人文的、技术的、经济的、法律的诸多因素，和许多学科有着紧密的联系。信息技术支持信息素养，强调对技术的理解、认识和使用技能。而信息素养的重点是内容、传播、分析，包括信息检索及评价，涉及更宽的方面。它是一种了解、搜集、评估和利用信息的知识结构，需要通过熟练的信息技术和完善的调查方法，以及一定的鉴别和推理能力来完成。信息素养是一种信息能力，信息技术是它的一种工具。

**2. 信息素养的内容**

信息素养是一个内容丰富的概念。它不仅包括利用信息工具和信息资源的能力，还包括识别、选择、获取、加工、处理、传递信息并创造信息的能力。

信息素养包括信息和信息技术的基本知识和基本技能，运用信息技术进行学习、合作、交流和解决问题的能力，以及解决信息的意识和社会伦理道德问题的能力。具体而言，信息素养应包含以下 5 个方面的内容。

① 热爱生活，有获取新信息的意愿，能够主动地从生活实践中不断地查找、探究新信息。

② 具有基本的科学和文化常识，能够较为自如地对获得的信息进行辨别和分析，并正确地加以评估。

③ 可灵活地支配信息，较好地掌握选择信息、拒绝信息的技能。

④ 能够有效地利用信息，表达个人的思想和观念，并乐意与他人分享不同的见解或信息。

⑤ 无论面对何种情境，都能够充满自信地运用各类信息解决问题，有较强的创新意识和进取精神。

信息素养包含 4 个要素：信息意识、信息知识、信息能力、信息道德。这 4 个要素共同构成一个不可分割的统一整体，其中信息意识是先导，信息知识是基础，信息能力是核心，信息道德是保证。

### 3. 信息素养的特点

（1）信息素养具有知识性

知识是信息素养的重要内容。信息素养的知识性体现在互相承接的两个方面，要把无序的信息经过整理转化成为能够理解的有序的知识，还要把知识变智能而适用于人类社会。

知识对人的信息素养的影响，取决于知识的广度、深度和对知识的运用能力。知识的广度能够提高对信息的敏感程度，有利于从纷繁杂乱的信息中建立有机的联系；知识的深度能够提高对信息的筛选和跟踪能力，有利于从浩瀚的信息中采集到真正有用的信息；对知识的运用能力能够提高对信息的改造能力，信息只有成为知识后，它的传播才会更加有效，才会更有利于知识的提升。

（2）信息素养具有普及性

对每一个人来说，在信息社会中具备信息素养可以说属于公民的基本素质。生活在现代社会，人们的日常生活和工作学习都离不开信息技术，人们要经常接触各种各样的信息系统，例如在线修读课程、银行存款、网上查找资料、网上通信等，人们遇到问题也经常想到利用信息技术去寻求答案和帮助。

（3）信息素养具有操作性

操作性是人们在处理和运用信息时，在技术、诀窍、方法和能力等方面所表现出来的素养。信息素养的所有内容最终必然表现在人们利用信息技术、操作信息系统上。

在评判一个人的信息素养时，实际操作能力的权值要比其他方面更高一些。也就是说，不是看人们如何说，而是看怎样做，那些只会空泛地谈论信息技术和使用信息系统的人，不能视为具有较高的信息素养。

## 【任务 1-1】区分计算机与微型计算机

### 【任务描述】

区分计算机与微型计算机。

### 【任务实施】

| 计算机 | 微型计算机 |
| --- | --- |
| 计算机是一种能够按照事先存储的程序，自动、高速进行大量数值运算和数据处理的智能电子装置，是一种存储和处理数据的工具。<br>按照计算机规模，并考虑其运算速度、存储能力等因素，将计算机分为以下 4 类。<br>① 巨型计算机。<br>② 大型计算机。<br>③ 小型计算机。<br>④ 微型计算机。 | 微型计算机是以微处理器为基础，由大规模集成电路组成的体积较小的电子计算机，也就是人们日常工作生活中常用的计算机。它是实现办公自动化、提高工作效率必不可少的工具。<br>微型计算机简称为微型机、微机。<br>微型计算机的俗称如下。<br>个人计算机（Personal Computer，PC）。 |

## 【任务 1-2】区分计算机的硬件系统与软件系统

### 【任务描述】

区分计算机的硬件系统与软件系统。

### 【任务实施】

完整的计算机系统包括硬件系统和软件系统两大部分，我们平时讲到"计算机"一词，都是指含有硬件和软件的计算机系统。

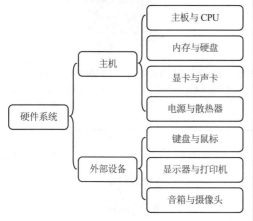

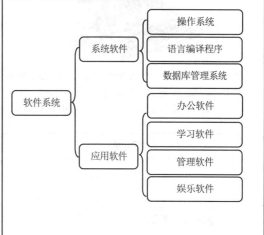

## 【任务 1-3】认知微型计算机硬件系统的外观组成

**【任务描述】**

认知微型计算机硬件系统的外观组成。

**【任务实施】**

| 计算机硬件系统的外观组成 | |
| --- | --- |
| | 1 主机：计算机的主体。 |
| | 2 显示器：输出设备。 |
| | 3 键盘：输入设备。 |
| | 4 鼠标：输入设备。 |
| | 5 音箱：播放声音的设备。 |

## 【任务 1-4】认知微型计算机的类型

**【任务描述】**

观察各式各样的微型计算机，认知不同的微型计算机类型。

**【任务实施】**

日常工作、学习和生活中所使用的微型计算机，根据用途和性能的不同，可以分为台式计算机、笔记本计算机、平板电脑、电脑一体机等多种类型。

| 台式计算机 | 笔记本计算机 |
|---|---|
|  |  |
| 台式计算机分为主机和外部设备两大部分，外部设备主要包括显示器、键盘、鼠标、音箱、摄像头、打印机、扫描仪等。台式计算机的主要优点是用途广、价格低、耐用、升级性能好。 | 笔记本计算机又称手提电脑或膝上型电脑，是一种小型、可携带的微型计算机。笔记本计算机把主机和外部设备集成在一起，其主要优点是体积小、重量轻、携带方便。 |
| **平板电脑** | **一体机** |
|   |  |
| 平板电脑是一种小型、携带方便且功能完整的微型计算机。平板电脑以触摸屏作为基本的输入设备，允许用户通过触控来进行作业而不是使用传统的键盘或鼠标。 | 一体机把主机集成到显示器中，与台式计算机相比有着连线少、体积小、集成度更高的优势。一体机可以说是笔记本计算机和台式计算机融合的一种新兴计算机，可以用来办公、娱乐。 |

## 【任务 1-5】认知微型计算机硬件外观与功能

### 【任务描述】

认知微型计算机硬件的外观与功能。

### 【任务实施】

微型计算机硬件的外观与功能如下。

| 主机 | 显示器 |
|---|---|
|  |  |
| 主机是计算机的主体部分，在主机箱中有主板、CPU、内存、硬盘、显卡、声卡、网卡、电源、散热器等硬件设备，通过机箱将各个设备封装起来，同时对主机内部的重要设备起到保护作用。 | 显示器是一种将一定的电子文件通过特定的传输设备显示到屏幕上反射到人眼的显示工具，用于方便地观察输入和输出的信息。其单位面积的像素越多，分辨率越高，显示的字符或图形也就越清晰细腻。 |

| 键盘 | 鼠标 |
|---|---|
|  |  |
| 键盘是用户与计算机进行交流的主要工具，是计算机最重要的输入设备，也是微型计算机必不可少的外部设备。键盘通常由主键盘区、小键盘区、功能键区3部分组成，主键盘区包括字母键、数字键、符号键和控制键等。 | 鼠标是一种常用的输入设备，是控制屏幕上指针位置的一种设备。在软件支持下，用户可通过鼠标上的按键，向计算机发出输入命令，或完成某种特殊的操作。 |
| **打印机** | **音箱** |
|  |  |
| 打印机是计算机产生硬复制输出的一种设备，提供给用户计算机处理的纸质结果。打印机的种类很多，按工作原理可分为击打式打印机和非击打式打印机。常用的针式打印机（又称点阵打印机）属于击打式打印机，喷墨打印机和激光打印机属于非击打式打印机。 | 音箱指将音频信号变换为声音的一种设备，音箱箱体内自带功率放大器，对音频信号进行放大处理后由音箱本身回放出声音。音箱是多媒体计算机的重要组成部分，音箱的性能高低对一个计算机音响系统的放音质量起着关键作用。 |
| **摄像头** | **扫描仪** |
|  |  |
| 摄像头又称为电脑相机、电脑眼等，是一种视频输入设备，广泛应用于视频会议、远程医疗、实时监控等方面。人们通过摄像头可以彼此在网络中进行有影像、声音的交谈和沟通。 | 扫描仪是通过捕获图像并将之转换成计算机可以显示、编辑、存储和输出的内容的数字化输入设备，具有比键盘和鼠标更强的功能，可将图片、照片及各类文稿资料输入到计算机中。 |

## 【任务 1-6】认知微型计算机的工作原理

### 【任务描述】

以计算"6+4"为例说明微型计算机的工作原理。

### 【任务实施】

下面以计算"6+4"为例说明微型计算机的工作原理。

如果我们用心算，其计算过程描述如下。

① 将数字"6"通过眼睛存入"大脑"。

② 将运算符"+"通过眼睛存入"大脑"。

③ 将数字"4"通过眼睛存入"大脑"。

④ 大脑完成"6+4"的计算，将最终结果"10"暂存"大脑"。

⑤ 将最终计算结果"10"通过"嘴"说出来，通过"手"写在纸上。

整个计算过程可简述为"数据输入"→"数据存储"→"数据运算"→"结果输出"4 个阶段。在这个计算过程中，"眼睛"起到了"数据输入"的作用，"嘴"和"手"则起到"结果输出"的作用，"大脑"完成了"数据存储"和"数据运算"的工作，并在整个计算过程中，"控制"着眼睛和手的工作。

如果编写程序，由计算机完成"6+4"的运算，其运算步骤如下。

① 通过键盘输入"6""+"和"4"。

② 控制器命令将输入的数据"6""+"和"4"存入存储器。

③ 存储器中的数据进入运算器。

④ 运算器进行"6+4"的运算。

⑤ 运算器将运算结果"10"存回存储器。

⑥ 控制器发出输出指令。

⑦ 存储器将结果"10"输出到显示设备上。

现代微型计算机系统结构有了很大的变化，但其工作原理基本沿用了冯·诺依曼的思想，习惯上仍称之为冯·诺依曼机。

冯·诺依曼机的基本特点如下。

① 计算机由运算器、控制器、存储器、输入设备和输出设备 5 部分组成。

② 采用存储程序的方式，程序和数据放在存储器中，指令和数据一样可以送到运算器运算，即由指令组成的程序是可以修改的。

③ 数据以二进制码表示。

④ 指令由操作码和地址码组成。

⑤ 指令在存储器中按执行顺序存放，由指令计数器指明要执行的指令所在的单元地址，一般按顺序递增，但可根据运算结果或外界条件而改变。

微型计算机工作原理如图 1-2 所示，其工作原理核心就是存储程序和程序控制。计算机通过输入设备输入数据和程序，并存储在存储器中，通过输出设备输出结果；控制器对输入、输出、存储和运算等操作进行统一指挥与协调；运算器在控制器的控制下实现算术运算和逻辑运算，并将运算结果送到内存中；存储器用于保存数据、指令和运算结果等信息，分为内存储器和外存储器。

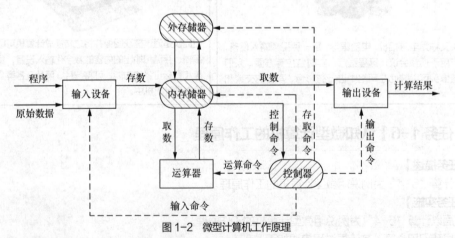

图 1-2　微型计算机工作原理

## 【任务 1-7】认知计算机系统的主要性能指标

【任务描述】

① 某笔记本计算机生产企业有多条笔记本计算机的生产线，如果生产线每天有效装配时间为 6 小时，

生产线的节拍为平均每分钟装配 1 台笔记本计算机（即生产线的生产周期为 1 分钟），那么一条生产线每天可以装配 360 台，如果有 2 条生产线同时开工，那么每天可以装配 720 台笔记本计算机。参照笔记本计算机装配流水线的指标，认知主频、字长和运算速度等计算机系统的性能指标。

② 笔记本计算机的装配车间的转运仓库只能存放 1000 台笔记本计算机，笔记本计算机专用仓库可以存放 1000000 台笔记本计算机，其存放容量是转运仓库的 1000 倍。参照仓库的存放容量认知计算机存储器的存储容量。

**【任务实施】**

这里将计算机系统的主要性能指标与生产线的指标进行类比，便于理解计算机的主要性能指标的含义和作用。

**1. 主频**

计算机的主频可以与生产线的节拍类比，生产线节拍越快，则单位时间内装配的产品越多；计算机的主频越高，则单位时间内能够处理的数据越多。

计算机的 CPU 中每条指令的执行是通过若干步微操作来完成的，这些操作是按时钟周期节拍来动作的。时钟周期的长短反映出计算机的运算速度。时钟周期的倒数即为时钟频率，时钟周期越短，也就是时钟频率越高，计算机的运算速度越快。

主频指计算机的时钟频率，以 MHz、GHz 为单位。时钟频率越高（时钟周期越短），表明 CPU 运算速度越快。

**2. 字和字长**

计算机的字长可以与生产线的开工条数类比，生产线的开工条数越多，则单位时间内装配的产品越多，计算机的字长越大，则单位时间内处理数据的能力越强。

计算机处理数据时，一次可以存取、传送、处理的数据长度称为一个"字"（Word）。每个字中包含的二进制位数通常称为字长。一个字可以是一个字节，也可以是多个字节，它是计算机进行数据处理和运算的单位，是计算机性能的重要指标。常用的字长有 8 位、16 位、32 位、64 位等。如某一类计算机的字由 8 个字节组成，则字的长度为 64 位，相应的计算机称为 64 位机。

在计算机中，一般使用若干二进制位表示一个数据或一条指令。CPU 能够直接处理的二进制数据位数称为字长，字长体现了一条指令所能处理数据的能力，是 CPU 性能高低的一个重要标志。例如 32 位机，一次运算可处理 32 位的二进制数据，传输过程中可并行传送 32 位二进制数据。一般字长越大，CPU 可以同时处理的数据位数越多，计算精度越高，处理能力越强。

**3. 运算速度**

计算机的运算速度可以与生产线的装配速度类比，每台笔记本计算机的装配时间越短，同时开工的生产线条数越多，则单位时间内装配的产品数量越多，同样地，计算机的字长越大，主频越高，则单位时间内处理数据的能力也就越强，即运算速度越快。

计算机的运算速度是衡量计算机水平的一项主要指标，它取决于指令执行时间。运算速度指计算机每秒所能执行的指令条数，一般以 MIPS（百万条指令/秒）为单位。

**4. 存储容量**

存储器的存储容量可以与仓库的存放容量类比，存储容量越大，表示存储能力越强。存储器的存储容量反映计算机记忆数据的能力，存储器的存储容量越大，计算机记忆的信息越多，计算机的功能也就越强。

存储容量指存储器中能够存储信息的总字节数，以字节为基本单位，常用单位有 MB、GB、TB，每个字节都有自己的编号，称为"地址"，如要访问存储器中的某个信息，就必须知道它的地址，然后按地址存入或取出信息。

为了度量信息存储容量，将 8 位二进制码（8bit）称为一个字节（Byte，B），字节是计算机中数据处理和存储容量的基本单位。1024 个字节称为 1 千字节，即 1KB（Kilobytes）；1024KB 称为 1 兆字节，即 1MB（Megabytes）；1024MB 称为 1 吉字节，即 1GB（Gigabytes）；1024GB 称为 1 太字节，即1TB（Terabytes）。

存储容量基本单位之间的换算关系如下：

1B=8bit（1个英文字符占用1B，1个汉字占用2B）

1KB=1024B=$2^{10}$B　　1MB=1024KB=$2^{20}$B　　1GB=1024MB=$2^{30}$B　　1TB=1024GB=$2^{40}$B

## 【任务1-8】实施不同计数制的转换

### 【任务描述】

① 将十进制整数$(25)_{10}$转换成二进制整数。

② 将十进制小数$(0.6875)_{10}$转换成二进制小数。

③ 将二进制数$(10110011.101)_2$转换成十进制数。

④ 将二进制数$(10110101110.11011)_2$化为八进制数。

⑤ 将八进制数$(6237.431)_8$转换为二进制数。

⑥ 将二进制数$(101001010111.110110101)_2$和$(100101101011111)_2$转换为十六进制数。

⑦ 将十六进制数$(3AB.11)_{16}$转换成二进制数。

### 【任务实施】

#### 1．十进制整数转换成二进制整数

将十进制整数$(25)_{10}$转换成二进制整数的过程如下。

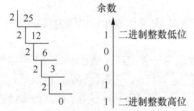

于是，$(25)_{10}=(11001)_2$。

将十进制整数25反复地除以2，直到商为0，所得的余数（从末位读起）就是这个数的二进制表示。

#### 2．十进制小数转换成二进制小数

将十进制小数$(0.6875)_{10}$转换成二进制小数的方法如下。

0.6875

×2

————————————

1.3750　　　　整数=1

0.3750

×2

————————————

0.7500　　　　整数=0

×2

————————————

1.5000　　　　整数=1

0.5000

×2

————————————

1.0000　　　　整数=1

将十进制小数0.6875连续乘以2，把每次所进位的整数，按从上往下的顺序写出。

于是，$(0.6875)_{10}=(0.1011)_2$。

#### 3．二进制数转换成十进制数

将二进制数$(10110011.101)_2$转换成十进制数的方法如下。

$1×2^7$　　　　　　代表十进制数128

$0 \times 2^6$          代表十进制数 0

$1 \times 2^5$          代表十进制数 32

$1 \times 2^4$          代表十进制数 16

$0 \times 2^3$          代表十进制数 0

$0 \times 2^2$          代表十进制数 0

$1 \times 2^1$          代表十进制数 2

$1 \times 2^0$          代表十进制数 1

$1 \times 2^{-1}$          代表十进制数 0.5

$0 \times 2^{-2}$          代表十进制数 0

$1 \times 2^{-3}$          代表十进制数 0.125

于是，$(10110011.101)_2 = 128 + 32 + 16 + 2 + 1 + 0.5 + 0.125 = (179.625)_{10}$。

### 4. 二进制数转换成八进制数

将二进制数$(10110101110.11011)_2$转换为八进制数的方法如下。

010 110 101 110 . 110 110

 ↓   ↓   ↓   ↓    ↓   ↓

 2   6   5   6 .  6   6

于是，$(10110101110.11011)_2 = (2656.66)_8$。

### 5. 八进制数转换成二进制数

将八进制$(6237.431)_8$转换为二进制数的方法如下。

 6   2   3   7 .  4   3   1

 ↓   ↓   ↓   ↓    ↓   ↓   ↓

110 010 011 111 . 100 011 001

于是，$(6237.431)_8 = (110010011111.100011001)_2$。

### 6. 二进制数转换成十六进制数

（1）将二进制数$(101001010111.110110101)_2$转换为十六进制数

1010 0101 0111 . 1101 1010 1000

  ↓    ↓    ↓     ↓    ↓    ↓

  A    5    7 .   D    A    8

于是，$(101001010111.110110101)_2 = (A57.DA8)_{16}$。

（2）将二进制数$(100101101011111)_2$转换为十六进制数

0100 1011 0101 1111

  ↓    ↓    ↓    ↓

  4    B    5    F

于是，$(100101101011111)_2 = (4B5F)_{16}$。

### 7. 十六进制数转换成二进制数

将十六进制数$(3AB.11)_{16}$转换成二进制数的方法如下。

 3    A    B . 1    1

 ↓    ↓    ↓    ↓    ↓

0011 1010 1011 . 0001 0001

于是，$(3AB.11)_{16} = (1110101011.00010001)_2$。

## 1.2 正确使用计算机

计算机在人们的生活和工作中变得越来越重要，在人们生活节奏越来越快的同时，计算机出现问题的种类和次数也越来越多，一旦出现故障，会导致使用者难以处理。计算机系统主要由硬件系统和软件系统组成，不论是哪一个方面出现故障，都可能影响其正常工作。为了保证计算机能够正常运行，使用者必须正确使用计算机，减少故障率。

## 【任务 1-9】按正确顺序开机与关机

### 【任务描述】

① 按正确的顺序开机。

② 使用合适的方法重启计算机。

③ 按正确的顺序关机。

### 【任务实施】

#### 1. 正确开机

计算机的开机是指给计算机接通电源，和其他常用家用电器区别不大。但计算机开机必须记住正确的顺序，即先打开显示器及其他外部设备的电源，然后按下主机的"Power"按钮（即电源按钮），打开主机电源，等待计算机进行自检，自检完成后，开始启动操作系统。

#### 2. 重新启动计算机

计算机在使用过程中，在安装某些软件或硬件时，可能会需要重新启动，一般情况下，可以按照以下步骤重新启动计算机：在 Windows 操作系统桌面上单击任务栏中的"开始"菜单按钮■，在弹出的"开始"菜单中的"关闭"级联菜单中选择"重新启动"命令即可。

在使用计算机过程中，影响其稳定工作的因素很多，如果由于某种原因发生"死机"状况，可以按照以下方法重新启动计算机。

① 在进入 Windows 之前，同时按住键盘上的"Ctrl"键、"Alt"键和"Delete"键，然后选择"重启"命令，计算机则会重新启动，这也称为热启动。

② 在进入 Windows 之后，或热启动不成功的情况下，可以直接在主机上按下"Reset"按钮（即复位按钮）让计算机重新启动，这也称硬启动。但有些计算机上没有设置"Reset"按钮。

③ 如果前两种方法都没有让计算机重新启动，只好按住主机的"Power"按钮 5 秒以上，先关闭电源，等待约 10 秒以后，再启动计算机。

> **注意** 开机、关机之间要等待一段时间，千万不要反复按"**Power**"按钮，一般关机后需要等待 10 秒再开机。

#### 3. 正确关机

使用计算机结束时，要及时关闭计算机，单击"开始"菜单按钮■，在弹出的"开始"菜单中单击"关机"按钮，计算机就可以自动关机并切断电源。最后关闭显示器及其他外部设备的电源即可。

## 【任务 1-10】熟悉计算机基本操作规范并正确使用计算机

### 【任务描述】

熟悉计算机基本操作规范，正确使用计算机。

### 【任务实施】

使用计算机的基本操作规范如下。

① 为计算机提供合适的工作环境。计算机的工作环境温度一般为 5℃～35℃，相对湿度一般为20%～80%。

② 正常开、关机。开机时先开显示器、打印机等外部设备，最后开主机；关机顺序正好相反，应先关主机电源，后关显示器、打印机等外部设备的电源。

③ 不能在计算机正常工作时搬动计算机，此时搬动计算机可能会损坏硬盘盘面，因此搬动计算机前应先关机；也不要频繁开、关计算机，两次开机时间间隔至少要 10 秒。

④ 硬盘指示灯亮时，表示正对硬盘进行读/写操作，此时不要关掉电源，突然停电容易划伤磁盘及光盘，有时也会损坏磁头。

⑤ 除支持热插拔的 USB 接口设备外，不要在计算机工作时带电插拔各种接口设备和电缆线，否则容易烧毁接口卡或造成集成块损坏。不要用手摸主板上的集成电路和芯片，因为人体产生的静电会击坏芯片。

⑥ 显示器不要靠近强磁场，尽量避免强光直接照射到屏幕上，应保持屏幕的洁净，擦屏幕时应使用干燥、洁净的软布。

⑦ 不要用力拉鼠标线、键盘线或电源线等线缆。

⑧ 计算机专用电源插座上严禁使用其他电器，避免接触不良或插头松动。

⑨ 显示器不要开得太亮，并最好设置屏幕保护程序。

⑩ 注意防尘、防水、防静电，保持计算机的密封性和使用环境的清洁卫生。注意通风散热，要特别关注 CPU 风扇、主机风扇是否正常转动。

⑪ 使用计算机时养成良好的道德行为规范，具体如下。

随着计算机应用的日益普及，计算机犯罪对社会造成的危害也越来越严重。为了维护计算机系统的安全、保护知识产权、防止计算机病毒入侵、打击计算机犯罪，在使用计算机时，应严格遵守国家有关法律法规，养成良好的道德行为规范。不利用计算机网络窃取国家机密，盗取他人密码，传播、复制色情内容等；不利用计算机所提供的方便，对他人进行人身攻击、诽谤和诬陷；不破坏别人的计算机系统资源；不制造和传播计算机病毒；不窃取别人的软件资源；不使用盗版软件。

## 1.3 保养与维护计算机

对于兼容机应先将购置的配件组装成计算机，然后按正确方法安装操作系统，例如安装 Windows 7、Windows 10 等操作系统，由于书中篇幅的限制，本章不介绍计算机的组装步骤与操作系统的安装过程，如读者需要自行组装计算机和安装操作系统，请参考相关书籍完成。

### 【任务 1-11】保养与维护 CPU

**【任务描述】**

CPU 作为计算机的"心脏"，肩负着繁重的数据处理工作。从打开计算机一直到关闭，CPU 都会一刻不停地运作，一旦不小心造成 CPU 损坏，整台计算机也就瘫痪了。因此对它的保养维护显得尤为重要。本任务主要介绍以下两方面的内容。

① 正确保养与维护 CPU 需重点解决的问题。

② 如何保养与维护 CPU。

**【任务实施】**

**1. 正确保养与维护 CPU 需重点解决的问题**

目前，为防止 CPU 烧毁，主流的 CPU 都具备过热保护功能，当 CPU 温度过高时会自动关闭计算机或降频。虽然这一功能大大减少了 CPU 故障的发生率，但如果长时间让 CPU 工作在高温的环境下，也将大大缩短其使用寿命。

| （1）要重点解决散热问题 | （2）要选择合适的散热器 |
|---|---|
| 要保证计算机稳定运行，首先要解决散热问题。高温不仅是 CPU 的重要杀手，对于所有电子产品而言，工作时产生的高温如果无法快速降低，将直接影响其使用寿命。CPU 在工作时间产生的热量是相当可怕的，特别是一些高主频的处理器，工作时产生的热量更是高得惊人。因此，要使 CPU 更好地为我们服务，散热工作不可少。CPU 的正常工作温度为 35℃~65℃，具体根据不同的 CPU 和不同的主频而定，因此我们要为处理器选择一款好的散热器。这不仅仅要求散热风扇质量足够好，而且要求产品的散热片材质好。<br><br>另外，还要保障机箱内外的空气流通顺畅，保证能够将机箱内部产生的热量及时带出去。散热工作做好了，可以使一部分不明原因的死机情况减少。 | 通常情况下，盒装处理器所带的散热器，大都能够满足此款产品散热的要求，但如果需要超频，这时需要为 CPU 选择一款散热性能更好的散热器。如果 CPU 足够用，建议不要对处理器进行超频。另外，我们可以通过测速测温软件来适时检测 CPU 的温度与风扇的转速，以保证随时了解散热器的工作状态及 CPU 的温度。<br><br>为了解决 CPU 散热问题，选择一款好的散热器是必需的。不过在选择散热器的时候，也要根据自己计算机的实际情况，购买合适的散热器。不要一味地追求散热效果，而购买一些既大又重的"豪华"产品。这些产品虽然某些性能较好，但由于自身具有相当的重量，因此长时间使用不仅会造成其与 CPU 无法紧密接触，还容易将 CPU 脆弱的外壳压碎。 |
| （3）要做好减压和避免碰撞 | （4）要勤除灰尘和用好硅脂 |
| 在做好散热的同时，还要做好对 CPU 处理器的减压与避免碰撞。在安装散热器时，要注意用力均匀，扣具的压力要适中，扣具安装必须正确。另外现在风扇的转速可达 6000 转/分，这时出现了一个共振的问题，长期如此，会造成 CPU 与散热器之间无法紧密结合、CPU 与 CPU 插座接触不良，解决的办法就是选择正规厂家出产的转速适当的散热风扇。 | 灰尘要勤清除，不能让其积聚在 CPU 的表面上，以免造成短路烧毁 CPU。硅脂在使用时涂薄薄一层就可以，过量涂抹有可能会渗到 CPU 表面或插槽中，造成毁坏。硅脂在使用一段时间后会干燥，这时可以除净后再重新涂上。平时在操作 CPU 时要注意身体上的静电，特别在秋冬季节，消除静电的方法可以是，事前洗手或用手碰地面或双手接触一会儿金属水管之类的导体，以确保安全。 |

### 2. 如何保养与维护 CPU

CPU 是计算机主机的核心所在，其性能直接影响着整机性能的发挥。对 CPU 进行保养与维护，可以使其保持良好的性能。保养与维护 CPU 主要包括给 CPU 更换硅脂、清洁 CPU 散热片以及风扇等方面。在对 CPU 实施保养与维护操作以前，应该注意释放人体所带静电。

| （1）拆卸 CPU 风扇和散热器 | （2）均匀涂抹硅脂 |
|---|---|
| 从主板上将 CPU 风扇电源拔下。<br>找到并松开 CPU 散热器的开关，将散热器从 CPU 上取下。 | 准备好用于散热的硅脂，将它均匀涂抹在散热器和 CPU 之间。硅脂可以较好地将 CPU 热量传递给散热器。 |
| （3）清除 CPU 风扇和散热器的灰尘 | （4）重新安装风扇和散热器 |
| CPU 在使用了一段时间后，CPU 风扇和散热器上的灰尘会阻碍散热器的散热性能发挥，应定期对 CPU 风扇和散热器进行除尘工作。如果 CPU 使用时间不长，散热器不必单独清洁，用毛刷除尘即可。如果 CPU 使用时间较长，散热器和风扇上灰尘较多，一般需单独取下操作。 | 将风扇和散热器取下，使用毛刷清除风扇叶片上的灰尘，最后把风扇安装到散热器上。检查 CPU 上的硅脂是否涂匀，并将散热器重新固定到 CPU 上即可。除尘完毕还可以为 CPU 的散热风扇加一些润滑油，使风扇运转得更顺畅，提高散热性能。 |

## 【任务 1-12】保养与维护硬盘

### 【任务描述】

我们的计算机主机上的硬盘往往存放着大量重要数据，如果硬盘出现故障，里面的数据就会丢失，给我们带来不可估量的损失。所以说，硬盘的保养与维护非常重要。

**【任务实施】**

合理保养与维护硬盘的原则如下。

| （1）硬盘周围环境温度保持适宜 | （2）注意防潮湿 |
|---|---|
| 由于硬盘内部的电机高速运转，再加上硬盘是密封的，如果周围环境温度太高，热量散不出，就会导致硬盘产生故障。而温度太低，又会影响硬盘的读写效果。因此，硬盘工作的温度要适宜，最好在 20℃～30℃ 范围内。 | 如果计算机使用环境过于潮湿，会使硬盘绝缘电阻下降，造成计算机使用过程中运行不稳定，严重时会使电子元件损坏或使某些部件不能正常工作。 |
| （3）注意防静电 | （4）注意防震动或撞击 |
| 硬盘中的集成电路对静电特别敏感，容易受静电感应影响而被击穿损坏，因此要注意防静电。由于人体常带静电，在安装或拆卸硬盘时，不要用手触摸电路板或焊点。 | 如果在硬盘读写过程中发生较大的震动或撞击，可能会造成硬盘磁头和磁片相撞击，导致硬盘产生坏道，造成硬盘数据丢失和硬盘损坏。 |
| （5）注意防磁场干扰 | （6）定期进行磁盘碎片整理 |
| 硬盘通过对盘片表面的磁层进行磁化来记录数据信息，如果硬盘靠近强磁场，有可能会导致所记录的数据遭受破坏。因此必须注意防磁，以免丢失数据。 | 要定期对磁盘进行碎片整理，避免产生的磁盘文件碎片或垃圾文件过多而浪费硬盘空间，影响计算机运算速度。但磁盘碎片整理不宜过于频繁。 |
| （7）定期备份数据 | （8）预防硬盘感染计算机病毒 |
| 由于硬盘中保存了很多重要数据，因此需要对硬盘中的数据进行定期备份。 | 要预防计算机病毒对硬盘的侵害，发现计算机病毒要立即清除，防止计算机病毒损坏计算机硬盘。 |
| （9）尽量少格式化硬盘 | （10）避免强制关机 |
| 格式化硬盘不但会丢失硬盘全部数据，而且会缩短硬盘的使用寿命。 | 如果硬盘工作时突然关掉电源，可能因硬盘磁头和磁盘头剧烈摩擦导致硬盘损坏。 |

# 【任务 1-13】保养与维护显示器

**【任务描述】**

对于经常与计算机打交道的人来说，计算机的"脸"即显示器，如果你每天面对的是一个色彩柔和、清新靓丽的"笑脸"，你在它身边工作一定特别来劲，工作效率也会提高。目前常用的显示器是液晶显示器，因为液晶显示器具有可视面积大、画质精细、节能等优点。但液晶显示器十分脆弱，要经常进行保养与维护。

**【任务实施】**

合理保养与维护液晶显示器的原则如下。

| （1）避免显示器内部元件烧坏 | （2）注意防潮 |
|---|---|
| 如果长时间不用，一定要关闭显示器，或者降低显示器的亮度，避免内部元件老化或烧坏。 | 长时间不用显示器，可以定期通电工作一段时间，让显示器工作时产生的热量将潮气蒸发掉。 |
| （3）避免冲击显示器 | （4）养成良好的工作习惯 |
| 液晶显示器十分脆弱，剧烈的移动或者冲击就有可能损坏显示器，因此要避免强烈的冲击和碰撞，不要对液晶显示器表面施加压力。 | 不良的工作习惯，也会损害液晶显示器的"健康"。例如，一边使用计算机一边喝水，可能造成液体飞溅而危及显示器。 |

| （5）保持干燥的工作环境 | （6）定时清洁显示屏 |
|---|---|
| 液晶显示器应在一个相对干燥的环境中工作，特别是不能将潮气带入显示器的内部。建议准备一些干燥剂，保持显示器周围环境的干燥；或者准备一块干净的软布，随时擦拭以保持显示屏的干燥。如果水分已经进入液晶显示器里面，就需要将显示器放置到干燥的地方，让水分慢慢地蒸发掉，千万不要贸然打开电源，否则显示器的液晶电极会被腐蚀掉。 | 由于灰尘等不洁物质，液晶显示器的显示屏上经常会出现一些污迹，所以要定时清洁显示屏。如果发现显示屏上面有污迹，正确的清理方法是用沾有少许清洁剂的软布轻轻地把污迹擦去，擦拭时力度要轻；否则显示器屏幕会因此而短路损坏。清洁显示屏还要保持适当的频率，过于频繁地清洁显示屏也是不对的，同样会对显示屏造成不良影响。 |

## 【任务 1-14】保养与维护笔记本计算机

### 【任务描述】
① 熟知笔记本计算机使用的注意事项。
② 了解笔记本计算机部件的保养维护方法。

### 【任务实施】

#### 1. 熟知笔记本计算机使用的注意事项

| | |
|---|---|
| ① 不要将液体滴洒到笔记本计算机上。<br>② 不要让液晶显示器接触不洁物。<br>③ 不要强行用力插拔硬件。<br>④ 不要让液晶显示器正面或背面承受压力。<br>⑤ 不要让笔记本计算机承受强烈撞击。 | ⑥ 不要把笔记本计算机与尖锐物品放置在一起。<br>⑦ 不要堵塞笔记本计算机散热口。<br>⑧ 不要在非授权的机构修理笔记本计算机。<br>⑨ 不要在温度过高或过低的环境中使用笔记本计算机。<br>⑩ 不要遗失驱动程序。 |

#### 2. 了解笔记本计算机部件的保养维护方法

| （1）笔记本计算机外壳的保养维护方法 | （2）笔记本计算机硬盘的保养维护方法 |
|---|---|
| ① 防止笔记本计算机外壳的磨损和划伤。<br>② 清洁笔记本计算机外壳的污渍。<br>笔记本计算机外壳很容易聚集指纹、灰尘等污渍，可以采用不同的手段来清理这些污渍，普通污渍使用柔软纸巾加少量清水清洁即可；指纹、汗渍、饮料痕迹、圆珠笔痕迹可以用专用清洁剂进行清洁。 | ① 尽量在平稳的状况下使用笔记本计算机，避免在容易晃动的地点操作。<br>② 开、关机过程是硬盘最脆弱的时候。此时硬盘轴承转速尚未稳定，若产生碰撞，则容易造成坏轨。建议关机后等待 10 秒左右再移动笔记本计算机。<br>③ 平均每月执行一次磁盘重组及扫描，以增加磁盘存取效率。 |
| （3）液晶显示器的保养维护方法 | （4）笔记本计算机电池的保养维护方法 |
| ① 不要用力盖上显示器上盖或者放置任何异物在键盘及显示器之间，避免上盖玻璃因受重压而导致内部组件损坏。<br>② 长时间不使用笔记本计算机时，可使用键盘上的功能键暂时将液晶显示器电源关闭，除了节省电力外也可延长屏幕寿命。<br>③ 不要用手指甲及尖锐的物品碰触屏幕表面以免刮伤屏幕。<br>④ 液晶显示器表面会因静电而吸附灰尘，建议购买液晶显示器专用擦拭布来清洁屏幕，不要用手指擦除以免留下指纹，并请轻轻擦拭。<br>⑤ 不要使用化学清洁剂擦拭屏幕。 | ① 减少电池的使用。<br>② 不在电源供电情况下使用电池。笔记本计算机在使用交流电工作时，尽量将电池取下，这样可以避免电池频繁放电和充电。<br>③ 新电池需要激活操作，提高电池带电能力。<br>④ 使用放电方法改善电池记忆能力，建议平均 3 个月进行一次电池电力校正的操作。<br>⑤ 室温（20℃~30℃）为电池最适宜的工作温度，温度过高或过低的工作环境将降低电池的使用时间。 |

| （5）笔记本计算机键盘的保养方法 |
|---|
| ① 键盘上积聚大量灰尘时，可用小毛刷来清洁缝隙，或是使用掌上型吸尘器来清除键盘上的灰尘。<br>② 清洁表面，可在软布上沾上少许清洁剂，在关机的情况下轻轻擦拭键盘表面。 |

| （6）笔记本计算机触控板的保养方法 |
|---|
| ① 使用触控板时应保持双手清洁，以免发生鼠标指针乱跑现象。<br>② 不小心弄脏表面时，可用干布沾湿一角轻轻擦拭触控板表面，请勿使用粗糙布等物品擦拭表面。<br>③ 触控板是感应式精密电子组件，请勿使用尖锐物品在触控板上书写，也不可重压使用，以免造成损坏。 |

# 模块2
# 使用与配置Windows 10

**02**

操作系统控制计算机硬件的工作，管理计算机系统的各种资源，并为系统中各个程序运行提供服务。

Windows 10 是由微软（Microsoft）公司开发的操作系统，应用于计算机和平板电脑等设备。Windows 10 在易用性和安全性方面较之前的版本有了极大的提升，除了针对云服务、智能移动设备、自然人机交互等新技术进行融合外，还在支持固态硬盘、生物识别、高分辨率屏幕等硬件方面进行了优化完善。Windows 10 共有家庭版、专业版、企业版、教育版、移动版、移动企业版、物联网核心版 7个版本。

## 2.1 认知操作系统

### 2.1.1 操作系统的基本概念

操作系统（Operation System，OS）控制和管理整个计算机系统的硬件和软件资源，并合理地组织和调度计算机工作和资源分配，以提供给用户和其他软件方便的接口和环境。

在计算机中，操作系统是最基本也是最重要的基础性系统软件。从普通用户的角度来说，计算机操作系统体现为其提供的各项服务；从程序员的角度来说，其主要是指用户登录的界面或接口；从设计人员的角度来说，就是指各式各样模块和单元之间的联系。事实上，全新操作系统的设计和改良的关键工作就是对体系结构的设计。经过几十年的发展，计算机操作系统已经由一开始的简单控制循环体发展成为较为复杂的分布式操作系统，再加上计算机用户需求的愈发多样化，计算机操作系统已经成为既复杂又庞大的计算机系统软件之一。

### 2.1.2 操作系统的功能

操作系统对于计算机来说是十分重要的。首先，操作系统可以对计算机系统的各项资源模块，如软、硬件设备及数据信息等开展调度工作，运用计算机操作系统可以减小人工分配资源的工作强度，使用者对计算的操作干预程度降低，计算机的智能化工作效率就可以得到很大的提升。其次，在资源管理方面，如果由多个用户共同管理一个计算机系统，那么可能会有冲突矛盾存在于多个使用者的信息共享当中。为了更加合理地分配计算机的各个资源模块，协调计算机系统的各个组成部分，就需要充分发挥计算机操作系统的职能，对各个资源模块的使用效率和使用程度进行一个最优的调整，使各个用户的需求都能够得到满足。最后，操作系统在计算机程序的辅助下，可以抽象处理计算机系统资源提供的各项基础职能，并以可视化的手段来向使用者展示，从而降低计算机的使用难度。

**提示**

熟悉电子活页中的内容，了解操作系统的主要功能。

### 2.1.3 操作系统的分类

　　根据功能及作业处理方式不同，操作系统可以分为实时系统、分时系统、批处理系统、通用操作系统、网络操作系统、分布式操作系统、嵌入式操作系统等，这些类型操作系统的功能与特点说明见电子活页。

　　根据能支持的用户数和任务不同，操作系统可以分为单用户单任务操作系统、单用户多任务操作系统和多用户多任务操作系统。这种分类下的操作系统很容易区分，是根据操作系统能被多少个用户使用及每次能运行多少程序来进行区分的。

　　PC 中运行的操作系统主要有 Windows、UNIX、Linux、MacOS，手机中运行的操作系统主要有 Android 和 iOS。

### 2.1.4 Windows 10 常用的新功能或改进功能

　　熟悉电子活页中的内容，了解 Windows 10 常用的新功能或改进功能。

　　Windows 10 常用的 10 项新功能或改进功能列举如下。

　　① Windows 10 新增的 Windows Hello 功能带来了一系列对于生物识别技术的支持。

　　② Windows 10 提供了针对触控屏设备优化的功能，同时还提供了专门的平板电脑模式。在该模式下，"开始"菜单和应用都以全屏模式运行。如果设置得当，系统会自动在平板电脑模式与桌面模式间切换。

　　③ Windows 10 回归传统风格，用户可以调整应用窗口大小，标题栏重回窗口上方，"最大化"与"最小化"按钮也给了用户更多的选择。

　　④ Windows 10 提供了虚拟桌面功能。用户可以将窗口放进不同的虚拟桌面当中，并在其中进行轻松切换，使原本杂乱无章的桌面变得整洁。

　　⑤ Windows 10 提供了"开始"菜单功能，并将其与 Windows 8"开始"屏幕的特色相结合。点击屏幕左下角的"Windows"按钮打开"开始"菜单之后，用户会在左侧看到包含系统关键设置和应用的列表，标志性的动态磁贴会出现在右侧。

　　⑥ Windows 10 的任务切换器不再仅显示应用图标，而是通过大尺寸缩略图的方式显示以预览。

　　⑦ Windows 10 的任务栏当中，新增了微软小娜（Cortana）和任务视图按钮，与此同时，通知区域的标准工具也匹配上了 Windows 10 的设计风格。在这里可以查看可用的 Wi-Fi 网络，或者对系统音量和显示器亮度进行调节。

　　⑧ 在 Windows 10 中，不仅可以让窗口占据屏幕左右两侧的区域，还能将窗口拖曳到屏幕的四个角落，使其自动拓展并填充 1/4 的屏幕空间。在贴靠一个窗口时，屏幕的剩余空间内还会显示出其他开启应用的缩略图，单击之后可将其快速填充到这块剩余空间当中。

　　⑨ Windows Phone 8.1 的通知中心功能也被加入 Windows 10 当中，让用户可以方便地查看来自不同应用的通知。此外，Windows 10 通知中心底部还提供了一些系统功能的快捷开关，比如平板模式、便签和定位等。

　　⑩ Windows 10 的文件资源管理器会在主页面上显示出用户常用的文件和文件夹，让用户可以快速获取自己需要的内容。

### 2.1.5　Windows 10 的常用术语

熟悉电子活页中的内容，熟悉"计算机"窗口、硬盘分区和盘符、文件夹和文件、路径、磁盘格式化等 Windows 10 的常用术语。

## 2.2　Windows 10 的基本操作

Windows 10 的基本操作主要包括 Windows 10 的启动与退出、鼠标基本操作、键盘基本操作、桌面基本操作、任务栏基本操作、"开始"菜单基本操作、窗口基本操作、"文件资源管理器"窗口功能区及菜单基本操作、对话框基本操作等。

### 2.2.1　Windows 10 的启动与退出

#### 【操作 2-1】启动与退出 Windows 10

熟悉电子活页中的内容，完成启动 Windows 10、认识 Windows 10 的桌面元素、注销 Windows 10、退出 Windows 10 等操作。

### 2.2.2　鼠标基本操作

键盘和鼠标是最常用的输入设备，在图形方式下，鼠标比键盘操作更方便。

#### 【操作 2-2】鼠标基本操作

熟悉电子活页中的内容。启动 Windows 10，在 Windows 10 桌面针对"回收站"完成移动鼠标指针、单击鼠标左键、单击鼠标右键、双击鼠标左键、拖曳鼠标等操作。

### 2.2.3　键盘基本操作

键盘主要用于输入文字和字符，也可以代替鼠标完成某些操作。

① 按"Print Screen"键，复制整个屏幕内容。

如果要将屏幕上显示的内容保存下来，可以先按"Print Screen"键将整个屏幕画面复制到剪贴板中或者按"Alt+Print Screen"组合键将屏幕当前窗口画面复制到剪贴板中，再从剪贴板中粘贴到目标文件中。

> **说明**　剪贴板是 Windows 中的内存缓冲区，用于各种应用程序、文档之间的数据传送，利用剪贴板可以实现文件或数据的复制和移动、保存屏幕信息等操作。

② 首先在任务栏的快捷操作区单击文件资源管理器 按钮打开"文件资源管理器"窗口，然后双击桌面的"回收站"图标打开"回收站"窗口，再按"Alt+Tab"组合键可实现两个窗口之间的切换。

#### 【操作 2-3】键盘基本操作

启动 Windows 10，在 Windows 10 桌面完成以下各项操作。

操作 1：按键盘上的 键，打开"开始"菜单；再按"Esc"键，关闭菜单。

操作 2：按"Ctrl+Alt+Delete"组合键切换到功能菜单桌面。

操作 3：按"Print Screen"键复制整个屏幕内容。

操作 4：先分别打开"文件资源管理器"窗口和"回收站"窗口，然后按"Alt+Tab"组合键在两个窗口之间进行切换。

### 2.2.4　桌面基本操作

桌面是用户和计算机进行交流的界面，Windows 10 桌面有着更加漂亮的画面、更加个性化的设置和更加强大的管理功能，用户可以根据需要在桌面存放经常用到的应用程序和文件夹图标，添加各种快捷图标，使用时双击图标即可快速启动相应的程序或文件。

### 【操作 2-4】桌面基本操作

熟悉电子活页中的内容。启动 Windows 10，在 Windows 10 桌面完成添加桌面图标、排列桌面图标、创建桌面快捷方式、利用桌面图标运行程序、删除桌面图标等操作。

### 2.2.5　任务栏基本操作

在 Windows 10 中，打开的应用程序、文件夹或文件，在任务栏都有对应的按钮，并在按钮上显示已打开程序的图标。

### 【操作 2-5】任务栏基本操作

熟悉电子活页中的内容。启动 Windows 10，认知 Windows 10 任务栏的基本组成，并在 Windows 10 桌面完成使用任务栏切换应用程序、调整任务栏的大小和位置、调整任务栏中显示的内容、将常用程序固定到任务栏、通过任务栏的通知区域打开图标和查看相关信息、通过任务栏显示桌面等操作。

### 2.2.6　"开始"菜单基本操作

### 【操作 2-6】"开始"菜单基本操作

**1. 打开"开始"菜单**
从以下操作方法中选择一种打开"开始"菜单。
① 将鼠标指针指向任务栏的"开始"菜单按钮 ▦，然后单击打开"开始"菜单。
② 按"Ctrl+Esc"组合键打开"开始"菜单。
③ 按键盘上的 ▦ 键打开"开始"菜单。
**2. 关闭"开始"菜单**
从以下操作方法中选择一种关闭"开始"菜单。
① 在屏幕上任意空白处单击，关闭"开始"菜单。
② 按"Esc"键，逐级关闭菜单。

### 2.2.7　窗口基本操作

窗口是运行 Windows 应用程序时，系统为用户在桌面上开辟的一个矩形工作区域。
**1. Windows 10 的窗口的基本组成**
打开图 2-1 所示的"System 32"窗口和图 2-2 所示的"记事本"窗口。
Windows 10 的各种窗口，组成元素大同小异，一般的应用程序窗口由标题栏、选项卡、功能区、"后退"按钮、"前进"按钮、地址栏、搜索框、导航窗格、工作区域、状态栏、窗口边框等部分组成。

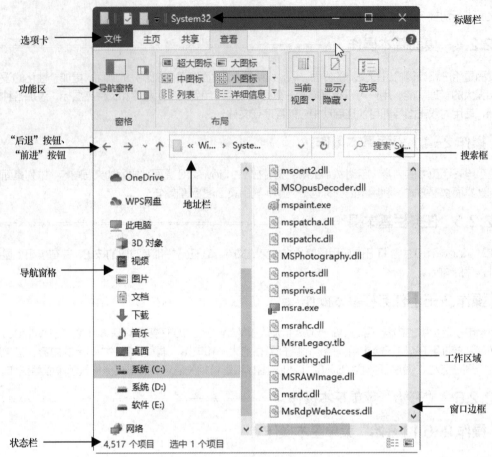

图 2-1　"System 32" 窗口

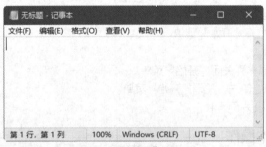

图 2-2　"记事本" 窗口

（1）标题栏

标题栏通常位于窗口的顶端，从左至右分别是控制菜单图标、窗口标题、"最小化" 按钮 ▬、"最大化" 按钮 ▫ 或 "还原" 按钮 ▫、"关闭" 按钮 ✕ 。单击控制菜单图标，弹出图 2-3 所示的控制菜单，其中的菜单选项可以完成对窗口的最大化、最小化、还原、移动、关闭和改变大小等操作。

图 2-3　窗口的控制菜单

（2）选项卡

选项卡用于提供当前应用程序的各种操作选项，例如，"System 32"窗口包括"文件""主页""共享"和"查看"选项卡。

（3）功能区

在选项卡的功能区中以分组方式列出若干个常用命令，使用时单击按钮即可执行相关的命令。

（4）"后退"和"前进"按钮

单击"前进"按钮 → 快速访问下一个浏览的位置，单击"后退"按钮 ← 快速访问上一个浏览的位置。

（5）地址栏

地址栏显示了当前访问位置的完整路径，路径中的每个文件夹节点都会显示为按钮。单击按钮即可快速跳转到对应的文件夹。在每个文件夹按钮的右侧，还有一个箭头按钮，单击该按钮可以列出该文件夹下的所有文件夹。

（6）搜索框

在搜索框中输入关键字后，即可在当前位置使用关键字进行搜索。

（7）导航窗格

导航窗格以树形图方式列出了一些常见位置，同时在该窗格中还根据不同位置的类型，显示了多个节点，每个节点可以展开或折叠。

（8）工作区域

工作区域是窗口中显示或处理工作对象的区域。

（9）状态栏

在工作区域单击某个文件或文件夹后，在状态栏中就会显示该对象的属性信息。

（10）窗口边框

窗口边框即窗口的边界线，用以调整窗口的大小。

**2. 窗口基本操作**

## 【操作 2-7】窗口基本操作

熟悉电子活页中的内容。启动 Windows 10，完成打开窗口、移动窗口、调整窗口大小、最小化窗口、最大化窗口、还原窗口、切换窗口、关闭窗口等操作。

### 2.2.8　窗口功能区及菜单基本操作

**1. 窗口的选项卡与功能区分组**

Windows 10 窗口的选项卡位于栏题栏下面，一般包括"文件""主页""共享""查看"4 个选项卡。

（1）"文件"选项卡

单击"文件"标签，进入"文件"选项卡界面，如图 2-4 所示，该界面主要包括"打开新窗口""打开 Windows PowerShell""更改文件夹和搜索选项""帮助""关闭"选项。

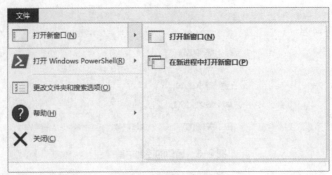

图 2-4 "文件"选项卡

（2）"主页"选项卡

"主页"选项卡如图 2-5 所示，其功能区包括"剪贴板""组织""新建""打开"和"选择"5 个组。

图 2-5 "主页"选项卡

（3）"共享"选项卡

"共享"选项卡如图 2-6 所示，其功能区包括"发送""共享"2 个组。

图 2-6 "共享"选项卡

（4）"查看"选项卡

"查看"选项卡如图 2-7 所示，其功能区包括"窗格""布局""当前视图"和"显示/隐藏"4 个组。

图 2-7 "查看"选项卡

## 2. Windows 10 的菜单类型

Windows 10 的菜单是系统命令的集合。常见的菜单类型有下拉菜单、快捷菜单与级联菜单、控制菜单等，各个菜单中包含多个不同的命令，可以完成相应的功能。有效地利用各种菜单，可以提高工作效率。

（1）下拉菜单

在窗口功能区单击某个带有下拉菜单的按钮即可打开相应的下拉菜单，图 2-8 所示为"查看"选项卡的功能区"当前视图"组"排序方式"的下拉菜单。

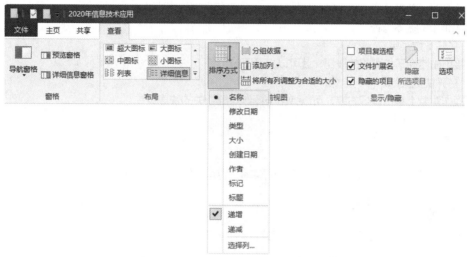

图 2-8 "查看"选项卡的功能区"当前视图"组"排序方式"的下拉菜单

（2）快捷菜单与级联菜单

在操作对象上单击鼠标右键，可以弹出与操作对象相关的快捷菜单，如在窗口空白处单击鼠标右键即可弹出相应的快捷菜单，鼠标指针指向"查看"选项，即可显示该选项的级联菜单，如图 2-9 所示。

（3）控制菜单

控制菜单图标位于窗口的左上角，使用鼠标单击控制菜单图标，可以打开控制菜单。

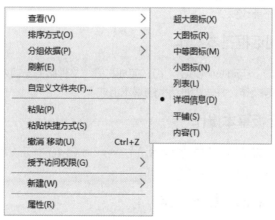

图 2-9 窗口的快捷菜单与级联菜单

**3. 窗口功能区及菜单基本操作**

### 【操作 2-8】窗口功能区及菜单基本操作

（1）窗口功能区的最小化与功能区显示

当功能区处于最小化状态时，单击窗口右上角的"展开功能区"按钮 即可显示功能区。当功能区处于显示状态时，单击"最小化功能区"按钮 ，即可将功能区最小化。

（2）菜单的基本操作

① 打开下拉菜单。

直接单击带有下拉菜单的按钮，就可以打开下拉菜单。

② 打开快捷菜单。

在操作对象上单击鼠标右键，可以弹出与操作对象相关的快捷菜单。

③ 执行菜单命令。

在菜单中单击菜单命令，则可以执行该命令。

④ 关闭菜单。

使用鼠标单击菜单外的任意位置即可关闭菜单，也可以按"Alt"键或"Esc"键关闭菜单。

## 2.2.9　浏览文件夹和文件

在 Windows 10 的窗口中浏览文件夹和文件的方式有多种。

### 【操作 2-9】浏览文件夹和文件

熟悉电子活页中的内容。然后在 Windows 10 中完成打开"文件资源管理器"窗口，查看文件夹和文件的多种显示形式，体验文件夹和文件的多种排列方式，展开和折叠文件夹，选择文件夹和文件，打开文件夹、文件或应用程序等操作。

## 2.2.10　对话框基本操作

对话框是用于显示系统信息和输入数据的窗口，是用户与系统交流信息的场所。对话框的位置可以移动，但大小一般固定，不能改变。

### 【操作 2-10】对话框基本操作

熟悉电子活页中的内容。启动 Windows 10，完成打开"文件服务与输入语言"对话框、在 Word 窗口打开"字体"对话框等操作，并认知对话框的基本组成。

## 2.2.11　控制面板基本操作

控制面板是调整计算机设置的一个总控制界面，在 Windows 10 中可以采用多种方法打开"控制面板"窗口，还可以改变"控制面板"窗口查看方式。

### 【操作 2-11】控制面板基本操作

熟悉电子活页中的内容。启动 Windows 10，完成打开"控制面板"窗口、改变"控制面板"窗口的查看方式等操作。

### 2.2.12　设置日期和时间属性

### 【操作 2-12】设置日期和时间属性

打开"控制面板"窗口，切换到"小图标"查看方式，然后单击"日期和时间"图标，打开图 2-10 所示的"日期和时间"对话框。单击该对话框"日期和时间"选项卡中的"更改日期和时间"按钮，打开图 2-11 所示的"日期和时间设置"对话框，即可对日期和时间进行设置。

图 2-10　"日期和时间"对话框

图 2-11　"日期和时间设置"对话框

在"日期和时间"对话框中还可以切换到"附加时钟"和"Internet 时间"选项卡进行相关设置，设置完成后单击"确定"按钮。

### 2.2.13　搜索相关信息

在进行 Windows 10 相关设置时，如果对有些设置不熟悉，找不到相关设置界面，可以在"搜索"界面搜索相关信息。

### 【操作 2-13】搜索相关信息

打开"搜索"界面，获取"输入法"的相关信息，在搜索结果中选择相关搜索结果选项，打开"设置-语言"界面。

① 在 Windows 10 的"开始"菜单按钮 ▦ 上单击鼠标右键，在弹出的快捷菜单中选择"搜索"命令，打开"搜索"界面。在"搜索"界面的文本框中输入搜索关键词，例如"输入法"，在文本框上方"最佳匹配""应用""设置""搜索网页"区域会分别显示相关搜索结果，如图 2-12 所示。

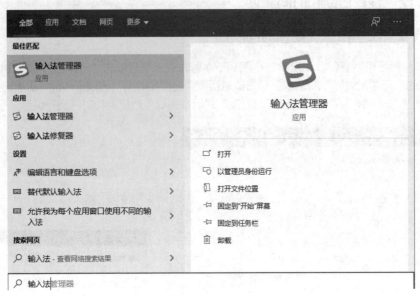

图 2-12　搜索结果

② 在搜索结果中选择"编辑语言和键盘选项"选项，打开"设置-语言"界面。

## 2.3　Windows 10 的系统环境配置

在 Windows 10 中，用户可以根据实际需要配置系统环境，例如设置与优化 Windows 主题、设置个性化任务栏、设置个性化"开始"菜单、设置显示器、设置网络连接属性等。可以通过"控制面板"窗口对系统环境进行必要的配置。

### 2.3.1　设置与优化 Windows 主题

Windows 的外观是指窗口、对话框和按钮的外观样式、颜色、字体等显示属性。用户可以根据自己的喜好自定义 Windows 的外观。Windows 的外观可以通过 Windows 主题进行综合设置。

Windows 主题是桌面背景、颜色、声音和鼠标指针的组合，Windows 10 提供了多个主题也提供了强大的自定义个性化主题的功能，用户可以根据自己的喜好和需求对系统的显示属性进行个性化的设置，使用户自定义主题更加轻松、更显个性。

### 【操作 2-14】设置与优化 Windows 主题

熟悉电子活页中的内容，然后在 Windows 10 中完成选择 Windows 自带的主题、自定义背景、自定义颜色等操作。

### 2.3.2　设置个性化任务栏

### 【操作 2-15】设置个性化任务栏

熟悉电子活页中的内容，然后在 Windows 10 中完成锁定与解锁任务栏、隐藏或显示任务栏、将任务栏中的程序图标设置为小图标、调整任务栏在屏幕的位置、更改任务栏按钮的合并方式等操作。

### 2.3.3 设置个性化"开始"菜单

#### 【操作 2-16】设置个性化"开始"菜单

熟悉电子活页中的内容，然后在 Windows 10 中完成在"开始"菜单中显示应用列表、在"开始"菜单中显示最近添加的应用、在"开始"菜单中显示最近打开的项、设置显示在"开始"菜单的文件夹等操作。

### 2.3.4 设置显示器

#### 【操作 2-17】设置显示器

熟悉电子活页中的内容，然后在 Windows 10 中完成调整屏幕分辨率、设置屏幕刷新频率、设置锁屏界面、设置屏幕超时、设置屏幕保护等操作。

### 2.3.5 设置网络连接属性

#### 【操作 2-18】设置网络连接属性

熟悉电子活页中的内容，然后在 Windows 10 中完成网络连接属性的设置。

### 2.3.6 设置 Windows 10 默认使用的应用程序

Windows 10 已经自带了很多程序，可以满足用户的普通需要，例如，绘图可以使用"画图"程序。用户可以针对不同的功能自行设置默认使用的应用程序。

#### 【操作 2-19】设置 Windows 10 默认使用的应用程序

熟悉电子活页中的内容，完成打开"Windows 设置"窗口、打开"设置-应用和功能"界面、打开"设置-默认应用"界面、设置"音乐播放器"默认使用的应用程序、为 xlsx 文件类型指定默认应用、更改"自动播放"设置等操作。

### 2.3.7 启用与关闭 Windows 10 的功能

#### 【操作 2-20】启用与关闭 Windows 10 的功能

熟悉电子活页中的内容，然后完成打开"控制面板"窗口、打开"程序"窗口、打开"Windows 功能"对话框、启用 Windows 10 的"Internet Information Services"功能、关闭 Windows 10 的"Microsoft Print to PDF"功能等操作。

### 2.3.8 设置计算机系统属性

#### 【操作 2-21】设置计算机系统属性

熟悉电子活页中的内容，然后在 Windows 10 中完成查看有关计算机的基本信息、设置虚拟内存等操作。

虚拟内存是物理磁盘上的部分硬盘空间，用于模拟内存、优化系统性能。虚拟内存以文件形式存放在硬盘驱动器上，也称为页面文件，用于存放不能装入物理内存的程序和数据。默认情况下，Windows 10 可以自动分配和管理虚拟内存，根据实际内存的使用情况，动态调整虚拟内存的大小。

> **提示** 设置虚拟内存的基本原则如下。
>
> ① 将虚拟内存值设置为物理内存值的 2.5 倍。
>
> ② 设置虚拟内存之前进行磁盘检查和磁盘碎片整理。
>
> ③ 将虚拟内存从系统分区移动到其他分区。
>
> ④ 将虚拟内存的初始大小和最大值设置为相同。

## 2.4 创建与管理账户

　　账户是 Windows 10 中用户的身份标识，它决定了用户在 Windows 10 中的操作权限。合理地管理账户，不但有利于为多个用户分配适当的权限和设置相应的工作环境，也有利于提高系统的安全性能。安装 Windows 10 时，系统会要求用户创建一个能够设置计算机以及安装应用程序的管理员账户。

　　在 Windows 10 中，用户账户分为管理员账户、标准账户和来宾账户（Guest 账户）3 种类型，系统为每种类型的账户提供不同的权限。

　　（1）管理员账户

　　管理员账户具有计算机的完全访问权限，可以对计算机进行任何需要的更改，所进行的操作可能会影响到使用计算机的其他用户。一台计算机至少需要一个管理员账户。

　　（2）标准账户

　　标准账户可以使用大多数软件以及更改不影响其他用户使用或计算机安全的系统设置，如果标准账户的用户要安装、更新或卸载应用程序，则系统会弹出"用户账户控制"对话框，输入密码后才能继续执行相应的操作。

　　（3）来宾账户

　　来宾账户又称为 Guest 账户，供临时使用计算机的用户使用。使用 Guest 账户登录操作系统时，不能更改账户密码、计算机设置以及安装软件或硬件。默认情况下，Windows 10 的 Guest 账户没有启用，如果要使用 Guest 账户，则首先需要将其启用。

### 【任务 2-1】使用"设置-家庭和其他用户"界面创建管理员账户

#### 【任务描述】

　　对于多人使用的计算机，有必要为每个使用计算机的用户建立独立的账户和密码，每个用户各自使用自己的账户登录系统，这样可以限制非法用户从本地或网络登录系统，从而有效保证系统的安全。

　　① 为当前登录账户"admin"设置头像，设置的头像将显示在欢迎屏幕上，也会作为"开始"菜单的登录账户图标。

　　② 使用"设置-家庭和其他用户"界面创建一个管理员账户"better"，为管理员账户"better"设置密码"abc_123"。

扫码观看本
任务视频

#### 【任务实施】

**1. 更改当前登录账户"admin"显示在欢迎屏幕的图片**

　　在"开始"菜单按钮 ▦ 上单击鼠标右键，在弹出的快捷菜单中选择"设置"选项，打开"Windows 设置"窗口，在该窗口中选择"账户"选项，打开"设置-账户信息"界面，该界面显示当前已存在的本地管理员账户"ADMIN"，如图 2-13 所示。

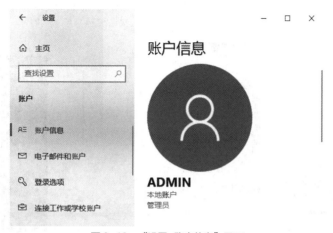

图 2-13 "设置-账户信息"界面

> **说 明** 单击 Windows 10 桌面左下角的"开始"菜单按钮 ▦，弹出"开始"菜单，在"开始"菜单中，单击"账户"按钮 ▦，在弹出的下拉菜单中选择"更改账户设置"命令，也能打开图 2-14 所示的"设置-账户信息"界面。

在"设置-账户信息"界面右侧拖曳滑块，显示"创建头像"区域，在该区域单击"从现有图片中选择"按钮，如图 2-14 所示，弹出"打开"对话框，在该对话框中选择一张用作账户头像的图片，然后单击"选择图片"按钮，返回"设置-账户信息"界面，如图 2-15 所示。

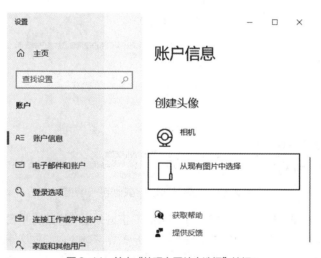

图 2-14 单击"从现有图片中选择"按钮

设置的用户头像会作为"开始"菜单的登录账户图标，如图 2-16 所示。这一头像也会显示在欢迎屏幕上。

图 2-15　返回"设置-账户信息"界面　　　　　　图 2-16　"开始"菜单的登录账户图标

### 2. 创建账户

在"设置-账户信息"界面左侧设置选项列表中选择"家庭和其他用户"选项，显示"设置-家庭和其他用户"界面，如图 2-17 所示。

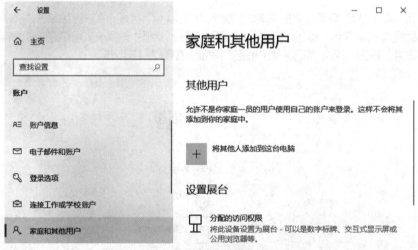

图 2-17　"设置一家庭和其他用户"界面

在"设置-家庭和其他用户"界面右侧"其他用户"区域单击"将其他人添加到这台电脑"按钮，弹出"Microsoft 账户"对话框，在该对话框中输入账户名称"better"，两次输入密码"abc_123"，分别选择"安全问题 1""安全问题 2""安全问题 3"，并在对应的文本框中输入对应的答案，如图 2-18 所示。

单击"下一步"按钮，完成标准账户的创建，在"其他用户"区域会显示新创建的账户"better"，如图 2-19 所示。

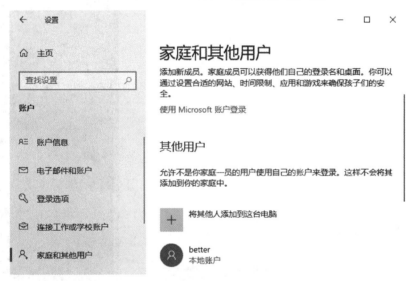

图 2-18　在"Microsoft 账户"对话框中输入账户信息

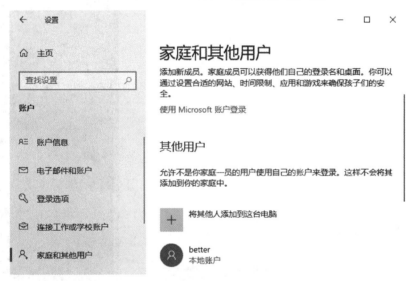

图 2-19　显示新创建的账户"better"

### 3. 更改账户类型

在"设置-家庭和其他用户"界面"其他用户"区域选中刚创建的标准账户"better"，显示"更改账户类型"和"删除"按钮，如图 2-20 所示。

图 2-20　选中标准账户"better"

单击"更改账户类型"按钮，打开"更改账户类型"对话框，在"账户类型"下拉列表框中选择"管理员"，如图 2-21 所示。

图 2-21 在"账户类型"下拉列表框中选择"管理员"

单击"确定"按钮返回"设置-家庭和其他用户"界面，账户"better"的类型变为"管理员"，如图 2-22 所示。

新创建的账户"better"也会在"开始"菜单的用户列表中显示，如图 2-23 所示。

图 2-22 账户"better"的类型变为"管理员"　　图 2-23 新创建的账户"better"在
　　　　　　　　　　　　　　　　　　　　　　　　"开始"菜单的用户列表中显示

## 【任务 2-2】使用"计算机管理"窗口创建账户"happy"

扫码观看本
任务视频

**【任务描述】**
① 在"计算机管理"窗口查看本地用户。
② 创建一个标准账户"happy"，为该账户设置密码"123456"。
③ 查看账户"happy"的属性。
④ 在"管理账户"窗口查看新添加的账户。

**【任务实施】**
Windows 10 提供了计算机管理工具，使用它可以更好地创建、管理和配置用户账户。

### 1. 查看计算机本地用户

在 Windows 10 桌面"此电脑"图标上单击鼠标右键，在弹出的快捷菜单中选择"管理"命令，打开"计算机管理"窗口。也可以在"开始"菜单按钮 ▦ 上单击鼠标右键，在弹出的快捷菜单中选择"计算机管理"命令，打开"计算机管理"窗口。

在"计算机管理"窗口中依次展开节点"系统工具"→"本地用户和组"，选择"用户"节点，右侧窗格列出了所有的用户账户，包括系统自动创建的"Administrator""DefaultAccount""Guest""WDAGUtilityAccount"账户，安装 Windows 10 时用户自己创建的账户"admin"，以及前面所创建的账户"better"，如图 2-24 所示。

图 2-24　"计算机管理"窗口中的用户列表

### 2. 创建新账户"happy"

在"计算机管理"窗口"用户"节点上单击鼠标右键，在弹出的快捷菜单中选择"新用户"命令，如图 2-25 所示，打开"新用户"对话框。在"用户名"文本框中输入"happy"，在"全名"文本框中也输入"happy"，在"描述"文本框中输入"普通用户"，在"密码"和"确认密码"文本框中输入密码"123456"，其他的复选框保持不变，如图 2-26 所示。然后单击"创建"按钮即可创建一个新的标准账户，且为该账户设置了密码。

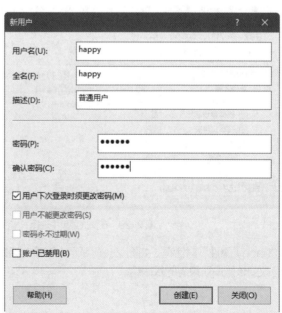

图 2-25　在快捷菜单中选择"新用户"命令　　　　图 2-26　"新用户"对话框

单击"关闭"按钮关闭"新用户"对话框。创建新账户后的"计算机管理"窗口中的用户列表如图2-27 所示。

新创建的账户"happy"也会在"开始"菜单的用户列表中显示，如图 2-28 所示。

图 2-27　创建新账户后的"计算机管理"　　图 2-28　新创建的用户"happy"在"开始"
窗口中的用户列表　　　　　　　　　　菜单的用户列表中显示

### 3. 查看账户"happy"的属性

在"计算机管理"窗口的用户列表的"happy"账户上单击鼠标右键，在弹出的快捷菜单中选择"属性"命令，如图 2-29 所示。

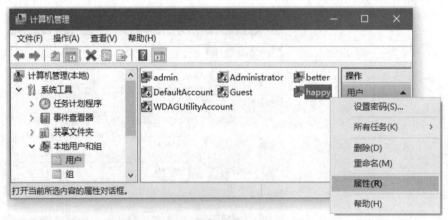

图 2-29　在快捷菜单中选择"属性"命令

打开"happy 属性"对话框，如图 2-30 所示。在该对话框中可以进行相关属性设置，也可以禁用该账户或者改变该账户所隶属的权限组。

图 2-30 "happy 属性"对话框

### 4. 在"管理账户"窗口查看新添加的账户

单击 Windows 10 的"开始"菜单按钮 ▦，在弹出的"开始"菜单中展开"Windows 系统"文件夹，在该文件夹中选择"控制面板"选项，打开"控制面板"窗口。将"控制面板"窗口的查看方式更改为"小图标"，然后单击"用户账户"选项，打开"用户账户"窗口。在"用户账户"窗口"更改账户信息"区域单击"管理其他账户"超链接，如图 2-31 所示，打开"管理账户"窗口，该窗口显示了新创建的账户，如图 2-32 所示。

图 2-31 单击"管理其他账户"超链接

图 2-32 "管理账户"窗口

## 2.5 管理文件夹和文件

操作系统的重要作用之一就是管理计算机系统中的各种资源。Windows 10 提供了多种管理资源的工具，利用这些工具可以很好地管理计算机的各种软、硬件系统资源。

在 Windows 10 中，系统资源主要包括磁盘（驱动器）、文件夹、文件以及其他系统资源，文件夹和文件都存储在计算机的磁盘中。文件夹是系统组织和管理文件的一种形式，是为方便查找、维护和存储文件而设置的，可以分类存放文件。在文件夹中可以存放各种类型的文件和子文件夹。文件是赋予了名称并存储在磁盘上的数据的集合，它可以是用户创建的文档、图片、图像、视频、音频、动画等，也可以是可执行的应用程序。

### 【任务 2-3】新建文件夹和文件

**【任务描述】**

① 在计算机 D 盘的根目录中新建一个文件夹"教学素材"，在该文件夹中再分别建立 4 个子文件夹："文档""图片""视频"和"音频"。

② 在已创建的文件夹"文档"中创建一个文本文档"网址"。

③ 将文件夹"音频"重命名为"音乐"，将文本文档"网址"重命名为"工具软件下载的网址"。

扫码观看本任务视频

**【任务实施】**

**1. 新建文件夹**

打开"此电脑"窗口，打开需要新建文件夹的 D 盘，单击"主页"选项卡"新建"组的"新建文件夹"按钮，或者单击"新建"组的"新建项目"按钮，在弹出的下拉菜单中选择"文件夹"命令，如图 2-33 所示。

系统创建一个默认名称为"新建文件夹"的文件夹，输入文件夹的有效名称"教学素材"，然后按"Enter"键或者在窗口空白处单击，这样一个新文件夹便创建完成。

打开文件夹"教学素材"，在窗口的空白处单击鼠标右键，在弹出的快捷菜单中选择"新建"菜单项，在其级联菜单中选择"文件夹"命令，如图 2-34 所示。系统自动创建一个文件夹，输入名称"文档"，然后按"Enter"键即可。

以类似方法在文件夹"教学素材"中创建另外 3 个子文件夹"图片""视频""音频"。

图 2-33　在"新建项目"下拉菜单中选择 "文件夹"命令

图 2-34　在"新建"级联菜单中选择"文件夹"命令

### 2. 新建文件

使用窗口"主页"选项卡功能区中的命令和快捷菜单命令都可以新建各种类型的文件，包括 BMP 图片文件、Microsoft Word 文档、PPTX 演示文稿、文本文档、XLSX 工作表等。这里介绍使用快捷菜单命令新建文件的方法。

在窗口左侧列表框中选择"文档"，然后在右侧窗格的空白处单击鼠标右键，在弹出的快捷菜单中选择"新建"菜单项，在其级联菜单中选择"文本文档"命令，系统创建一个文本文档，输入新文本文档的有效名称"网址"，然后按"Enter"键或者在窗口空白处单击，这样一个新文本文档便创建完成。

创建完成文本文档"网址"后的窗口如图 2-35 所示。

### 3. 重命名文件夹和文件

从以下操作方法中选择一种重命名文件夹和文件。

【方法 1】使用快捷菜单命令重命名文件夹和文件。

在窗口中待重命名的文件夹"音频"上单击鼠标右键，在弹出的快捷菜单中选择"重命名"命令，如图 2-36 所示，然后输入新的名称"音乐"，按"Enter"键即可。

图 2-35　创建完成文本文档"网址"后的窗口

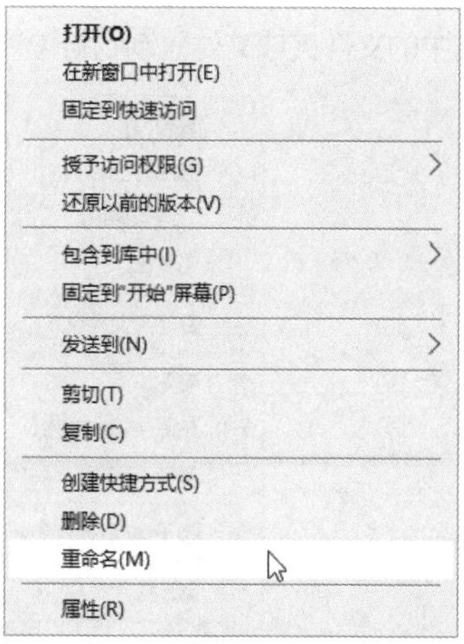

图 2-36　在快捷菜单中选择"重命名"命令

【方法 2】使用窗口选项卡中的命令重命名文件夹和文件。

在窗口中选中待重命名的文件"网址"，单击窗口"主页"选项卡"组织"组中的"重命名"按钮，然后输入新的名称"工具软件下载的网址"，按"Enter"键即可。

【方法3】使用鼠标重命名文件夹和文件。

在窗口中单击选中待重命名的文件夹或文件，然后再次单击选定的文件夹或文件，在原有名称处显示文本框和光标，在文本框中输入新的名称，按"Enter"键即可。

### 【任务 2-4】复制与移动文件夹和文件

**【任务描述】**

① 在"教学素材"文件夹中新建一个文件夹"备用素材"，将所需图片、音乐文件复制到该文件夹中。

② 将图片文件"九寨沟.jpg"和"桂林漓江.jpg"从文件夹"备用素材"中复制到文件夹"教学素材"的子文件夹"图片"中。

③ 将音乐"奋进.mp3"和"欢快.mp3"从文件夹"备用素材"中移动到文件夹"教学素材"的子文件夹"音乐"中。

**【任务实施】**

**1. 新建文件夹**

在"教学素材"文件夹中新建一个文件夹"备用素材"，选择一种已熟悉的方法将所需图片、音乐文件复制到该文件夹中。

**2. 复制文件夹或文件**

复制文件夹或文件是指将选中的文件夹或文件从一个位置复制到另外一个位置。复制操作完成后，文件夹或文件会同时在原先的位置和新的位置存在。

从以下操作方法中选择一种复制文件夹和文件。

【方法1】使用快捷菜单命令复制。

选中文件夹"备用素材"中的图片文件"九寨沟.jpg"，单击鼠标右键，在弹出的快捷菜单中选择"复制"命令；然后在目标文件夹"图片"的空白处单击鼠标右键，在弹出的快捷菜单中选择"粘贴"命令，如图2-37所示，即可将选中的文件复制到新位置。

【方法2】使用选项卡中的按钮命令复制。

选中要复制的文件夹或文件，在窗口"主页"选项卡"剪贴板"组中单击"复制"按钮，如图2-38所示；然后选中目标磁盘或文件夹，在窗口"主页"选项卡"剪贴板"组中单击"粘贴"按钮，即可将选中的文件夹或文件复制到新位置。

图 2-37　在快捷菜单中选择"粘贴"命令

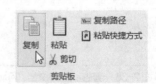

图 2-38　在窗口"主页"选项卡"剪贴板"组中单击"复制"按钮

【方法 3】使用组合键进行复制。

选中待复制的文件夹或文件，按"Ctrl+C"组合键复制，然后在目标磁盘或文件夹中按"Ctrl+V"组合键粘贴。

【方法 4】使用"Ctrl"键+鼠标左键拖曳。

在同一个驱动器中复制文件或文件夹，选中待复制的文件夹或文件，按住"Ctrl"键，同时按住鼠标左键并拖曳，将文件夹或文件拖曳到目标位置后松开鼠标左键和"Ctrl"键即可。

 **提示** 如果要在不同的驱动器之间复制文件夹或文件，单击并按住鼠标左键将文件夹或文件拖曳到目标位置即可。

【方法 5】使用鼠标右键拖曳。

选中要复制的文件夹或文件，按住鼠标右键并拖曳，将文件夹或文件拖曳到目标位置后松开鼠标右键，在弹出的快捷菜单中选择"复制到当前位置"命令，如图 2-39 所示，即可将选中的文件夹或文件复制到目标位置。

【方法 6】使用选项卡"复制到"下拉菜单中选项进行复制。

选中文件夹"备用素材"中的图片文件"桂林漓江.jpg"，然后单击窗口"主页"选项卡"组织"组中的"复制到"按钮，在弹出的下拉菜单中选择目标位置。如果目标文件夹没有在下拉菜单中列出，则在下拉菜单中选择"选择位置"选项，在弹出的"复制项目"对话框中选择目标文件夹，这里选择文件夹"教学素材"的子文件夹"图片"，最后单击"复制"按钮，即可如图 2-40 所示。

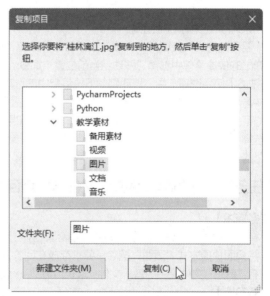

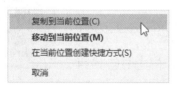

图 2-39 在快捷菜单中选择"复制到当前位置"命令　　图 2-40 "复制项目"对话框

 **提示** 在"复制项目"对话框中可以单击 ❯ 按钮展开文件夹来查看其子文件夹。如果要复制内容到一个新建的文件夹中，先选择目标位置，然后单击"新建文件夹"按钮新建一个文件夹即可。

### 3. 移动文件夹或文件

移动文件夹或文件是指将选中的文件夹或文件从一个位置移动到另外一个位置。移动操作完成后，文件夹或文件在原先的位置消失，出现在新的位置。

从以下操作方法中选择一种移动文件夹或文件。

【方法1】使用快捷菜单中的"剪切"和"粘贴"命令移动。

在窗口中，选中文件夹"备用素材"中的音乐文件"奋进.mp3"，单击鼠标右键，在弹出的快捷菜单中选择"剪切"命令；然后在目标文件夹"音乐"的空白处单击鼠标右键，在弹出的快捷菜单中选择"粘贴"命令，即可将选中的文件夹或文件移动到新位置。

【方法2】使用选项卡中的"剪切"和"粘贴"按钮移动。

选中要移动的文件夹或文件，在窗口"主页"选项卡"剪贴板"组中选择"剪切"命令；然后选中目标磁盘或文件夹，在窗口"主页"选项卡"剪贴板"组中选择"粘贴"命令，即可将选中的文件夹或文件移动到新位置。

【方法3】使用组合键进行移动。

选中待复制的文件夹或文件，按"Ctrl+X"组合键剪切，然后在目标磁盘或文件夹中按"Ctrl+V"组合键粘贴。

【方法4】按住鼠标左键拖曳。

在同一个驱动器中移动文件或文件夹，选中待移动的文件夹或文件，按住鼠标左键并拖曳，将文件夹或文件拖动到目标位置后松开鼠标左键即可。

> **提示**　　　　如果要在不同的驱动器之间移动文件夹或文件，按住"Shift"键的同时单击并按住鼠标左键将文件夹或文件拖曳到目标位置即可。

【方法5】按住鼠标右键拖曳。

选中要移动的文件夹或文件，按住鼠标右键并拖曳，将文件夹或文件拖曳到目标位置后松开鼠标右键，在弹出的快捷菜单中选择"移动到当前位置"命令，即可将选中的文件夹或文件移动到目标位置。

【方法6】使用选项卡中"移动到"下拉菜单中的选项进行移动。

选中要移动的文件"欢快.mp3"，然后在窗口"主页"选项卡"组织"组中单击"移动到"按钮，在弹出的下拉菜单中选择目标文件夹"音乐"即可。如果目标文件夹没有在下拉菜单中列出，则在下拉菜单中选择"选择位置"选项，在弹出的"移动项目"对话框中选择目标文件夹，这里选择文件夹"教学素材"的子文件夹"音乐"，最后单击"移动"按钮即可完成操作。

## 【任务2-5】删除文件夹和文件与使用回收站

### 【任务描述】

① 将"图片"文件夹中的图片文件"九寨沟.jpg"删除，要求存放在回收站中。

② 将桌面快捷方式"画图"删除，要求存放在回收站中。

③ 将"音乐"文件夹中的音乐文件"欢快.mp3"永久删除，不存放在回收站中。

扫码观看本
任务视频

### 【任务实施】

#### 1. 删除文件夹或文件

删除文件夹或文件是指将不需要的文件夹和文件从磁盘中删除，分为一般删除和永久删除两种，一般删除的文件夹和文件并没有从磁盘中真正删除，它们存放在磁盘的特定区域，即回收站中，在需要的时候可以恢复，而永久删除文件夹或文件是将其从磁盘中真正地删除了，不能予以恢复。

（1）一般删除

从以下操作方法中选择一种进行一般删除。

【方法1】使用窗口选项卡中的命令删除。

在窗口中选中"图片"文件夹中待删除的文件"九寨沟.jpg"，然后在"主页"选项卡"组织"组中直接单击"删除"按钮，或者单击"删除"按钮的下拉按钮 ▾，在其下拉菜单（见图 2-41）中选择"回收"命令。

【方法 2】使用快捷菜单命令删除。

在 Windows 10 桌面待删除的快捷方式"画图"上单击鼠标右键，在弹出的快捷菜单中选择"删除"命令。

【方法 3】使用"Delete"键删除。

选中待删除的文件夹或文件，按"Delete"键。

【方法 4】使用鼠标拖曳删除。

将待删除的文件夹或文件拖曳到桌面"回收站"图标上。

默认状态下，使用以上 4 种方法删除文件夹或文件时，不会弹出"删除文件"对话框予以确认。删除文件或文件夹时，如果需要弹出"删除文件"对话框进行确认，可以在"主页"选项卡"组织"组中单击"删除"按钮的下拉按钮 ▾，在其下拉菜单中单击"显示回收确认"选项，使其处于选中状态，如图 2-42 所示。

图 2-41　"删除"下拉菜单

图 2-42　"显示回收确认"选项处于选中状态

"删除"下拉菜单中的"显示回收确认"选项处于选中状态时，删除文件或文件夹都会弹出图 2-43 所示的"删除文件"对话框，在该对话框中单击"是"按钮，删除操作即完成。

（2）永久删除

选中待删除的文件"欢快.mp3"，按住"Shift"键的同时在快捷菜单中选择"删除"命令、按"Delete"键或者直接单击"主页"选项卡"组织"组中的"删除"按钮，都会弹出图 2-44 所示的确认文件是否永久删除的"删除文件"对话框，在该对话框中单击"是"按钮，该文件将被永久删除，而不会保存在回收站中。

图 2-43　"删除文件"对话框

图 2-44　确认文件是否永久删除的"删除文件"对话框

选中待删除的文件"欢快.mp3"后，在"主页"选项卡"组织"组中单击"删除"按钮的下拉按钮 ▾，在弹出的下拉菜单中选择"永久删除"命令，也可以永久删除该文件。

## 2. 使用回收站

回收站是保存被删除文件夹或文件的中转站。从硬盘中删除文件夹、文件、快捷方式等项目时，可以将其放入回收站中，这些项目仍然占用硬盘空间并可以被恢复到原来的位置。回收站中的项目在被用户永久删除之前可以被保留，但回收站空间不足时，Windows 将自动清除回收站中的空间以存放最近删除的项目。

> **注意** 以下情况被删除的项目不会存放在回收站，也不能被还原。
> ① 从 U 盘、移动硬盘中删除的项目。
> ② 从网络中删除的项目。
> ③ 按住"Shift"键删除的项目。
> ④ 超过回收站存储容量的项目。

（1）还原回收站中的项目

在桌面上双击"回收站"图标，打开图 2-45 所示的"回收站"窗口。

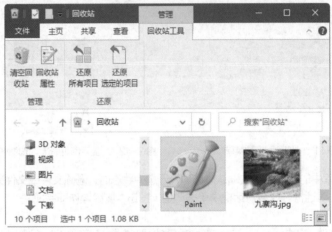

图 2-45 "回收站"窗口

① 若需还原回收站中某个项目，可以在该项目上单击鼠标右键，在弹出的快捷菜单中选择"还原"命令，如图 2-46 所示。先单击选定该项目，然后在"回收站"窗口"管理-回收站工具"选项卡"还原"组中单击"还原选定的项目"按钮，也可以将选定的项目恢复到原来的位置。如果还原已删除文件夹中的文件，则将在原来的位置重新创建文件夹，然后在此文件夹中还原文件。

② 若需还原回收站中多个项目，可以在按住"Ctrl"键的同时单击要还原的每个项目，然后在"回收站"窗口"管理-回收站工具"选项卡"还原"组中单击"还原选定的项目"按钮。

③ 若需还原回收站中的所有项目，可以在"回收站"窗口"管理-回收站工具"选项卡"还原"组中选择"还原所有项目"按钮。

（2）删除回收站中的项目

删除回收站中的项目就意味着将项目从计算机中永久地删除，项目不能再被还原。

① 若需删除回收站中某个项目，可以在该项目上单击鼠标右键，在弹出的快捷菜单选择"删除"命令，或者在"回收站"窗口"主页"选项卡"组织"组中单击"删除"按钮。

② 若需删除回收站中多个项目，可以在按住"Ctrl"键的同时单击要删除的每个项目，然后选择快捷菜单中的"删除"或单击选项卡中的"删除"按钮。

③ 若需删除回收站中的所有项目，可以在"回收站"窗口"管理-回收站工具"选项卡"管理"组中单击"清空回收站"按钮。

（3）清空回收站

从以下操作方法中选择一种清空回收站。

【方法 1】在桌面上的"回收站"图标上单击鼠标右键，在弹出的快捷菜单中选择"清空回收站"命令，如图 2-47 所示。

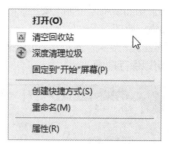

图 2-46　在快捷菜单中选择"还原"命令　　图 2-47　在快捷菜单中选择"清空回收站"命令

【方法 2】打开"回收站"窗口，然后在"管理-回收站工具"选项卡"管理"组中单击"清空回收站"按钮。

扫码观看本
任务视频

## 【任务 2-6】搜索文件夹和文件

### 【任务描述】

① 使用"搜索"文本框搜索"网络设置"相关的内容。
② 使用窗口搜索文件夹"备用素材"中的 jpg 格式的图片文件。

### 【任务实施】

Windows 10 提供了多种搜索文件和文件夹的方法，在不同的情况下可以选用不同的方法。

#### 1. 使用"搜索"文本框搜索相关内容

在 Windows 10 的"开始"菜单按钮▓ 上单击鼠标右键，在弹出的快捷菜单中选择"搜索"命令，打开"搜索"界面，在该界面"搜索"文本框中输入关键字"网络设置"，如图 2-48 所示，与所输入文字相匹配的项将立即出现在该搜索框的上方，然后选择匹配的搜索结果打开即可。

图 2-48　输入关键字"网络设置"

**2. 在窗口中指定的文件夹下搜索文件夹和文件**

① 打开"此电脑"窗口，并定位到指定的磁盘或文件夹，这里选择文件夹"备用素材"。

② 在窗口右上角的搜索框中输入要查找的文件的名称或关键字，这里输入"*.jpg"，然后单击"搜索"按钮 ，搜索结果如图 2-49 所示。

切换到"搜索工具-搜索"选项卡，可以指定"修改日期""类型""大小"和"其他属性"，可以设置高级选项，也可以保存搜索。

图 2-49　搜索结果

如果在指定的文件夹中没有找到要查找的文件夹或文件，Windows 10 就会提示"没有与搜索条件匹配的项"。

 **提示**　　当需要对某一类文件夹或文件进行搜索时，可以使用通配符来表示文件名中不同的字符。Windows 10 中使用"？"和"*"两种通配符，"？"表示任意一个字符，"*"表示任意多个字符。例如，"*.jpg"表示所有扩展名为"jpg"的图片文件，"x?y.*"表示文件名由 3 个字符组成（其中第 1 个字符为 x，第 3 个字符为 y，第 2 个字符为任意一个字符），扩展名为任意字符（可以是"jpg""docx""bmp""txt"等）的一批文件。

## 【任务 2-7】设置文件夹选项

**【任务描述】**

① 打开"文件夹选项"对话框，在"常规"选项卡中设置在同一窗口中打开多个文件夹；设置单击时选定项目，双击打开项目；设置在"快速访问"中显示最近使用的文件和常用文件夹。

② 在"文件夹选项"对话框的"查看"选项卡中设置显示隐藏的文件、文件夹或驱动器，且显示已知文件类型的扩展名。

③在"文件夹选项"对话框的"搜索"选项卡中设置在搜索没有索引的位置时始终搜索文件名和内容，也包括压缩文件（ZIP、CAB）。

扫码观看本
任务视频

**【任务实施】**

**1. 打开"文件夹选项"对话框**

在窗口的"查看"选项卡中单击"选项"按钮，可以打开图 2-50 所示的"文件夹选项"对话框。

**2. 设置文件夹的常规属性**

对话框默认显示"常规"选项卡，该选项卡主要用于设置文件夹常规属性。

　　"常规"选项卡的"浏览文件夹"区域用来设置文件夹的浏览方式。选择"在同一窗口中打开每个文件夹"单选按钮时，在窗口中每打开一个文件夹，只会出现一个窗口来显示当前打开的文件夹。选择"在不同窗口中打开不同的文件夹"单选按钮时，在窗口中每打开一个文件夹，就会出现一个相应的窗口，打开了多少个文件夹，就会出现多少个窗口。这里选择"在同一窗口中打开每个文件夹"单选按钮。

图 2-50　"文件夹选项"对话框

　　"常规"选项卡的"按如下方式单击项目"区域用来设置文件夹的打开方式。如果选择"通过单击打开项目（指向时选定）"单选按钮，则文件夹通过单击打开，指向时会选定；如果选择"通过双击打开项目（单击时选定）"单选按钮，则文件夹通过双击打开，单击时选定。选中"通过单击打开项目（指向时选定）"单选按钮，则"在我的浏览器中给所有图标标题加下划线"和"仅当指向图标标题时加下划线"单选按钮为可用状态，可根据需要进行选择。单击"还原默认值"按钮，可以恢复系统默认的设置方式。这里选择"通过双击打开项目（单击时选定）"单选按钮。

　　在"常规"选项卡的"隐私"区域中选中"在'快速访问'中显示最近使用的文件"和"在'快速访问'中显示常用文件夹"两个复选框，然后单击"确定"按钮，使设置生效并关闭该对话框。

### 3. 设置文件夹的查看属性

　　在"文件夹选项"对话框中切换到"查看"选项卡，如图 2-51 所示，该选项卡用于设置文件夹的显示方式。

　　"查看"选项卡的"文件夹视图"区域包括"应用到文件夹"和"重置文件夹"2 个按钮。单击"应用到文件夹"按钮，可使文件夹视图应用于这种类型的所有文件夹；单击"重置文件夹"按钮，可将文件夹视图还原为默认视图设置。

　　"查看"选项卡的"高级设置"列表框中显示了有关文件夹和文件的多项高级设置选项，可以根据实际需要进行设置。这里选择"显示隐藏的文件、文件夹和驱动器"单选按钮，取消"隐藏已知文件类型的扩展名"复选框的选中状态。

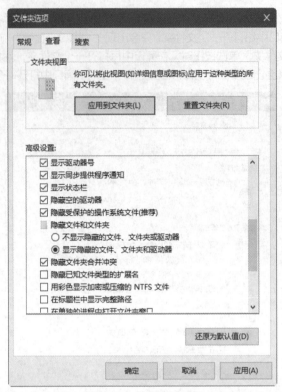

图 2-51 "查看"选项卡

单击"应用"按钮可应用所选设置，单击"还原为默认值"按钮可恢复系统默认的设置。

**4. 设置文件夹的搜索属性**

在"文件夹选项"对话框中切换到"搜索"选项卡，该选项卡用于设置搜索内容和搜索方式。

在"搜索"选项卡的"在搜索未建立索引的位置时"区域选中"包括压缩文件（ZIP、CAB...）"复选框和"始终搜索文件名和内容（此过程可能需要几分钟）"复选框，相关设置如图 2-52 所示。

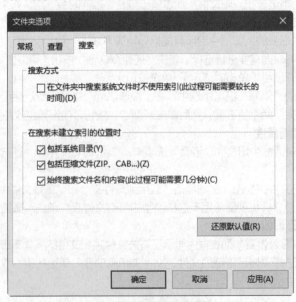

图 2-52 搜索的相关设置

单击"应用"按钮可应用所选设置，单击"还原默认值"按钮可恢复系统默认的设置。

文件夹选项设置完成后，单击"确定"按钮使设置生效并关闭该对话框。

## 【任务 2-8】查看与设置文件和文件夹属性

### 【任务描述】

① 在文件夹的"属性"对话框中将"图片"文件夹中的文件设置为非只读状态。

② 更改"图片"文件夹的图标。

③ 设置文件"九寨沟.jpg"的属性。

### 【任务实施】

**1. 查看与设置文件夹的属性**

扫码观看本
任务视频

文件夹和文件的属性分为只读、隐藏和存档 3 种类型，具备只读属性的文件夹和文件不允许更改和删除，只读文件可以打开浏览文件内容；具备隐藏属性的文件夹和文件可以被隐藏，从而对于一些重要的系统文件进行有效保护；一般的文件夹和文件都具备存档属性，可以浏览、更改和删除。

设置文件夹属性的操作步骤如下。

（1）选中要设置属性的文件夹

单击选中文件夹"图片"。

（2）打开"属性"对话框

单击鼠标右键，在弹出的快捷菜单中选择"属性"命令，打开该文件夹的"图片 属性"对话框，如图 2-53 所示。

图 2-53 "图片 属性"对话框

（3）设置文件夹的常规属性

对话框的"常规"选项卡中包括类型、位置、大小、占用空间、包含的文件和文件夹数量、创建时间和属性等内容，还包含有"高级"按钮。该选项卡的"属性"区域包括"只读"和"隐藏"复选框。这里取消"只读"复选框的选中状态。单击"高级"按钮，在打开的"高级属性"对话框中可以设置"存档和索引属性"和"压缩或加密属性"，如图 2-54 所示。高级属性设置完成后单击"确定"按钮返回"属性"对话框。

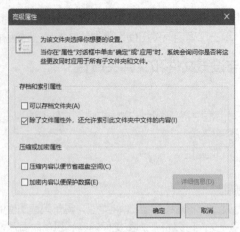

图 2-54　"高级属性"对话框

（4）自定义文件夹的属性

切换到"自定义"选项卡，在该选项卡中可以对文件夹模板、文件夹图片和文件夹图标进行设置，如图 2-55 所示。

在"自定义"选项卡中单击"更改图标"按钮，弹出"图片"文件夹的"为文件夹更改图标"对话框，如图 2-56 所示。在该对话框中选择一个图标，然后单击"确定"按钮即可更改文件夹的图标。

 **提示**　在"自定义"选项卡中单击"还原默认图标"按钮，可以将文件夹图标还原为系统的默认图标。

图 2-55　"自定义"选项卡

图 2-56　"图片"文件夹的"为文件夹更改图标"对话框

（5）确认属性更改

在"图片"文件夹"属性"对话框中单击"确定"按钮或者"应用"按钮，使属性更改生效。如果单击"取消"按钮，则只是关闭该对话框，属性更改并没有生效。

### 2. 查看与设置文件的属性

设置文件属性的操作步骤如下。

（1）选中要设置属性的文件

单击选中图片文件"九寨沟.jpg"。

（2）打开"属性"对话框

单击鼠标右键，在弹出的快捷菜单中选择"属性"命令，打开"九寨沟.jpg"文件的"属性"对话框，如图 2-57 所示。

**提示**

不同类型的文件对应的"属性"对话框略有不同。

（3）设置文件的常规属性

对话框的"常规"选项卡中包括文件类型、打开方式、位置、大小、占用空间、创建时间、修改时间、访问时间和属性等内容，还包含"更改""高级"等按钮。该选项卡的"属性"区域包括"只读"和"隐藏"复选框。

在"属性"对话框中单击"更改"按钮，在弹出的更改打开方式的对话框中可以更改文件的打开方式，如图 2-58 所示。打开方式更改完成后，单击"确定"按钮返回"属性"对话框，在该对话框中单击"确定"按钮即可。

图 2-57　九寨沟.jpg 文件的"属性"对话框　　　　图 2-58　更改打开方式的对话框

## 【任务 2-9】文件夹的共享属性设置

### 【任务描述】

① 设置 D 盘文件夹"教学素材"为共享文件夹。

② 设置共享文件夹"教学素材"的权限为"读取/写入"。

③ 删除默认共享文件夹。

**【任务实施】**

共享文件夹可以使用户通过网络远程访问设置了共享文件夹的计算机上的资源，Windows 10 允许共享文件夹，可以通过一系列交互式对话框来设置文件夹共享。

**1. 设置共享文件夹**

设置文件夹共享的操作步骤如下。

在需要设置共享的自定义文件夹"教学素材"上单击鼠标右键，在弹出的快捷菜单中选择"属性"命令，打开该文件夹的"属性"对话框，切换到"共享"选项卡。在该选项卡"网络文件和文件夹共享"区域单击"共享"按钮，打开"网络访问"对话框。在该对话框的用户列表中选择要与其共享的用户，这里选择"Everyone"，如图 2-59 所示。

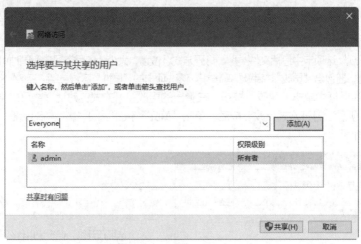

图 2-59　"网络访问"对话框

单击"添加"按钮添加共享的用户，然后在"权限级别"列单击"读取"，在其下拉菜单中选择"读取/写入"权限，如图 2-60 所示。

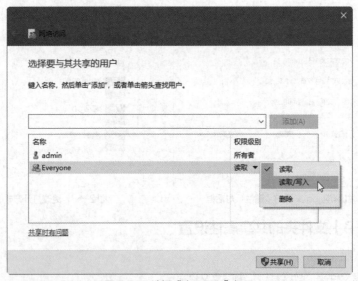

图 2-60　选择"读取/写入"权限

在"网络访问"对话框中单击"共享"按钮，完成文件夹的共享设置，如图 2-61 所示，单击"完成"按钮返回"教学素材 属性"对话框，如图 2-62 所示。

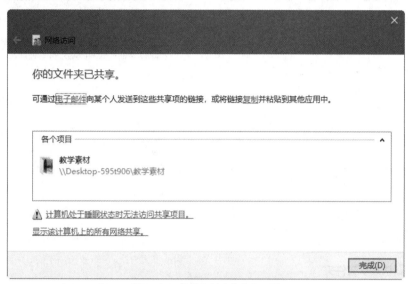

图 2-61　完成文件夹的共享设置

图 2-62　"教学素材 属性"对话框

### 2. 设置共享文件夹的权限

在"教学素材 属性"对话框中单击"高级共享"按钮，打开"高级共享"对话框，在该对话框中选中"共享此文件夹"复选框，如图 2-63 所示，然后单击"权限"按钮，打开"教学素材的权限"对话框，在该对话框中进行必要的权限设置，如图 2-64 所示。然后依次单击"确定"按钮使设置生效并关闭对话框，最后关闭"教学素材 属性"对话框即可。

**65**

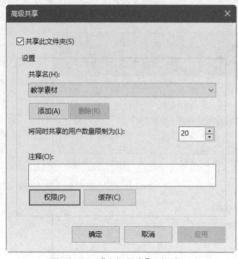
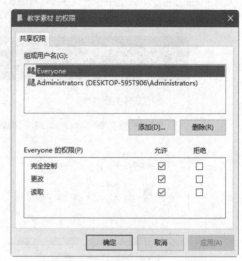

图 2-63 "高级共享"对话框　　　　　　　图 2-64 "教学素材的权限"对话框

### 3. 删除默认共享文件夹

Windows 10 为了便于系统管理员执行日常管理任务，在系统安装时自动共享了用于管理的文件夹，也可将这些默认的共享文件夹删除，其操作步骤如下。

在 Windows 10 桌面"此电脑"图标上单击鼠标右键，在弹出的快捷菜单中选择"管理"命令，打开"计算机管理"窗口。也可以在"开始"菜单按钮 ▦ 上单击鼠标右键，在弹出的快捷菜单中选择"计算机管理"命令，打开"计算机管理"窗口。

在"计算机管理"窗口中展开左侧窗格的节点"共享文件夹"，选择"共享"选项，右侧窗格中显示了所有的共享文件夹。

在默认共享文件夹上单击鼠标右键，在弹出的快捷菜单中选择"停止共享"命令，如图 2-65 所示，即可删除默认的共享文件夹。

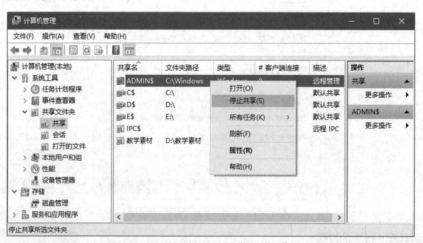

图 2-65 在快捷菜单中选择"停止共享"命令

## 2.6 管理磁盘

用户的文件夹和文件等项目都存储在计算机的磁盘上，在计算机使用过程中，用户会频繁地安装或卸载应用程序，移动、复制、删除文件夹和文件，这样的操作次数多了，计算机硬盘中将会产生很多磁盘碎片或临时文件，可能会导致计算机系统性能下降。因此，需要定期对磁盘进行管理，以保证系统运行状态良好。

## 【任务 2-10】查看与设置磁盘属性

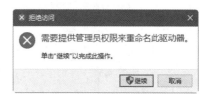
扫码观看本
任务视频

### 【任务描述】

① 将驱动器 C 重命名为"系统"。

② 将驱动器 D 设置为共享磁盘，共享名称为"教学资源"。

③ 根据需要添加和更改驱动器号和路径，例如将盘符"E:"更改为"F:"。

### 【任务实施】

#### 1. 查看磁盘的常规属性与重命名驱动器

（1）打开磁盘的"属性"对话框

在"此电脑"窗口中磁盘"系统（C:）"（驱动器 C）的图标上单击鼠标右键，在弹出的快捷菜单中选择"属性"命令，打开磁盘的"属性"对话框。

（2）查看磁盘的常规属性

磁盘"属性"对话框的"常规"选项卡如图 2-66 所示。上部的文本框中可以输入磁盘的卷标；中部显示了该磁盘的类型、文件系统、已用空间及可用空间等信息；下部显示了该磁盘的容量，并且以饼图显示了已用空间和可用空间的比例信息，另外还包括两个复选框，分别是"压缩此驱动器以节约磁盘空间"和"除了文件属性外，还允许索引此驱动器上文件的内容"。

（3）重命名驱动器

在"常规"选项卡的文本框中输入"系统"，然后单击"确定"按钮，弹出图 2-67 所示的提示信息对话框，在该对话框中单击"继续"按钮完成驱动器的重命名操作。

图 2-66　在"常规"选项卡的文本框中输入"系统"

图 2-67　提示信息对话框

### 2. 设置磁盘共享

（1）打开磁盘"属性"对话框和"高级共享"对话框

在"此电脑"窗口中磁盘"系统（D:）"（驱动器 D）的图标上单击鼠标右键，在弹出的快捷菜单中选择"属性"命令，打开磁盘的"属性"对话框，切换到"共享"选项卡，单击"高级共享"按钮，打开"高级共享"对话框。

（2）设置共享属性

在"高级共享"对话框中选中"共享此文件夹"复选框，并在"共享名"文本框中输入共享名称"教学资源"，该共享名即为该共享文件夹在网络中的名称，如图 2-68 所示。

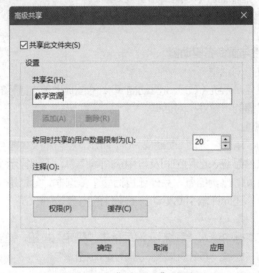

图 2-68 "高级共享"对话框

（3）设置共享权限

在"高级共享"对话框中单击"权限"按钮，打开"教学资源 的权限"对话框，在该对话框中设置允许访问该磁盘的用户及其权限，具有"更改"和"读取"权限，如图 2-69 所示。共享权限设置完成后，单击"确定"按钮关闭该对话框并返回"高级共享"对话框。

图 2-69 "教学资源的权限"对话框

在"高级共享"对话框中单击"确定"按钮关闭该对话框并返回磁盘的"属性"对话框，如图 2-70 所示。

在磁盘的"属性"对话框中单击"关闭"按钮关闭该对话框，此时弹出"确认属性更改"对话框，如图 2-71 所示，在该对话框中单击"确定"按钮，弹出"正在处理"对话框，等待一段时间，系统对该驱动器、子文件夹和文件进行共享处理，处理完成后返回"此电脑"窗口。

图 2-70　磁盘的"属性"对话框

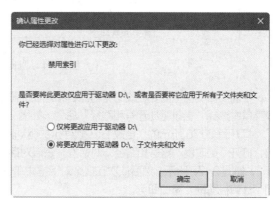

图 2-71　"确认属性更改"对话框

此时"此电脑"窗口的共享磁盘图标的左下角出现共享标识，如图 2-72 所示，表示该磁盘可以供网络其他用户共享使用。

### 3. 在"计算机管理"窗口更改驱动器名称和路径

可以在桌面的"此电脑"图标上单击鼠标右键，在弹出的快捷菜单中选择"管理"命令，如图 2-73 所示。

图 2-72　共享磁盘图标的左下角出现共享标识

图 2-73　在快捷菜单中选择"管理"命令

打开"计算机管理"窗口，单击窗口左侧窗格中"存储"节点下的"磁盘管理"选项，在窗口的右侧窗格显示本机的所有磁盘及磁盘分区，如图 2-74 所示。

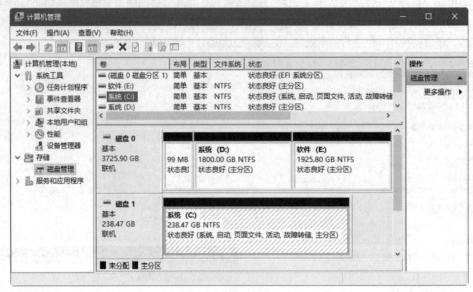

图 2-74　"计算机管理"窗口

在窗口右侧窗格需要更改的驱动器名和路径的磁盘分区"软件（E:）"上单击鼠标右键，在弹出的快捷菜单中选择"更改驱动器号和路径"命令，如图 2-75 所示。

打开图 2-76 所示的"更改 E:（软件）的驱动器号和路径"对话框。在该对话框中单击"更改"按钮，打开"更改驱动器号和路径"对话框，在该对话框中指派一个合适的驱动器号（即盘符），这里选择"F"，如图 2-77 所示。然后依次在多个对话框中单击"确定"按钮，即可改变驱动器名和路径，最后关闭"计算机管理"窗口即可。

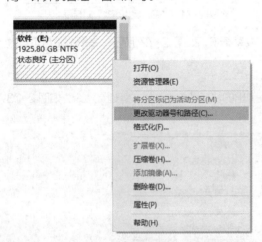

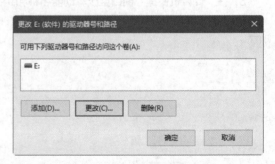

图 2-75　在快捷菜单中选择"更改驱动器号和路径"命令　　图 2-76　"更改 E:（软件）的驱动器号和路径"对话框

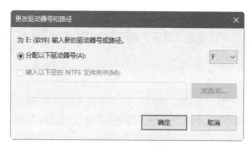

图 2-77 　"更改驱动器号和路径"对话框

## 【任务 2-11】磁盘检查与碎片整理

### 【任务描述】

① 对驱动器 C 进行清理。

② 对驱动器 D 进行磁盘碎片整理。

③ 对当前正在使用的驱动器 C 进行检查。

④ 对驱动器 D 进行检查。

扫码观看本
任务视频

### 【任务实施】

#### 1. 磁盘清理

Windows 10 在使用过程中，会产生一些无用的文件，例如临时文件。运行磁盘清理程序可以清除这些无用的文件，以释放更多的磁盘空间。

单击"开始"菜单按钮 ▦，在"开始"菜单的"Windows 管理工具"文件夹中选择"磁盘清理"命令，如图 2-78 所示。

弹出图 2-79 所示的"磁盘清理：驱动器选择"对话框，在"驱动器"下拉列表框中选择要清理的驱动器，这里选择"系统（C：）"，然后单击"确定"按钮，启动磁盘清理程序对磁盘进行清理。

图 2-78 　选择"磁盘清理"命令

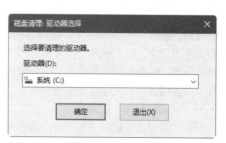

图 2-79 　"磁盘清理：驱动器选择"对话框

**提示**　　在磁盘"属性"对话框的"常规"选项卡中单击"磁盘清理"按钮，也可以启动磁盘清理程序，对磁盘进行清理。

　　首先计算可以在磁盘上释放多少空间。然后打开"系统（C:）的磁盘清理"对话框，如图 2-80 所示。该对话框中的"要删除的文件"列表框列出了可删除的文件类型及其所占用的磁盘空间大小，选中某种文件类型的复选框，这里选中"已下载的程序文件""Internet 临时文件"复选框，在进行磁盘清理时即可将其删除。

　　在"系统（C:）的磁盘清理"对话框中单击"确定"按钮，将弹出图 2-81 所示的确认是否永久删除文件的对话框，单击"删除文件"按钮，接着弹出图 2-82 所示的显示清理进程的对话框，清理完成后将自动关闭对话框。

图 2-80　"系统（C:）的磁盘清理"对话框

图 2-81　确认是否永久删除文件的对话框

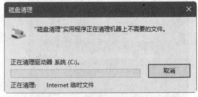

图 2-82　显示清理进程的对话框

### 2. 磁盘碎片整理

　　在磁盘使用过程中，由于磁盘文件大小的改变以及删除文件删除等操作，文件在磁盘上的存储空间变为不连续的区域，磁盘存取效率降低。磁盘碎片整理通过对磁盘上的文件和磁盘空间的重新安排，使文件存储在一片连续区域，从而提高系统效率。

　　（1）打开"优化驱动器"对话框

　　单击"开始"菜单按钮■，在"开始"菜单的"Windows 管理工具"文件夹中选择"碎片整理和优化驱动器"命令，打开"优化驱动器"对话框，如图 2-83 所示。

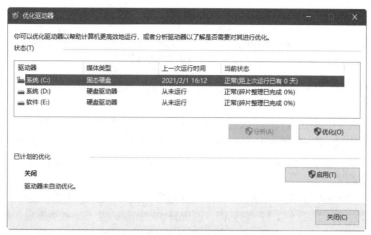

图 2-83 "优化驱动器"对话框

**提示** 在磁盘"属性"对话框"工具"选项卡中的"对驱动器进行优化和碎片整理"区域单击"优化"按钮,如图 2-84 所示,也会弹出"优化驱动器"对话框。

图 2-84 磁盘"属性"对话框的"工具"选项卡

（2）分析磁盘

在"优化驱动器"对话框中的磁盘列表框中选择要整理的磁盘,这里选择驱动器 D 盘,然后单击"分析"按钮,开始对磁盘的碎片情况进行分析,并显示碎片的百分比。

（3）碎片整理

在"优化驱动器"对话框中单击"优化"按钮,系统开始进行碎片整理,同时显示碎片整理的进程和相关提示信息,如图 2-85 所示。

系统 (D:)　　　　硬盘驱动器　　　　正在运行...　　　第 1 遍: 16% 已进行碎片整理

图 2-85 碎片整理的进程

磁盘碎片整理完成后,系统开始将磁盘空间进行合并,如图 2-86 所示。

系统 (D:)　　　　硬盘驱动器　　　　正在运行...　　　第 3 遍: 16% 已合并

图 2-86 将磁盘空间进行合并

磁盘碎片整理完成后会显示图 2-87 所示的提示信息。

| 系统 (D:) | 硬盘驱动器 | 2021/2/1 16:29 | 正常(碎片整理已完成 0%) |

图 2-87　磁盘整理完成的提示信息

磁盘整理完成后在"优化驱动器"对话框中单击"关闭"按钮即可。

### 3. 磁盘检查

磁盘在使用过程中，非正常关机，大量的文件删除、移动等操作，都会对磁盘造成一定的损坏，有时会产生一些文件错误，影响磁盘的正常使用，甚至造成系统缓慢，频繁死机。使用 Windows 10 提供的"磁盘检查"工具，可以检查磁盘中的损坏部分，并对文件系统的损坏加以修复。

（1）检查驱动器 C

打开驱动器 C 的磁盘"属性"对话框，在该对话框的"工具"选项卡中的"查错"区域单击"检查"按钮，弹出"错误检查（系统（C:））"对话框，系统开始扫描驱动器 C，检查磁盘，并显示检查条，如图 2-88 所示。驱动器 C 错误检查完成后，弹出图 2-89 所示的提示信息对话框，提示"已成功扫描你的驱动器"，在该对话框中单击"关闭"按钮即可。

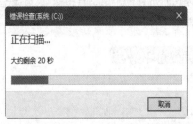

图 2-88　"错误检查（系统（C:））"对话框

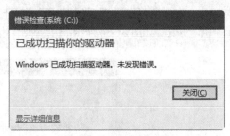

图 2-89　提示信息对话框

（2）检查驱动器 D

打开驱动器 D 的磁盘"属性"对话框，在该对话框的"工具"选项卡中单击"检查"按钮，弹出"错误检查（系统（D:））"对话框，系统开始扫描驱动器 D，检查磁盘，并显示检查进度，如图 2-90 所示。

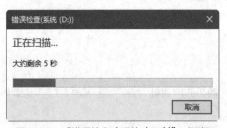

图 2-90　"错误检查（系统（D:））"对话框

驱动器 D 错误检查完成后，弹出提示信息对话框，提示"已成功扫描你的驱动器"，在该对话框中单击"关闭"按钮即可。

# 模块3
# 操作与应用Word 2016

Word 可以帮助用户创建和共享文档，给文档设置合适的格式，使文档具有更加美观的版式效果，以方便用户阅读和理解文档的内容。文本与段落是构成文档的基本框架，对文本和段落的格式进行适当的设置可以编排出段落层次清晰、可读性强的文档。本模块介绍 Word 2016 的操作与应用。

## 3.1 初识 Word 2016

Word 界面友好，功能全面，操作方便，可扩展性强，是一款实用的文字处理软件。

### 3.1.1 Word 的主要功能与特点

Word 的主要功能与特点可以概括为以下几点。
① 所见即所得。
② 直观的操作界面。
③ 多媒体混排。
④ 强大的制表功能。
⑤ 自动检查与自动更正功能。
⑥ 模板与向导功能。
⑦ 丰富的帮助功能。
⑧ Web 工具支持。
⑨ 超强的兼容性。
⑩ 强大的打印功能。
熟悉电子活页中的内容，了解有关"Word 的主要功能与特点"的详细介绍。

### 3.1.2 Word 2016 窗口的基本组成及其主要功能

熟悉 Word 2016 窗口的基本组成及 Word 2016 窗口组成元素的主要功能。

### 3.1.3 Word 2016 的视图模式

Word 2016 提供了 5 种视图模式供用户选择，包括"阅读视图""页面视图""Web 版式视图""大纲视图""草稿视图"。可以通过"视图"选项卡的功能区或者状态栏中的视图切换按钮进行切换操作。

#### 1. 阅读视图

阅读视图如同一本打开的书，分屏显示文档内容、按屏滚动浏览，便于用户阅读文档，让人感觉在翻阅书籍。在阅读视图中，功能区等窗口元素被隐藏起来，用户可以单击"工具"按钮选择各种阅读工具。

**2. 页面视图**

页面视图显示"所见即所得"的打印效果，主要用于版面设计，可以对文字进行输入、编辑和排版等操作，也可以编辑图形、页眉、页脚、分栏、页面边距等内容，是最接近打印结果的视图。

**3. Web 版式视图**

Web 版式视图一般用于创建 Web 页，它能够模拟 Web 浏览器来显示文档，呈现浏览器的显示效果。在 Web 版式视图下，文本将自动换行以适应窗口的大小。

**4. 大纲视图**

大纲视图主要用于查看文档的结构和显示标题的层级结构，并可以方便地折叠和展开各种层级的文档。切换到大纲视图后，屏幕上会显示"大纲"选项卡，通过选项卡中的按钮可以选择文档各级标题的显示级别、升降各标题的级别。在大纲视图下可以快速浏览长文档和修改文档结构，为用户建立或修改文档的大纲提供便利。

**5. 草稿视图**

草稿视图可以完成大多数的录入和编辑工作，也可以设置字符和段落格式，但是只能显示标题和正文，页眉、页脚、页码、页边距等显示不出来。在草稿视图下，页与页之间使用一条虚线表示分页，这样更易于编辑和阅读文档。

## 3.2 认知键盘与熟悉字符输入

通过向计算机中输入字符，用户可在计算机中进行编辑文档、制作表格、处理数据等操作。字符输入是熟练操作计算机的必备技能，也是一项不能被完全替代的重要技能。

在进行字符输入时，选择一款合适的输入法，可以让输入过程变得更加轻松自如，可以加快输入速度。不同国家或地区有着不同的语言，其输入法也有所不同。针对中文的输入，其输入法可分为音码输入法、形码输入法和音形码输入法。常用中文输入法有拼音输入法和五笔输入法，只有熟练掌握了中文输入法，才能得心应手地完成汉字输入操作。

### 3.2.1 熟悉键盘布局

键盘是常用的输入设备，也是必须使用的文字输入工具。英文、汉字、数字等外界信息，主要通过键盘输入。因此熟悉键盘的组成、掌握正确的指法至关重要。

### 3.2.2 熟悉基准键位与手指键位分工

无论是输入英文字母还是汉字，都需要通过键盘中的字母键进行输入，但是键盘中的字母键分布并不均匀，如何才能让手指在键盘上有条不紊地进行输入操作，从而使输入速度达到最快呢？人们将 26 个英文字母键、数字键和常用的符号键分配给不同的手指，让不同的手指负责不同的按键，从而实现快速输入的目的。

### 3.2.3 掌握正确的打字姿势

掌握了基准键位与手指键位的分工后，就可以开始练习输入了。既想快速地输入，又不使自己感觉到疲倦，则需要掌握正确的打字姿势和击键要领。

进行文字输入时必须采用良好的打字姿势，如果打字姿势不正确，不仅会影响文字的输入速度，还会增加工作疲劳感，造成视力下降和腰背酸痛。良好的打字姿势包括以下几点。

① 身体坐正，全身放松，双手自然放在键盘上，腰部挺直，上身微前倾。身体与键盘的距离大约为 20 厘米。

② 眼睛与显示器屏幕的距离为 30 厘米～40 厘米，且显示器的中心应与水平视线保持 15°～20°的夹角。另外，不要长时间盯着屏幕，以免损伤眼睛。

③ 两脚自然平放于地，无悬空，大腿自然平直，小腿与大腿之间的角度近似 90°。

④ 座椅的高度应与计算机键盘、显示器的放置高度相适应。一般以双手自然垂放在键盘上时肘关节略低于手腕为宜。击键的速度来自手腕，所以手腕要下垂，不可弓起。

正确的打字姿势示意图如图 3-1 所示。

图 3-1　正确的打字姿势示意图

### 3.2.4　掌握正确的击键方法

掌握敲击键盘时的注意事项、字母键的击键要点、空格键的击键要点、"Enter"键的击键要点、功能键和控制键的击键要点及编辑控制键区和小键盘区的击键要点。

### 3.2.5　切换输入法

**1. 中英文输入法切换**

① 按"Ctrl+空格"组合键，可以在中文和英文输入法之间进行切换。

② 按一下"Caps Lock"键，键盘右上角的"Caps Lock"指示灯亮，表示此时可以输入大写英文字母。

**2. 输入法切换**

按"Ctrl+Shift"组合键，可以在英文及各种中文输入法之间进行切换。

**3. 全半角切换**

中文输入法选定后，屏幕上会出现一个所选输入法的状态条，图 3-2 所示为英文半角输入状态，图 3-3 所示为中文全角输入状态。在半角输入状态下，输入的字母、数字和符号只占半个汉字的位置，即 1 个字节的大小；而在全角输入状态下，输入的字母、数字和符号各占据一个汉字的位置，即 2 个字节的大小。单击输入法状态条中的 ◗ 按钮，当其变为 ● 按钮时，即切换到全角输入状态。

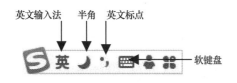

图 3-2　英文半角输入状态

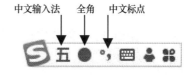

图 3-3　中文全角输入状态

**4. 中英文标点符号切换**

中文标点输入状态用于输入中文标点符号，而英文标点输入状态则用于输入英文标点。单击输入法状态条中的 ，按钮，当其变为 ，按钮时，表示可输入英文标点符号。在不同的输入状态下，中文标点符号和英文标点符号区别很大，例如输入句号，在中文标点状态下输入，则为"。"，在英文标点状态下输入，则为"."。

**5. 使用软键盘**

通过输入法状态条的软键盘，还可以输入键盘无法输入的某些特殊字符。默认情况下，系统并不会打开软键盘，单击输入法状态条中的 ▦ 按钮，系统将自动打开默认的软键盘，如图 3-4 所示。再次单击 ▦ 按钮，即可关闭软键盘。

在打开的软键盘中，通过敲击与软键盘相对应的按键或单击软键盘上的按钮，即可输入软键盘中对应的字符。

在"软键盘"按钮 ▦ 上单击鼠标右键，弹出快捷菜单，该快捷菜单包括 PC 键盘、希腊字母、俄文字母、注音符号、拼音字母、日文平假名、日文片假名、标点符号、数字序号、数学符号、制表符、中文数字和特殊符号共 13 种类型，如图 3-5 所示。单击选择一种类型后，系统将自动打开对应的软键盘。

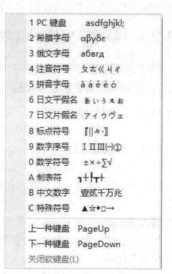

图 3-4　默认的软键盘　　　　图 3-5　在快捷菜单中选择不同类型的软键盘

## 3.2.6　正确输入英文字母

切换到英文输入状态，按照正确的击键方法直接输入小写英文字母即可。如果需要输入大写英文字母，按一下"Caps Lock"键，键盘右上角的"Caps Lock"指示灯亮，此时可以输入大写英文字母。

在输入小写英文字母状态或者输入汉字状态下，按住"Shift"键然后按字母键，则输入的字母为大写字母。

## 3.2.7　正确输入中英文标点符号

在英文输入法状态下，所有的标点符号与键盘一一对应，输入的标点符号为半角标点符号。但在中文中需输入的是全角标点符号，即中文标点符号，需切换到全角标点符号状态才能输入。大部分的中文标点符号与英文标点符号为同一个键位，有少数标点符号特殊一些，例如省略号（……）应按"Shift+6"组合键，破折号（——）应按"Shift+-"组合键。

**注意**
输入英文句子或文章时，应输入半角标点符号。

# 3.3 Word 2016 的基本操作

Word 2016 基本操作主要包括启动与退出 Word 2016、创建新文档、保存文档、关闭文档、打开文档等多项操作。

## 3.3.1 启动与退出 Word 2016

### 【操作 3-1】启动与退出 Word 2016

熟悉电子活页中的内容选择合适的方法完成启动 Word 2016 和退出 Word 2016 的操作。

## 3.3.2 Word 文档基本操作

### 【操作 3-2】Word 文档基本操作

熟悉电子活页中的内容选择合适的方法完成以下各项操作。

**1. 创建新 Word 文档**

启动 Word 2016，然后创建一个新 Word 文档。

**2. 保存 Word 文档**

在新创建的 Word 文档中输入短句"Tomorrow will be better"，然后将新创建的 Word 文档以名称"【操作 3-2】Word 文档基本操作"保存，保存在文件夹"模块 3"中。

**3. 关闭 Word 文档**

关闭 Word 文档"【操作 3-2】Word 文档基本操作.docx"。

**4. 打开 Word 文档**

再次打开 Word 文档"【操作 3-2】Word 文档基本操作.docx"，然后退出 Word 2016。

## 【任务 3-1】在 Word 2016 中输入英文祝愿语

扫码观看本
任务视频

**【任务描述】**

① 启动 Word 2016，系统自动创建一个空白文档。

② 保存新创建的 Word 文档，名称为"祝愿语.docx"，保存位置为"D:\模块 3\"。

③ 输入英文祝愿语"Good luck,Better Life,Happy every day,Always healthy"。

④ 再一次保存"祝愿语.docx"文档。

⑤ 退出 Word 2016。

**【任务实施】**

**1. 启动 Word 2016**

双击桌面上的 Word 2016 快捷图标启动 Word 2016，系统自动创建一个名称为"文档 1"的空白文档。

**2. 保存 Word 文档**

单击快速访问工具栏中的"保存"按钮，弹出"另存为"对话框，在该对话框中选择保存位置"D:\模块 3\"，在"文件名"输入框中输入文件名"祝愿语.docx"，保存类型选择".docx"，然后单击"保存"按钮进行保存。

**3. 输入英文祝愿语**

① 左、右手的 8 个手指自然放在基准键位上，2 个大拇指放在空格键上，输入练习准备就绪。

② 按一下"Caps Lock"键，键盘右上角的"Caps Lock"指示灯亮，然后左手食指向右伸出一个键位的距离击 1 次"G"键，击完后手指立即回基准键位"F"键。击键时，指关节用力，而不是腕用力，指尖尽量垂直于键面发力。

再按一下"Caps Lock"键，键盘右上角的"Caps Lock"指示灯熄灭，然后右手的无名指向左上方移动，并略微伸直击 2 次"O"键，击完后手指立即回基准键位"L"键；左手中指击 1 次"D"键。

右手大拇指上抬 1 厘米~2 厘米，横着向空格键击一下，并立即抬起。

③ 右手无名指击 1 次"L"键；右手食指向上方（微微偏左）伸直击 1 次"U"键，击完后手指立即回基准键位"J"键；左手中指向右下方移动，手指微弯击 1 次"C"键，击完后手指立即回基准键位"D"键；右手中指击 1 次"K"键。

右手中指向右下方移动击 1 次"，"键，击完后手指立即回基准键位"K"键。

④ 按一下"Caps Lock"键，键盘右上角的"Caps Lock"指示灯亮，然后左手食指向右下方移动击 1 次"B"键，击完后手指立即回基准键位"F"键；再按一下"Caps Lock"键，键盘右上角的"Caps Lock"指示灯熄灭，然后左手中指向上方（略微偏左方）伸直击"E"键，击完后手指立即回基准键位"D"键；左手食指向右上方移动击 2 次"T"键，击完后手指立即回基准键位"F"键；左手中指向上方（略微偏左方）伸直击 1 次"E"键，击完后手指立即回基准键位"D"键；左手食指向上方（略微偏左）伸直击 1 次"R"键，击完后手指立即回基准键位"F"键。右手大拇指击 1 次空格键。

⑤ 按一下"Caps Lock"键，键盘右上角的"Caps Lock"指示灯亮，然后右手无名指击 1 次"L"键；再按一下"Caps Lock"键，键盘右上角的"Caps Lock"指示灯熄灭，然后右手中指向上（略微偏左方）伸直击 1 次"I"键，击完后手指立即回基准键位"K"键；左手食指击 1 次"F"键；左手中指向上方（略微偏左方）伸直击 1 次"E"键，击完后手指立即回基准键位"D"键。

右手中指向右下方移动击 1 次"，"键，击完后手指立即回基准键位"K"键。

运用类似的击键方法，输入其他单词：Happy every day,Always healthy。

**4. 再一次保存"祝愿语.docx"文档**

单击快速访问工具栏中的"保存"按钮 ▣，保存"祝愿语.docx"文档中新输入的内容。

**5. 退出 Word 2016**

单击 Word 窗口标题栏右上角的"关闭"按钮 ✕ 退出 Word 2016。

## 3.4 在 Word 2016 中输入与编辑文本

对于 Word 而言，文本的输入与编辑是最基本的功能。一个完整的文本包括标题、段落、标点、日期等内容。在输入与编辑过程中会遇到各种问题，如在编辑中对输入错误或不要的段落怎么处理等。本节主要介绍如何输入与编辑文本。

### 3.4.1 输入文本

Word 的文本编辑区有两种常见的标识：文本插入点标识和段落标识，如图 3-6 所示。

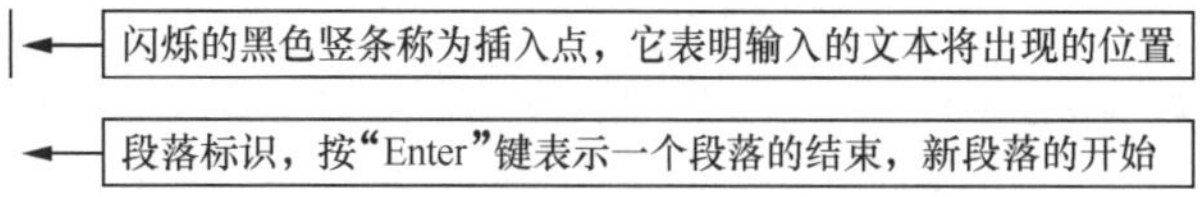

← 闪烁的黑色竖条称为插入点，它表明输入的文本将出现的位置

← 段落标识，按"Enter"键表示一个段落的结束，新段落的开始

图3-6　文本插入点标识和段落标识

## 【操作 3-3】在 Word 文档中输入文本

熟悉电子活页中的内容，选择合适的方法完成输入英文和汉字、输入特殊符号、插入日期和时间、插入文件内容等操作。

### 3.4.2　编辑文本

在 Word 文档中经常要使用插入、定位、选定、复制、删除、撤销和恢复等操作对文本内容进行编辑修改。

## 【操作 3-4】在 Word 文档中编辑文本

熟悉电子活页中的内容，打开 Word 文档"品经典诗词、悟人生哲理.docx"，完成移动插入点、定位、选定文本、复制与移动文本、删除文本、撤销、恢复等操作。

### 3.4.3　设置项目符号与编号

在 Word 文档中，为了突出某些重点内容或者并列表示某些内容，会使用一些诸如"●""■""◆""✓""➢""✧""☑"的特殊符号加以表示，这样会使对应的内容更加醒目，便于阅读者浏览。Word 中使用项目符号和编号实现这一功能。

在 Word 文档中设置项目符号与编号，可以先插入项目符号或编号，后输入对应的文本内容，也可先输入文本内容，后添加相应的项目符号或编号。

## 【操作 3-5】在 Word 文档中设置项目符号与编号

熟悉电子活页中的内容，打开 Word 文档"五四青年节活动方案提纲.docx"，使用并掌握电子活页中介绍的各种设置项目符号与编号的操作方法，完成以下操作。

**1. 在 Word 文档中设置项目符号**

为 Word 文档"五四青年节活动方案提纲.docx"中"三、活动内容"下的"青春的纪念""青春的关爱""青春的传承""青春的风采"等内容添加项目符号"✧"。

**2. 在 Word 文档中设置编号**

为 Word 文档"五四青年节活动方案提纲.docx"中"五、活动要求"下的"高度重视，精心组织""突出主题，体现特色""加强宣传，营造氛围"等内容添加编号，编号格式自行确定。

### 3.4.4　查找与替换文本

使用 Word 的查找与替换功能，可以在文档中查找或替换特定内容，查找或替换的内容除普通文字外，还包括特殊字符，例如段落标记、手动换行符、图形等。

## 【操作 3-6】在 Word 文档中查找与替换文本

熟悉电子活页中的内容，打开 Word 文档"五四青年节活动方案提纲.docx"，使用并掌握电子活页中介绍的各种查找与替换文本的操作方法，完成以下操作。

**1. 常规查找**

在 Word 文档中查找"青春"。

**2. 高级查找**

（1）查找一般内容

在 Word 文档中查找"明德学院"。

（2）查找特殊字符

在 Word 文档中查找段落标记。

（3）查找带格式的文本

先设置文本格式，然后查找带格式的文本。

（4）限定搜索范围

自行指定搜索范围，然后进行查找操作。

（5）限定搜索选项

自行指定搜索选项，然后进行查找操作。

**3. 替换操作**

将"六、活动预期效果"替换为"六、预期效果"。

## 【任务 3-2】在 Word 2016 中输入中英文短句

扫码观看本
任务视频

**【任务描述】**

① 在 Word 2016 中新建一个文档，以名称"中英文短句" 保存该文档，保存位置为"D:\模块 3\"。

② 选择一种合适的拼音输入法，然后输入中英文短句"祝您好运（Good luck）"。

③ 再一次保存文档"中英文短句.docx"，然后关闭该文档。

**【任务实施】**

**1. 新建与保存 Word 文档**

启动 Word 2016，在"文件"选项卡中选择"保存"命令，弹出"另存为"对话框；在该对话框中选择合适的保存位置"D:\模块 3\"，在"文件名"文本框中输入文件名"中英文短句"，保存类型为".docx"；然后单击"保存"按钮进行保存。

**2. 切换输入法与输入文本内容**

将输入法切换到搜狗拼音输入法。输入法的状态条如图 3-7 所示。

图 3-7　搜狗拼音输入法的状态条

然后在默认的文本插入点输入"祝您"的全拼编码"zhunin"，此时可以在输入提示框中看到"祝您"为第 1 个选项，如图 3-8 所示。

继续输入"好运"全拼编码"haoyun"，此时可以在输入提示框中看到"祝您好运"为第 1 个选项，如图 3-9 所示，此时选择该文本即可。

图 3-8　输入"祝您"　　　　　图 3-9　继续输入"好运"

**提示** 搜狗拼音输入法的简拼功能非常强，输入"祝您好运"时，可以直接输入"zhnhy"，如图 3-10 所示。

| zh'n'h'y | ⓘ 工具箱(分号) | Ｓ |
| 1.祝您好运 2.祝你好运 3.助您好孕⊕ 4.猪年鸿运 5.智能化 ‹ › ⌄ | | |

图 3-10　简拼输入"祝您好运"

接下来不必切换为英文输入状态，直接输入括号和英文单词"（Good luck）"即可。

**3. 保存与关闭 Word 文档**

在"文件"选项卡中选择"保存"命令，保存 Word 文档中输入的文本。然后选择"文件"选项卡中的"关闭"命令关闭该文档。

### 3.4.5　设置文档保护

Word 文档处于保护状态时，文档内容不能复制、粘贴。

**1. 设置文档保护**

打开 Word 文档，单击"审阅"选项卡"保护"组的"限制编辑"按钮，打开"限制编辑"窗格。

（1）格式化限制

在该窗格的"格式化限制"区域选中"限制对选定的样式设置格式"复选框；然后单击"设置"超链接，打开"格式设置限制"对话框，在该对话框中选择需要限制的样式后单击"确定"按钮。

然后单击下方的"是，启动强制保护"按钮，弹出"启动强制保护"对话框，在该对话框中选择"密码"单选按钮，然后在"新密码"和"确认新密码"文本框中输入强制保护密码，单击"确定"按钮，完成设置格式化限制的操作。

（2）编辑限制

在"编辑限制"区域选中"仅允许在文档中进行此类型的编辑"复选框；然后单击下方的"是，启动强制保护"按钮，弹出"启动强制保护"对话框，在该对话框中选择"密码"单选按钮；最后在"新密码"和"确认新密码"文本框输入强制保护密码，单击"确定"按钮，完成设置编辑限制的操作。

**2. 取消文档保护**

打开 Word 文档，单击"审阅"选项卡"保护"组的"限制编辑"按钮，打开"限制编辑"窗格。在该窗格中单击下方的"停止保护"按钮，打开"取消保护文档"对话框，在对话框的"密码"输入框中输入设置的保护密码，再单击"确定"按钮，返回到 Word 文档，即可对 Word 文档再进行编辑。

## 3.5　Word 文档的格式设置

Word 文档的格式设置是指对文档中的文字进行字体、字号、段落对齐、缩进等各种修饰，另外还可以为文档设置边框、底纹，使文档变得美观和规范。

### 3.5.1　设置字符格式

文档中的字符是指汉字、标点符号、数字和英文字母等。字符格式包括字体、字形、字号（即大小）、颜色、下划线、着重号、字符间距、效果（删除线、双删除线、下标、上标）等。

字符格式设置的有效范围如下。

① 对于先定位插入点，再进行格式设置的情况，所做的格式设置对插入点后新输入的文本有效，直到出现新的格式设置为止。

② 对于先选中文本内容，再进行格式设置的情况，所做的格式设置只对所选中的文本有效。

③ 对同一文本内容设置新的格式后，原有格式自动取消。

## 【操作 3-7】在 Word 文档中设置字符格式

熟悉电子活页中的内容，打开 Word 文档"五四青年节活动方案 1.docx"，使用并掌握电子活页中介绍的各种设置字符格式的操作方法，完成利用 Word 中"开始"选项卡"字体"组的命令按钮设置字符格式、利用 Word 的"字体"对话框设置字符格式、利用 Word 格式刷快速设置字符格式等操作。

### 3.5.2　设置段落格式

段落格式设置包括段落的对齐方式、大纲级别、首行缩进、悬挂缩进、左缩进、右缩进、段前间距、段后间距、行间距、换行和分页格式、中文版式等内容。

段落格式设置的有效范围如下。

① 设置段落格式时，可以先定位插入点，再进行格式设置，所做的格式设置对插入点之后新输入的段落有效，并会沿用到下一段落，直到出现新的格式设置为止。

② 对于已经输入的段落，将插入点置于段落内的任意位置（无须选中整个段落），再进行格式设置，所做的格式设置对当前段落（插入点所在段落）有效。

③ 若对多个段落设置相同的格式，应先按住"Ctrl"键选中多个段落，再设置这些段落的格式。段落设置的新格式将会取代该段落原有的格式。

## 【操作 3-8】在 Word 文档中设置段落格式

熟悉电子活页中的内容，打开 Word 文档"五四青年节活动方案 2.docx"，使用并掌握电子活页中介绍的各种设置段落格式的操作方法，完成利用"格式"工具栏设置段落格式、利用"段落"对话框设置段落格式、利用格式刷快速设置段落格式、利用水平标尺设置段落缩进等操作。

### 3.5.3　应用样式设置文档格式

在一个 Word 文档中，为了确保格式的一致性，会将同一种格式重复用于文档的多处。例如文档的章节标题采用黑体、三号、居中，段前间距 0.5 行、段后间距 0.5 行。为了避免每次输入章节标题时都重复同样的操作来设置格式，可以将这些格式加以命名，Word 中将这些命名的格式组合称为样式，以后可以直接使用这些命名的样式进行格式设置。系统提供了一些默认样式供用户使用，用户也可以根据需要自行定义所需的样式。

## 【操作 3-9】在 Word 文档中应用样式设置文档格式

熟悉电子活页中的内容，打开 Word 文档"五四青年节活动方案 3.docx"，使用并掌握电子活页中介绍的各种应用样式设置文档格式的操作方法，完成以下操作，字符格式与段落格式自行确定。

**1. 查看样式及相关对话框**

查看"样式"窗格和"样式窗格选项"对话框。

### 2. 定义样式

定义多个样式，名称分别为"01 一级标题""02 二级标题""03 三级标题""04 小标题""05 正文""06 表格标题""07 表格内容""08 图片""09 图片标题""10 落款"。

### 3. 修改样式

对定义的部分样式进行修改。

### 4. 应用样式

将定义的样式应用到 Word 文档"五四青年节活动方案 3.docx"中的各级标题、正文、表格、图片和落款文本。

## 3.5.4 创建与应用模板

Word 模板是包括多种预设的文档格式、图形及排版信息的文档。Word 中系统的默认模板名称是"Normal.dotm"，其存放文件夹为"Templates"。创建文档模板的常用方法包括根据原有文档创建模板、根据原有模板创建新模板和直接创建新模板。

## 【操作 3-10】在 Word 文档中创建与应用模板

熟悉电子活页中的内容，打开 Word 文档"五四青年节活动方案 4.docx"，使用并掌握电子活页中介绍的创建与应用模板的操作方法，完成以下操作。

### 1. 创建新模板

打开已创建与应用多种样式的 Word 文档"五四青年节活动方案 3.docx"，将该文档保存为 Word 模板，并命名为"活动方案模板.dotx"。

### 2. 打开文档与加载自定义模板

打开 Word 文档"五四青年节活动方案 4.docx"，加载自定义模板"活动方案模板.dotx"，然后应用该模板中的样式。

## 【任务 3-3】设置"教师节贺信"文档的格式

**【任务描述】**

扫码观看本
任务视频

打开 Word 文档"教师节贺信.docx"，按照以下要求完成相应的格式设置。

① 将第 1 行（标题"教师节贺信"）设置为"楷体、二号、加粗"；将第 2 行"全院教师和教育工作者："设置为"仿宋、小三号、加粗"；将正文中的"秋风送爽，桃李芬芳。""百年大计，教育为本。""教育工作，崇高而伟大。"和"发展无止境，奋斗未有期。"设置为"黑体、小四号、加粗"，将正文中其他的文字设置为"宋体、小四号"；将贺信的落款与日期设置为"仿宋、小四号"。

② 设置第 1 行居中对齐，第 2 行居左对齐且无缩进，贺信的落款与日期右对齐，其他各行两端对齐、首行缩进 2 字符。

③ 将第 1 行的行距设置为"单倍行距"，段前间距设置为"6 磅"，段后间距设置为"0.5 行"；将第 2 行的行距设置为"1.5 倍行距"。

④ 将正文第 1 段至第 5 段的行距设置为"固定值"，设置值为"20 磅"。

⑤ 将贺信的落款与日期的行距设置为"多倍行距"，设置值为"1.2 倍"。

相应格式设置完成后，"教师节贺信.docx"的外观效果如图 3-11 所示。

**教师节贺信**

全院教师和教育工作者：

　　**秋风送爽，桃李芬芳。**在这收获的时节，我们迎来了第××个教师节。值此佳节之际，向辛勤工作在各个岗位的教师、教育工作者，向为学校的建设和发展做出重大贡献的全体离退休老教师致以节日的祝贺和亲切的慰问！

　　**百年大计，教育为本。**教育大计，教师为本。尊师重教是一个国家兴旺发达的标志，为人师表是每个教师的行为准则。"师者，所以传道、授业、解惑也。"今天我们的老师传道，就是要传授爱国之道；授业，就是要教授学生建设祖国的知识和技能；解惑，就是要引导学生去思考、创新，培养学生的创造性思维。

　　**教育工作，崇高而伟大。**我院的广大教职工是一支团结拼搏、务实进取、勤奋敬业、敢于不断超越自我的优秀队伍。长期以来，你们传承并发扬着"尚德、励志、精技、强能"的校训，忠于职守、默默耕耘、无私奉献，以自己高尚的职业道德和良好的专业水平教育学生。正是在广大教职工的辛勤付出和共同努力下，我院各项事业取得了长足发展。我们的党建工作不断丰富，各项文化活动全面展开，促进了社会主义核心价值观的培育践行；我们的专业建设布局更趋合理，人才培养质量不断提高；我们的科研能力大幅度提升，优势和特色进一步彰显；我们的教学、生活环境也不断得到改善。这一切成绩的取得，都凝聚了全院广大教师的心血和汗水，聪明和才智。

　　**发展无止境，奋斗未有期。**面对新的发展形势和历史机遇，希望全院广大教职工要肩负起时代的使命，为学校的发展再立新功，继续携手同行，迎难而上，团结一心，抓住发展机遇，向改革要动力，向特色要内涵，为学院更加美好的明天而努力拼搏，确保学院在深化改革、争创一流中再谱新篇，再创辉煌！

　　最后，祝全体教职工节日快乐！身体健康！万事如意！

明德学院

20××年9月10日

图3-11　"教师节贺信.docx"的外观效果

**【任务实施】**

**1. 设置标题和第2行文字的字符格式**

　　① 选择文档中的标题"教师节贺信"，然后在"开始"选项卡"字体"组的"字体"下拉列表框中选择"楷体"，在"字号"下拉列表框中选择"二号"，单击"加粗"按钮 **B**。

　　② 选择第2行文字"全院教师和教育工作者："，然后在"开始"选项卡"字体"组的"字体"下拉列表框中选择"仿宋"，在"字号"下拉列表框中选择"小三号"，单击"加粗"按钮 **B**。

**2. 设置正文第1段文本内容的字符格式**

　　首先选择正文第1段文本内容，然后打开"字体"对话框。

　　在"字体"对话框的"字体"选项卡中设置"中文字体"为"宋体"，设置"字形"为"常规"，设置"字号"为"小四"。"所有文字"和"效果"区域的各选项保持默认值不变。

　　在"字体"对话框中切换到"高级"选项卡，对"缩放""间距"和"位置"进行合理设置。

**3. 利用格式刷快速设置字符格式**

　　选定已设置格式的第1段文本，单击"格式刷"按钮，然后按住鼠标左键，在需要设置相同格式的其他段落文本上拖曳鼠标，即可将格式复制到拖曳过的文本上。

**4. 设置标题的段落格式**

　　首先将插入点移到标题行内，单击"开始"选项卡"段落"组的"居中"按钮，即可设置标题行为居中对齐。然后在"开始"选项卡"段落"组中单击"行和段落间距"按钮 ，在弹出的下拉菜单中选择"行距选项"命令，弹出"段落"对话框；在该对话框"缩进和间距"选项卡的"间距"区域中将"段前"设置为"6磅"，"段后"设置为"0.5行"；单击"确定"按钮使设置生效并关闭该对话框。

**5. 设置正文第1段的段落格式**

　　将插入点移到正文第1段内的任意位置，打开"段落"对话框。在"段落"对话框的"缩进和间距"选项卡中，将"对齐方式"设置为"两端对齐"，"大纲级别"设置为"正文文本"；将"缩进"区域的"左侧"和"右侧"设置为"0 字符","特殊格式"设置为"首行缩进","缩进值"设置为"2 字符";将"间距"区域的"段前"和"段后"设置为"0 行","行距"设置为"固定值","设置值"设置为"20 磅"。

### 6. 利用格式刷快速设置其他各段的格式

选定已设置格式的第 1 段，单击"格式刷"按钮，然后按住鼠标左键，在需要设置相同格式的其他各段落上拖曳鼠标，即可将格式复制到该段落。

### 7. 设置正文中关键句子的字符格式

① 选择文档中第 1 个关键句子"秋风送爽，桃李芬芳。"，然后在"开始"选项卡"字体"组的"字体"下拉列表框中选择"黑体"，在"字号"下拉列表框中选择"小四号"，单击"加粗"按钮 **B**。

② 选定已设置格式的第 1 个关键句子"秋风送爽，桃李芬芳。"，双击"格式刷"按钮，然后按住鼠标左键，在需要设置相同格式的其他关键句子"百年大计，教育为本。""教育工作，崇高而伟大。"和"发展无止境，奋斗未有期。"上拖曳鼠标，即可将格式复制到拖曳过的文本上。

### 8. 设置贺信的落款与日期的格式

① 选择贺信文档中的落款与日期，然后在"开始"选项卡"字体"组的"字体"下拉列表框中选择"仿宋"，在"字号"下拉列表框中选择"小四号"。

② 选择贺信文档中的落款与日期，打开"段落"对话框，在该对话框的"缩进和间距"选项卡"间距"区域的"行距"下拉列表框中选择"多倍行距"，在"设置值"数值微调框中输入"1.2"；然后单击"确定"按钮关闭该对话框。

Word 文档"教师节贺信.docx"的最终设置效果如图 3-11 所示。

### 9. 保存文档

单击快速访问工具栏中的"保存"按钮 **🖫**，对 Word 文档"教师节贺信.docx"进行保存操作。

## 【任务 3-4】创建与应用"通知"文档中的样式与模板

扫码观看本
任务视频

### 【任务描述】

打开 Word 文档"关于暑假放假及秋季开学时间的通知.docx"，按照以下要求完成相应的操作。

（1）创建以下各个样式

① 通知标题：字体为宋体，字号为小二号，字形为加粗，居中对齐，行距为最小值 28 磅，段前间距为 6 磅，段后间距为 1 行，大纲级别为 1 级，自动更新。

② 通知小标题：字体为宋体，字号为小三号，字形为加粗，首行缩进 2 字符，大纲级别为 2 级，行距为固定值 28 磅，自动更新。

③ 通知称呼：字体为宋体，字号为小三号，行距为固定值 28 磅，无缩进，大纲级别为正文文本，自动更新。

④ 通知正文：字体为宋体，字号为小三号，首行缩进 2 字符，行距为固定值 28 磅，大纲级别为正文文本，自动更新。

⑤ 通知署名：字体为宋体，字号为三号，行距为 1.5 倍行距，右对齐，大纲级别为正文文本，自动更新。

⑥ 通知日期：字体为宋体，字号为小三号，行距为 1.5 倍行距，右对齐，大纲级别为正文文本，自动更新。

⑦ 文件头：字体为宋体，字号为小初，字形为加粗，颜色为红色，行距为单倍行距，居中对齐，字符间距为加宽 10 磅。

（2）应用自定义的样式

① 文件头应用样式"文件头"，通知标题应用样式"通知标题"。

② 通知称呼应用样式"通知称呼"，通知正文应用样式"通知正文"。

③ 通知署名应用样式"通知署名"，通知日期应用样式"通知日期"。

④ 通知正文中"1. 暑假放假时间"和"2. 秋季开学时间"应用"通知小标题"。

（3）制作文件头

在文件头位置插入水平线段，并设置其线型为由粗到细的双线，线宽为"4.5磅"，长度为"15.88"厘米，颜色为红色，文件头的外观效果如图3-12所示。

（4）制作印章

在"通知"落款位置插入图3-13所示的印章，设置印章的高度为"4.05厘米"，宽度为"4厘米"。

明 德 学 院
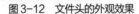

图3-12　文件头的外观效果　　　　　　　图3-13　待插入的印章

（5）创建模板

利用 Word 文档"关于暑假放假及秋季开学时间的通知.docx"创建模板"通知模板.dotx"，且保存在同一文件夹。

完成以上操作后，打开 Word 文档"关于20××年'五一'国际劳动节放假的通知.docx"，然后加载模板"通知模板.dotx"，利用模板"通知模板.dotx"中的样式分别设置通知标题、称呼、正文、署名和日期的格式。

Word 文档"关于20××年'五一'国际劳动节放假的通知.docx"的最终设置效果如图3-14所示。

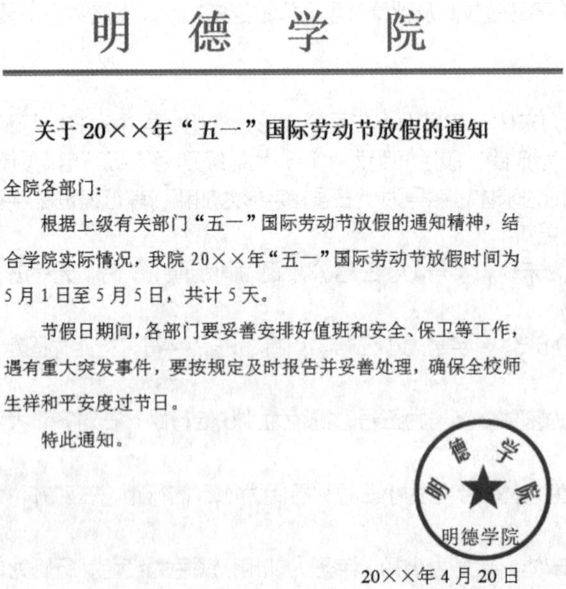

明　德　学　院

关于20××年"五一"国际劳动节放假的通知

全院各部门：

根据上级有关部门"五一"国际劳动节放假的通知精神，结合学院实际情况，我院 20××年"五一"国际劳动节放假时间为5月1日至5月5日，共计5天。

节假日期间，各部门要妥善安排好值班和安全、保卫等工作，遇有重大突发事件，要按规定及时报告并妥善处理，确保全校师生祥和平安度过节日。

特此通知。

20××年4月20日

图3-14　Word 文档"关于20××年'五一'国际劳动节放假的通知.docx"的最终设置效果

**说明**

通知的内容一般包括标题、称呼、正文和落款，其写作要求如下。

① 标题：写在第 1 行正中。可以只写"通知"二字，如果事情重要或紧急，也可以写"重要通知"或"紧急通知"，以引起注意。有的在"通知"前面写上发通知的单位名称，还有的写上通知的主要内容。

② 称呼：写被通知者的姓名或职称或单位名称，在第 2 行顶格写。有时，因通知事项简短，内容单一，书写时略去称呼，直起正文。

③ 正文：另起一行，空两格写正文。正文因内容而异。开会的通知要写清开会的时间、地点、参加会议的对象及会议议题，还要写清要求。布置工作的通知，要写清所通知事件的目的、意义及具体要求。

④ 落款：分两行写在正文右下方，一行署名，一行写日期。

写通知一般采用条款式行文，简明扼要，使被通知者能一目了然，便于遵照执行。

**【任务实施】**

**1. 打开文档**

打开 Word 文档"关于暑假放假及秋季开学时间的通知.docx"。

**2. 定义样式**

在"开始"选项卡"样式"组中单击右下角的"样式"按钮，弹出"样式"对话框；在该对话框中单击"新建样式"按钮，打开"根据格式设置创建新样式"对话框，按以下步骤创建新样式。

① 在"名称"文本框中输入新样式的名称"通知标题"。

② 在"样式类型"下拉列表框中选择"段落"。

③ 在"样式基准"下拉列表框中选择新样式的基准样式，这里选择"正文"。

④ 在"后续段落样式"下拉列表框中选择"通知标题"。

⑤ 在"格式"区域设置字符格式和段落格式，这里设置字体为"宋体"、字号为"小二号"、字形为"加粗"、对齐方式为"居中对齐"。

⑥ 在对话框中单击左下角"格式"按钮，在弹出的下拉菜单中选择"段落"命令，打开"段落"对话框，在该对话框中设置行距为最小值 28 磅，段前间距为 6 磅，段后间距为 1 行，大纲级别为 1 级。然后单击"确定"按钮返回"根据格式设置创建新样式"对话框。

⑦ 选中"添加到样式库"复选框，将创建的样式添加到样式库中。然后选中"自动更新"复选框，文档中已套用"通知标题"样式的内容在其格式修改后，所有套用该样式的内容将同步进行自动更新。

⑧ 单击"确定"按钮完成新样式定义并关闭该对话框，新创建的样式"通知标题"便显示在"样式"列表中。

应用类似方法创建"通知小标题""通知称呼""通知正文""通知署名""通知日期"和"文件头"等多个自定义样式。

**3. 修改样式**

在"样式"窗格单击"管理样式"按钮，打开"管理样式"对话框。

在"管理样式"对话框中单击"修改"按钮，打开"修改样式"对话框；在该对话框中对样式的属性和格式等进行修改，修改方法与新建样式的方法类似。

**4. 应用样式**

选中文档中需要应用样式的通知标题"关于 20××年暑假放假及秋季开学时间的通知"，然后在"样式"窗格的"样式"列表中选择所需要的样式"通知标题"。

使用类似方法依次选择通知称呼、通知正文、通知署名、通知日期和文件头，分别应用对应的自定义样式即可。

### 5. 在文件头位置插入水平线段

在"插入"选项卡"插图"组中单击"形状"按钮，在弹出的下拉菜单中选择"直线"，然后在文件头位置绘制一条水平线条。选择该线条，在"绘图工具–格式"选项卡"大小"组中设置线条宽度为 15.88 厘米。

在该线条上单击鼠标右键，在弹出的快捷菜单中选择"设置形状格式"命令；在弹出的"设置形状格式"窗格"线条"组下将"颜色"设置为"红色"，"宽度"设置为"4.5 磅"，"复合类型"设置为"由粗到细 ☰"，如图 3-15 所示。

### 6. 在通知落款位置插入印章

将光标置于通知的落款位置，在"插入"选项卡"插图"组单击"图片"按钮，在弹出的"插入图片"对话框中选择印章图片，然后单击"插入"按钮，即可插入印章图片。选择该印章图片，在"绘图工具–格式"选项卡"大小"组中将"高度"设置为"4.05 厘米"，"宽度"设置为"4 厘米"。

### 7. 创建新模板

选择"文件"选项卡中的"另存为"命令，单击"浏览"按钮，打开"另存为"对话框。在该对话框中将保存位置设置为"模块 3"，在"保存类型"下拉列表框中选择"Word 模板（*.dotx）"，在"文件名"下拉列表框中输入模板的名称"通知模板.dotx"，如图 3-16 所示。然后单击"保存"按钮，即创建了新的模板。

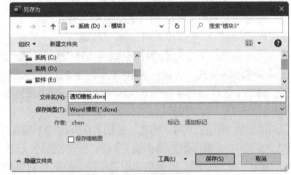

图 3-15　在"设置形状格式"窗格中　　　　图 3-16　"另存为"对话框
　　　　设置线条的参数

### 8. 打开文档与加载自定义模板

① 打开 Word 文档"关于 20××年'五一'国际劳动节放假的通知.docx"。

② 在"文件"选项卡中选择"选项"命令，打开"Word 选项"对话框，在该对话框中选择"加载项"选项；然后在"管理"下拉列表框中选择"模板"选项，单击"转到…"按钮，打开"模板和加载项"对话框。

③ 在"模板和加载项"对话框中"文档模板"区域单击"选用"按钮，打开"选用模板"对话框，在该对话框中选择文件夹"模块 3"中的模板"通知模板.dotx"，如图 3-17 所示；然后单击"打开"按钮返回"模板和加载项"对话框。

④ 在"模板和加载项"对话框中"共用模板及加载项"区域单击"添加"按钮，打开"添加模板"对话框，在该对话框中选择文件夹"模块 3"中的模板"通知模板.dotx"。

⑤ 单击"确定"按钮返回"模板和加载项"对话框，且将所选的模板添加到模板列表中。在"模板和加载项"对话框中，选中"自动更新文档样式"复选框，每次打开文档时自动更新活动文档的样式以匹配模板样式，如图 3-18 所示。

图 3-17　选择文件夹"模块 3"中的模板"通知模板.dotx"

图 3-18　选中"自动更新文档样式"复选框

⑥ 单击"确定"按钮，则当前文档将会加载所选用的模板。

**9. 在文档"关于'五一'国际劳动节放假的通知.docx"中应用加载模板中的样式**

选中 Word 文档"关于'五一'国际劳动节放假的通知.docx"中的通知标题"关于 20××年'五一'国际劳动节放假的通知"；然后在"样式"窗格的"样式"列表中选择所需要的样式"通知标题"。

使用类似方法依次选择通知称呼、通知正文、通知署名、通知日期和文件头，分别应用对应的自定义样式。

Word 文档"关于'五一'国际劳动节放假的通知.docx"的最终设置效果如图 3-14 所示。

**10. 保存文档**

单击快速访问工具栏中的"保存"按钮 ■，对 Word 文档"关于'五一'国际劳动节放假的通知.docx"进行保存操作。

## 3.6　Word 文档的页面设置与文档打印

页面设置主要包括页边距、纸张、版式、文档网格等方面的版面设置。页边距是指页面中文本四周距纸张边缘的距离，包括左、右边距和上、下边距。页边距可以通过"页面设置"对话框或标尺进行调整。

Word 文档正式打印之前，可以利用"打印预览"功能预览文档的外观效果，如果不满意，可以重新编辑修改，直到满意后再进行打印。

### 3.6.1　文档内容分页与分节

**1. 分页**

当文档内容满一页时，Word 将自动插入一个分页符并且生成新页。如果需要将同一页的文档内容分别放置在不同页中，可以通过插入分页符的方法来实现，操作方法如下。

① 将插入点移动到需要分页的位置。

② 单击"布局"选项卡"页面设置"组中的"分隔符"按钮，在弹出的下拉菜单中选择"分页符"，如图 3-19 所示，即可插入一个分页符，实现分页操作。

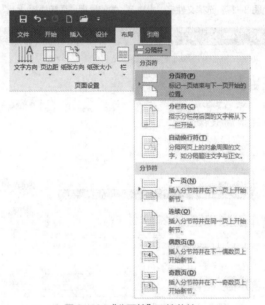

图 3-19　"分隔符"下拉菜单

此时如果切换到"页面视图"方式，则会出现一个新页面，如果切换到"草稿"视图方式，则会出现一条贯穿页面的虚线。

**提示**　　在"插入"选项卡"页面"组中直接单击"分页"按钮，或者按"Ctrl+Enter"组合键，也可以插入分页符。

如果要删除分页符，只需将插入点置于分页符之前按"Delete"键即可。如果需要删除文档中多个分页符，可以使用"替换"功能实现。

**2. 分节**

"节"是文档格式设置的基本单位，Word 文档系统默认整个文档为一节，在同一节内，文档各页的页面格式完全相同。Word 中一个文档可以分为多个节，从而可以根据需要为每节都设置各自的格式，且不会影响其他节的格式设置。

Word 文档中可以使用"分节符"将文档进行分节，然后以节为单位设置不同的页眉或页脚。

在图 3-19 所示的"分隔符"下拉菜单中选择一种合适的分节符类型进行分节操作。

①"下一页"：在插入分节符的位置进行分页，下一节从下一页开始。

②"连续"：分节后，同一页中下一节的内容紧接上一节的节尾。

③"偶数页"：在下一个偶数页开始新的一节，如果分节符在偶数页上，则 Word 会空出下一个奇数页。

④"奇数页"：在下一个奇数页开始新的一节，如果分节符在奇数页上，则 Word 会空出下一个偶数页。

如果要删除分节，只需将插入点置于分节符之前按"Delete"键即可。如果需要删除文档中多个分节符，可以使用"替换"功能实现。

### 3.6.2 设置页面边框

在页面四周可以添加边框，添加页面边框的方法如下。

单击"布局"选项卡"页面设置"组中的"页面设置"按钮 ，弹出"页面设置"对话框，单击"版式"选项卡中的"边框"按钮，打开"边框和底纹"对话框的"页面边框"选项卡，如图 3-20 所示。在"页面边框"选项卡中，可以选择边框类型、样式、颜色、宽度和艺术型等参数，还可以单击"选项"按钮，在打开的"边框和底纹选项"对话框中设置边距和边框选项等参数，如图 3-21 所示。

图 3-20 "边框和底纹"对话框的"页面边框"选项卡　　图 3-21 "边框和底纹选项"对话框

页面边框的格式设置完成后，单击"确定"按钮即可。

### 3.6.3 页面设置

熟悉电子活页中的内容，掌握 Word 文档中页面设置方法，完成设置页边距、设置纸张、设置布局、设置文档网格等操作。

### 3.6.4 设置页眉与页脚

Word 文档的页眉出现在每一页的顶端，如图 3-22 所示，页脚出现在每页的底端，如图 3-23 所示。一般页眉的内容可以为章标题、文档标题、页码等内容，页脚的内容通常为页码。页眉和页脚分别在主文档之上、下页边距线之外，不能与主文档同时编辑，需要单独进行编辑。

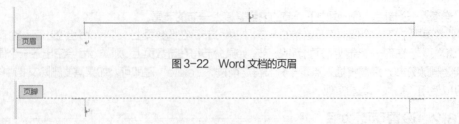

图 3-22　Word 文档的页眉

图 3-23　Word 文档的页脚

### 1. 插入页眉和页脚

单击"插入"选项卡"页眉和页脚"组的"页眉"按钮，在弹出的下拉菜单中单击"编辑页眉"命令，进入页眉的编辑状态，显示图 3-24 所示的"页眉和页脚工具-设计"选项卡，同时光标自动置于页眉位置，在页眉区域输入页眉内容即可。

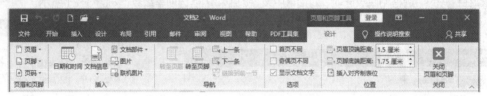

图 3-24　"页眉和页脚工具-设计"选项卡

利用"页眉和页脚工具-设计"选项卡的工具可以在页眉或页脚插入标题、页码、日期和时间、文档部件、图片等内容。

单击"页眉和页脚工具-设计"选项卡"导航"组中的"转至页眉"或"转至页脚"按钮，可以很方便地在页眉和页脚之间进行切换。光标置于页脚位置，在页脚区域内可以输入页脚内容，如页码等。

> **提示**
>
> "页眉和页脚工具-设计"选项卡中的"显示文档文字"复选框用于显示或隐藏文档中的文字，"链接到前一节"按钮用于在不同节中设置相同或不同的页眉或页脚，"上一条"按钮用于切换到前一节的页眉或页脚，"下一条"按钮用于切换到后一节的页眉或页脚。

### 2. 设置页眉和页脚的格式

页眉和页脚内容也可以进行编辑修改和格式设置，例如设置对齐方式等，其编辑方法和格式设置方法与在 Word 文档页面编辑区中编辑和设置格式的方法相同。

页眉和页脚设置完成后，在"页眉和页脚工具"选项卡"关闭"组中单击"关闭页眉和页脚"按钮，即可返回文档页面。

## 3.6.5　插入与设置页码

Word 文档中通常都需要插入并设置页码。插入与设置页码的方法如下。

### 1. 插入页码

单击"插入"选项卡"页眉和页脚"组的"页码"按钮，在弹出的下拉菜单中选择页码的页面位置、对齐方式和强调形式。

### 2. 设置页码格式

在"页码"下拉菜单中选择"设置页码格式"命令，打开"页码格式"对话框，在"编号格式"下拉列表框中选择一种合适的编号格式，在"页码编号"区域选择"续前节"或"起始页码"单选按钮。

然后单击"确定"按钮关闭该对话框，完成页码格式设置。

### 3.6.6　打印文档

熟悉电子活页中的内容，掌握 Word 文档中打印文档的方法，完成打印份数设置、打印文稿范围设置、打印方式设置等操作。

#### 【任务 3-5】"教师节贺信"文档页面的设置与打印

**【任务描述】**

打开 Word 文档"教师节贺信.docx"，按照以下要求完成相应的操作。

① 将上、下边距设置为"3 厘米"，左、右边距设置为"3.5 厘米"，方向设置为"纵向"。将纸张大小设置为"A4"。

② 将页眉距边界距离设置为"2 厘米"，页脚距边界距离设置为"2.75 厘米"，设置页眉和页脚"奇偶页不同"和"首页不同"。

③ "网格"类型设置为"指定行和字符网格"：每行 39 个字符，跨度为 10.5 磅；每页 43 行，跨度为 15.6 磅。

④ 首页不显示页眉，偶数页和奇数页的页眉都设置为"教师节贺信"。

⑤ 在页脚插入页码，页码居中对齐，起始页码为 1。

⑥ 如果已连接打印机，则打印一份文稿。

扫码观看本
任务视频

**【任务实施】**

**1. 打开文档**

打开 Word 文档"教师节贺信.docx"。

**2. 设置页边距**

① 打开"页面设置"对话框，切换到"页边距"选项卡。

② 在"页面设置"对话框"页边距"选项卡的"上""下"两个数值微调框中输入"3 厘米"，在"左""右"两个数值微调框中利用微调按钮 ⬍ 将边距值调整为"3.5 厘米"。

③ 在"纸张方向"区域选择"纵向"。

④ 在"应用于"下拉列表框中选择"整篇文档"。

**3. 设置纸张**

在"页面设置"对话框中切换到"纸张"选项卡，将"纸张大小"设置为"A4"。

**4. 设置布局**

在"页面设置"对话框中切换到"版式"选项卡。将"节的起始位置"设置为"新建页"。在"页眉和页脚"组选中"奇偶页不同"和"首页不同"复选框，在"距边界"设置项的"页眉"数值微调框中输入"2 厘米"，"页脚"数值微调框中输入"2.75 厘米"。将"垂直对齐方式"设置为"顶端对齐"。

**5. 设置文档网格**

在"页面设置"对话框中切换到"文档网格"选项卡。在"文字排列"区域选择"水平"单选按钮，将"栏数"设置为"1"；在"网络类型"区域选择"指定行和字符网络"单选按钮；在"字符数"区域"每行"数值微调框中输入"39"，"跨度"数值微调框中输入"10.5 磅"；在"行数"区域"每页"数值微调框中输入"43"，"跨度"数值微调框中输入"15.6 磅"。

**6. 插入页眉**

单击"插入"选项卡"页眉和页脚"组中的"页眉"按钮，在弹出的下拉菜单中选择"编辑页眉"命令，进入页眉的编辑状态，在页眉区域输入页眉内容"教师节贺信"。然后对页眉的格式进行设置即可。

**7. 在页脚插入页码**

首先单击"插入"选项卡"页眉和页脚"组中的"页码"按钮，在弹出的下拉菜单中选择"页面底端"级联选项中的"普通数字 2"子选项。

然后在"页码"下拉菜单中选择"设置页码格式"命令，打开"页码格式"对话框，在"编号格式"下拉列表框中选择阿拉伯数字"1, 2, 3, ...", 在"页码编号"区域选择"起始页码"单选按钮，然后指定起始页码为"1", 如图 3-25 所示。

单击"确定"按钮关闭该对话框，完成页码格式设置。

### 8. 保存文档

单击快速访问工具栏中的"保存"按钮 ⊞，对 Word 文档"教师节贺信.docx"进行保存操作。

### 9. 打印文档

Word 文档设置完成后，选择"文件"选项卡中的"打印"命令，显示"打印"界面，在该界面对打印份数、打印机、打印范围、打印方式等参数进行设置，然后单击"打印"按钮开始打印文档。

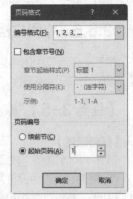

图 3-25　"页码格式"对话框

## 3.7　Word 2016 表格制作与数值计算

在 Word 2016 中使用表格可以将文档内容加以分类，使内容表达更加准确、清晰和有条理。表格由多行和多列组成，水平的称为行，垂直的称为列，行与列的交叉形成表格单元格，在表格单元格中可以输入文字和插入图片。

### 3.7.1　创建表格

#### 【操作 3-11】在 Word 文档中创建表格

熟悉电子活页中的内容，试用与掌握电子活页中介绍的创建表格的操作方法，完成以下操作。

**1. 使用"插入"选项卡中的"表格"按钮快速插入表格**

打开 Word 文档"学生花名册.docx"，使用"插入"选项卡中的"表格"按钮，在表格标题"学生花名册"下一行插入一张 6 行 4 列的表格，表格中第 1 行为表格标题行，各列的标题分别为"序号""姓名""性别""出生日期"。

**2. 使用"插入表格"对话框插入表格**

打开 Word 文档"课程成绩汇总.docx"，使用"插入表格"对话框，在表格标题"课程成绩汇总"下一行插入一张 10 行 5 列的表格，表格中第 1 行为表格标题行，各列的标题分别为"序号""姓名""课程 1 成绩""课程 2 成绩""平均成绩"。

### 3.7.2　绘制与擦除表格线

#### 1. 绘制表格线

在"插入"选项卡的"表格"下拉菜单中选择"绘制表格"命令，移动鼠标指针定位于需要绘制表格线的位置，例如第 5 列，鼠标指针变为铅笔的形状 ✐，按下鼠标左键并拖曳鼠标，在表格内绘制表格线，如图 3-26 所示，拖曳鼠标使鼠标指针移至合适位置，松开鼠标左键，表格线便绘制完成。然后再次选择"绘制表格"命令，返回文档编辑状态。

| ↵ | ↵ | ↵ | ↵ | ↵ | ↵ | ↵ | ↵ | ↵ |
| ↵ | ↵ | ↵ | ↵ | ↵ | ↵ | ↵ | ↵ | ↵ |
| ↵ | ↵ | ↵ | ↵ | ↵ | ↵ | ↵ | ↵ | ↵ |
| ↵ | ↵ | ↵ | ↵ | ↵ | ↵ | ↵ | ↵ | ↵ |
| ↵ | ↵ | ↵ | ↵ | ↵ | ↵ | ↵ | ↵ | ↵ |
| ↵ | ↵ | ↵ | ↵ | ↵ | ↵ | ↵ | ↵ | ↵ |

图 3-26　绘制表格线

### 2. 擦除表格线

将光标置于表格中，自动显示"表格工具-设计"选项卡，如图 3-27 所示。切换至"表格工具-布局"选项卡，如图 3-28 所示。

若要擦除某一条表格线，则在"表格工具-布局"选项卡中单击"橡皮擦"按钮，移动鼠标指针定位于需要擦除表格线的位置；鼠标指针变为橡皮擦的形状，按下鼠标左键并拖曳鼠标指针至合适位置，如图 3-29 所示；拖曳鼠标使鼠标指针移至合适位置，然后松开鼠标左键，对应的表格线将被清除。再次单击"表格工具-布局"选项卡中的"橡皮擦"按钮，返回文档编辑状态。

图 3-27　"表格工具-设计"选项卡

图 3-28　"表格工具-布局"选项卡

| ↵ | ↵ | ↵ | ↵ | ↵ | ↵ | ↵ | ↵ | ↵ |
| ↵ | ↵ | ↵ | ↵ | ↵ | ↵ | ↵ | ↵ | ↵ |
| ↵ | ↵ | ↵ | ↵ | ↵ | ↵ | ↵ | ↵ | ↵ |
| ↵ | ↵ | ↵ | ↵ | ↵ | ↵ | ↵ | ↵ | ↵ |
| ↵ | ↵ | ↵ | ↵ | ↵ | ↵ | ↵ | ↵ | ↵ |
| ↵ | ↵ | ↵ | ↵ | ↵ | ↵ | ↵ | ↵ | ↵ |

图 3-29　擦除表格线

## 3.7.3　移动与缩放表格与行列

### 1. 移动表格

将鼠标指针移动到表格内，表格的左上角将会出现一个带双箭头的"表格移动控制"图标⊞，将鼠标指针移到"表格移动控制"图标处，当鼠标指针变为 时，按住鼠标左键并拖曳鼠标可以移动表格。

将鼠标指针移动到表格内，单击鼠标右键，在快捷键菜单中选择"表格属性"命令，弹出"表格属性"对话框；在该对话框的"表格"选项卡的"对齐方式"区域选择"左对齐"方式，"左缩进"数值微调框被激活；接着输入或调整数值微调框中的数字改变表格距左边界的距离，这里输入"3 厘米"，如图3-30 所示；然后单击"确定"按钮即可调整表格在文档中的缩进距离。

图 3-30　在"表格属性"对话框中设置"左缩进"

### 2. 缩放表格

当鼠标移过表格时，表格的右下角会出现一个小正方形，鼠标指针移到该小正方形变为向左上方倾斜的箭头 形状时，按住鼠标左键并拖曳鼠标，可以改变列宽或行高，实现表格的缩放。

## 3.7.4　表格中的选定操作

### 1. 使用鼠标选定

使用鼠标选定单元格、行、列和整个表格的操作方法见表 3-1。

表 3-1　使用鼠标选定单元格、行、列和整个表格的操作方法

| 选定表格对象 | 操作方法 |
| --- | --- |
| 选定一个或多个单元格 | 将鼠标指针移动到单元格左边框内侧处，当鼠标指针变为向右上方倾斜的黑色箭头 时，单击鼠标左键选中当前单元格，按住鼠标左键拖曳鼠标，所经过的单元格都会被选中 |
| 选定一行或多行 | 移动鼠标指针到待选定行的左边框外侧，当鼠标指针变为向右上方倾斜的空心箭头 时，单击鼠标左键可选定一行，上下拖曳鼠标可选定连续的多行；先单击选定一行，然后按住"Ctrl"键单击，可选择不连续的多行 |
| 选定一列或多列 | 移动鼠标到待选定列的上边框，当鼠标指针变为向下方的黑色箭头 时，单击鼠标左键可选定该列，水平拖曳鼠标可选定连续的多列；按住"Ctrl"键单击，可选择不连续的多列 |
| 选定整个表格 | 【方法1】将鼠标指针移动到表格内，表格的左上角就会出现一个带双箭头的"表格移动控制"图标 ，将鼠标指针移到"表格移动控制"图标处，当鼠标指针变为 时，单击鼠标左键可以选定整个表格。<br>【方法2】在表格左边框外侧由下至上或者由上至下拖曳鼠标，通过选定所有行而选定整个表格。<br>【方法3】在表格上边框由左至右或者由右至左拖曳鼠标，通过选定所有列而选定整个表格 |

### 2. 使用"表格工具-布局"选项卡"选择"下拉菜单中的命令选定

将光标置于表格中，在功能区选择"表格工具-布局"选项卡，在"表"组单击"选择"按钮打开其下拉菜单，如图 3-31 所示。

使用"选择"下拉菜单的命令选定单元格、行、列和整个表格的操作方法见表 3-2。

图 3-31　"选择"下拉菜单

表 3-2　使用"选择"下拉菜单的命令选定单元格、行、列和整个表格的操作方法

| 选定表格对象 | 操作方法 |
| --- | --- |
| 选定一个单元格 | 将光标移到选定的单元格中，在"表格工具-布局"选项卡"选择"下拉菜单中选择"选择单元格"命令 |
| 选定一列 | 将光标移到待选定列的单元格中，在"表格工具-布局"选项卡"选择"下拉菜单卡中选择"选择列"命令 |
| 选定一行 | 将光标移到待选定行的单元格中，在"表格工具-布局"选项卡"选择"下拉菜单中选择"选择行"命令 |
| 选定整个表格 | 将光标移到待选定表格的一个单元格中，在"表格工具-布局"选项卡"选择"下拉菜单中选择"选择表格"命令，如图 3-31 所示 |

### 3. 在表格中移动光标

在表格中输入和编辑文本时，首先要在表格中移动光标定位，最简便的方法是将鼠标指针置于选定位置单击鼠标左键，也可使用键盘来移动光标。在表格中移动光标的常用按键见表 3-3。

表 3-3　在表格中移动光标的常用按键

| 按键 | 功能 | 按键 | 功能 |
| --- | --- | --- | --- |
| → | 至同一行的后一个单元格内 | ← | 至同一行的前一个单元格内 |
| ↑ | 至同一列的上一个单元格内 | ↓ | 至同一列的下一个单元格内 |
| Alt+Home | 至同一行的第一个单元格内 | Alt+End | 至同一行的最后一个单元格内 |
| Alt+Page Up | 至同一列的第一个单元格内 | Alt+Page Down | 至同一列的最后一个单元格内 |
| Tab | 选择同一行的后一个单元格的内容 | Shift+Tab | 选择同一行的前一个单元格的内容 |

## 3.7.5　表格中的插入操作

## 【操作 3-12】Word 文档表格中的插入操作

熟悉电子活页中的内容，打开已插入表格的 Word 文档"学生花名册.docx"，试用与掌握电子活页中介绍的表格中的多种插入操作方法，完成插入行、插入列、插入单元格、插入表格等操作。

## 3.7.6　表格中的删除操作

## 【操作 3-13】Word 文档表格中的删除操作

熟悉电子活页中的内容，打开已插入表格的 Word 文档"学生花名册.docx"，试用与掌握电子活页中介绍的表格中的多种删除操作方法，完成删除一行、删除一列、删除单元格、删除表格、删除表格中的内容等操作。

## 3.7.7　调整表格行高和列宽

## 【操作 3-14】在 Word 文档中调整表格行高和列宽

熟悉电子活页中的内容，打开已插入表格的 Word 文档"学生花名册.docx"，试用与掌握电子活页中介绍的在 Word 文档中调整表格行高和列宽的操作方法，完成拖曳鼠标粗略调整行高，拖曳鼠标粗略调整列宽，平均分布各行，平均分布各列，自动调整列宽，使用"表格工具-布局"选项卡精确调整行高和列宽，使用"表格属性"对话框精确调整表格的宽度、行高和列宽等操作。

### 3.7.8　合并与拆分单元格

#### 【操作 3-15】在 Word 文档中合并与拆分单元格

熟悉电子活页中的内容，打开已插入表格的 Word 文档"学生花名册.docx"，试用与掌握电子活页中介绍的在 Word 文档中合并与拆分单元格的操作方法，完成单元格的合并、单元格的拆分、表格的拆分等操作。

### 3.7.9　表格格式设置

#### 【操作 3-16】Word 文档中的表格格式设置

熟悉电子活页中的内容，打开已插入表格的 Word 文档"学生花名册.docx"，试用与掌握电子活页中介绍的在 Word 文档中表格格式设置的操作方法，完成设置表格的对齐方式和文字环绕方式、设置表格的边框和底纹、设置单元格的边距等操作。

### 3.7.10　表格内容输入与编辑

表格中的每个单元格都可以输入文本或者插入图片，也可以插入嵌套表格。单击需要输入内容的单元格，然后输入文本、插入图片或插入嵌套表格即可，其方法与在文档中的操作方法相同。

若需要修改某个单元格中的内容，只需单击该单元格，将插入点置于该单元格内，在该单元格中选中文本，然后进行修改或删除，也可以复制或剪贴，其方法与在文档中的操作方法相同。

### 3.7.11　表格内容格式设置

#### 1. 设置表格中文字的格式

表格中的文本可以像文档段落中的文本一样进行各种格式设置，其操作方法与文档中的操作方法基本相同，即先选中内容，然后进行相应的设置。

设置表格中文字格式与设置表格外文档中文字格式的方法相同，可以使用"字体"对话框或者功能区"开始"选项卡的"字体"组进行相关格式设置。

在表格中输入文字时，有时需要改变文字的排列方向，例如由横向排列变为纵向排列。将文字变成纵向排列最简单的方法是将单元格的宽度调整至仅有一个汉字宽度，这时因宽度限制，强制文字自动换行，文字就变为纵向排列了。

还可以根据实际需要对表格中文字方向进行设置，其方法如下。

将光标定位到需要改变文字方向的单元格，单击"表格工具－布局"选项卡"对齐方式"组的"文字方向"按钮，也可以单击鼠标右键，在弹出的快捷菜单中选择"文字方向"命令，打开图 3-32 所示的"文字方向－表格单元格"对话框，在该对话框中选择合适的文字排列方向，然后单击"确定"按钮，即可改变文字排列方向，其中汉字标点符号也会改成竖写的标点符号。

#### 2. 设置表格中文字对齐方式

表格中文字对齐方式有水平对齐和垂直对齐两种，表格中文本内容对齐的设置方法如下。

选择需要设置对齐方式的单元格区域、行、列或者整个表格，单击"表格工具－布局"选项卡"对齐方式"组的对齐按钮即可，如图 3-33 所示。

图 3-32　"文字方向–表格单元格"对话框

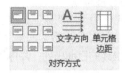

图 3-33　"表格工具–布局"选项卡"对齐
方式"组的对齐按钮

### 3.7.12　表格中的数值计算与数据排序

Word 提供了简单的表格计算功能，即使用公式来计算表格单元格中的数值。

**1. 表格行、列的编号**

Word 表格中的每个单元格都对应着一个唯一的编号，编号的方法是以字母 A、B、C、D、E、…… 表示列，以数字 1、2、3、4、5、……表示行，如图 3-34 所示。

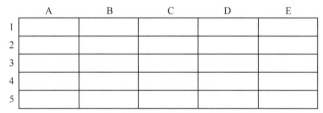

图 3-34　每个单元格都对应着一个唯一的编号

单元格地址由单元格所有的列号和行号组成，例如 B3、C4 等。有了单元格编号，就可以方便地引用单元中的数字用于计算，例如 B3 表示第 2 列第 3 行对应的单元格，C4 表示第 3 列第 4 行对应的单元格。

**2. 表格中单元格的引用**

引用表格中的单元格时，对于不连续的多个单元格，各个单元格地址之间使用半角逗号（,）分隔，例如（B3,C4）。对于连续的单元格区域，以区域左上角单元格为起始单元格地址，以区域右下角单元格为终止单元格地址，两者之间使用半角冒号（:）分隔，例如（B2:D3）。对于行内的单元格区域，使用"行内第 1 个单元格地址:行内最后 1 个单元格地址"的形式引用。对于列内的单元格区域，使用"列内第 1 个单元格地址:列内最后 1 个单元格地址"的形式引用。

**3. 表格中应用公式计算**

表格中常用的计算公式有算术公式和函数公式两种，公式的第 1 个字符必须是半角等号（=），各种运算符和标点符号必须是半角字符。

（1）应用算术公式计算

算术公式的表示方法为

=<单元格地址 1><运算符><单元格地址 2>……

**101**

例如计算台式计算机的金额的公式为"=B2*C2"，计算商品总数量的公式为"=C2+C3+C4"。

（2）应用函数公式计算

函数公式的表示方法为

=函数名称(单元格区域)

常用的函数有 SUM（求和）、AVERAGE（求平均值）、COUNT（求个数）、MAX（求最大值）和 MIN（求最小值），表示单元格区域的参数有 ABOVE（插入点上方各数值单元格）、LEFT（插入点左侧各数值单元格）、RIGHT（插入点右侧各数值单元格）。例如计算商品总数量的公式也可以改为 SUM(ABOVE)，即表示计算插入点上方各数值之和。

### 4. 表格中数据排序

排序是指将一组无序的数据按从小到大或从大到小的顺序排列。字母的升序按照从 A 到 Z 排列，降序则按照从 Z 到 A 排列；数字的升序按照从小到大排列，降序则按照从大到小排列；日期的升序按照从最早的日期到最晚的日期排列，降序则按照从最晚的日期到最早的日期排列。

将光标移动到表格的任意一个单元格中，单击"表格工具-布局"选项卡"数据"组的"排序"按钮，打开"排序"对话框。在该对话框的"主要关键字"下拉列表框中选择排序关键字，例如"金额"，在"类型"下拉列表框中选择"数字"类型，排序方式选择"升序"，如图 3-35 所示，最后单击"确定"按钮实现升序排序。

图 3-35 "排序"对话框

## 【任务 3-6】制作班级课表

扫码观看本
任务视频

### 【任务描述】

打开 Word 文档"班级课表.docx"，在该文档中插入一个 9 列 6 行的班级课表，该表格的具体要求如下。

① 表格第 1 行高度的最小值为 1.61 厘米，第 2 行至第 4 行各行高度均为固定值 1.5 厘米，第 5 行高度为固定值 1 厘米，第 6 行高度为固定值 1.2 厘米。

② 表格第 1、2 两列总宽度为 2.52 厘米，第 3 列至第 8 列各列宽度均为 1.78 厘米，第 9 列的宽度为 1.65 厘米。

③ 将第 1 行的第 1、2 列的两个单元格合并，将第 1 列的第 2、3 行的两个单元格合并，将第 1 列的第 4、5 行的两个单元格合并。

④ 在表格左上角的单元格中绘制斜线表头。

⑤ 设置表格在主文档页面水平方向居中对齐。

⑥ 表格外框线为自定义类型，线型为外粗内细，宽度为 0.5 磅，其他内边框线为 0.5 磅单细实线。

⑦ 在表格第 1 行的第 3 列至第 9 列的单元格添加底纹，图案样式为 15% 灰度，底纹颜色为橙色（淡色 40%）。

⑧ 在表格第 1 列和第 2 列（不包括绘制斜线表头的单元格）添加底纹，图案样式为浅色棚架，底纹颜色为蓝色（淡色 60%）。

⑨ 在表格中输入文本内容，文本内容的字体设置为"宋体"，字形设置为"加粗"，字号设置为"小五"，单元格水平和垂直对齐方式都设置为"居中"。

创建的班级课表最终效果如图 3-36 所示。

| 星期<br>节次 | | 星期一 | 星期二 | 星期三 | 星期四 | 星期五 | 星期六 | 星期日 |
|---|---|---|---|---|---|---|---|---|
| 上午 | 1–2 | | | | | | | |
| | 3–4 | | | | | | | |
| 下午 | 5–6 | | | | | | | |
| | 7–8 | | | | | | | |
| 晚上 | 9–10 | | | | | | | |

图 3-36　创建的班级课表最终效果

**【任务实施】**

**1. 创建与打开 Word 文档**

创建并打开 Word 文档"班级课表.docx"。

**2. 在 Word 文档中插入表格**

① 将插入点定位到需要插入表格的位置。

② 单击功能区"插入"选项卡"表格"组中的"表格"按钮，在弹出的下拉菜单中选择"插入表格"命令，打开"插入表格"对话框。

③ 在"插入表格"对话框"表格尺寸"区域的"列数"数值微调框中输入"9"，在"行数"数值微调框中输入"6"，对话框中的其他选项保持不变，如图 3-37 所示。然后单击"确定"按钮，在文档中插入点的位置将会插入一个 6 行 9 列的表格。

**3. 调整表格的行高和列宽**

将插入点定位到表格的第 1 行第 1 列的单元格中，在"表格工具-布局"选项卡"单元格大小"组的"高度"数值微调框中输入"1.61 厘米"，在"宽度"数值微调框中输入"1.26 厘米"，如图 3-38 所示。

将插入点定位到表格第 1 行的单元格中，在"表格工具-布局"选项卡"表"组中单击"属性"按钮，如图 3-39 所示，或者单击鼠标右键，在弹出的快捷菜单中选择"表格属性"命令，打开"表格属性"对话框，切换到"行"选项卡。在"行"选项卡的"尺寸"区域内显示当前行（这里为第 1 行）的行高，先选中"指定高度"复选框，然后输入或调整高度数字为"1.61 厘米"，行高值类型选择"最小值"。也可以采用此方法精确设置第 1 行的行高。

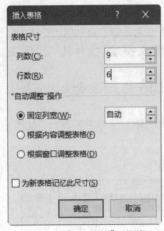

图3-37 "插入表格"对话框

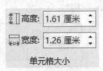

图3-38 利用"高度"数值微调框和"宽度"数值
微调框设置行高和列宽

在"行"选项卡中单击"下一行"按钮，设置第 2 行的行高。先选中"指定高度"复选框，然后在其数值微调框中输入"1.5 厘米"，在"行高值是"下拉列表框中选择"固定值"，如图 3-40 所示。

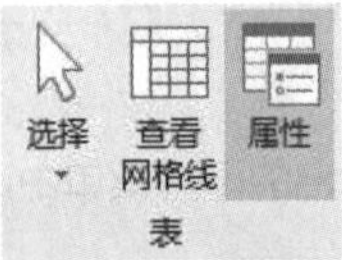

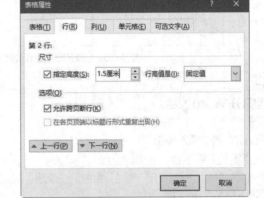

图3-39 在"表格工具-布局"选项卡"表"
组中单击"属性"按钮

图3-40 设置第 2 行的行高

用类似方法设置第 3 行和第 4 行高度为"固定值""1.5 厘米"，第 5 行高度为"固定值""1 厘米"，第 6 行高度为"固定值""1.2 厘米"。

接下来设置第 1 列和第 2 列的列宽，首先选择表格的第 1、2 两列，然后打开"表格属性"对话框。切换到"表格属性"对话框的"列"选项卡，先选中"指定宽度"复选框，然后在其数值微调框中输入数字"1.26"（第 1、2 列的总宽度即为 2.52），在"度量单位"下拉表列框中选择"厘米"，精确设置列宽，如图 3-41 所示。

单击"后一列"按钮，设置第 3 列的列宽。先选中"指定宽度"复选框，然后输入宽度数字为"1.78"，"度量单位"选择"厘米"。

以类似方法分别将第 4 列至第 8 列的宽度设置为"1.78 厘米"，将第 9 列的宽度设置为"1.65 厘米"。

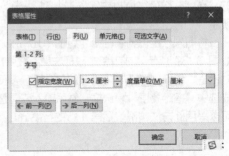

图3-41 精确设置列宽

表格设置完成后，单击"确定"按钮，使设置生效并关闭"表格属性"对话框。

### 4. 合并与拆分单元格

选定第 1 行的第 1、2 列的两个单元格，然后单击鼠标右键，在弹出的快捷菜单中选择"合并单元格"命令，即可将两个单元格合并为一个单元格。

选定第 1 列的第 2、3 行的两个单元格，然后单击"表格工具-布局"选项卡"合并"组的"合并单元格"按钮，即可将两个单元格合并为一个单元格。

单击"表格工具-布局"选项卡"绘图"组中的"橡皮擦"按钮，鼠标指针变为橡皮擦的形状，按下鼠标左键并拖曳鼠标，将第 1 列的第 4 行与第 5 行之间的横线擦除，即将两个单元格合并。然后再次单击"橡皮擦"按钮，取消擦除状态。

### 5. 绘制斜线表头

单击"表格工具-布局"选项卡"绘图"组的"绘制表格"按钮，在表格左上角的单元格中自左上角向右下角拖曳鼠标绘制斜线表头，如图 3-42 所示。然后再次单击"绘制表格"按钮，返回文档编辑状态。

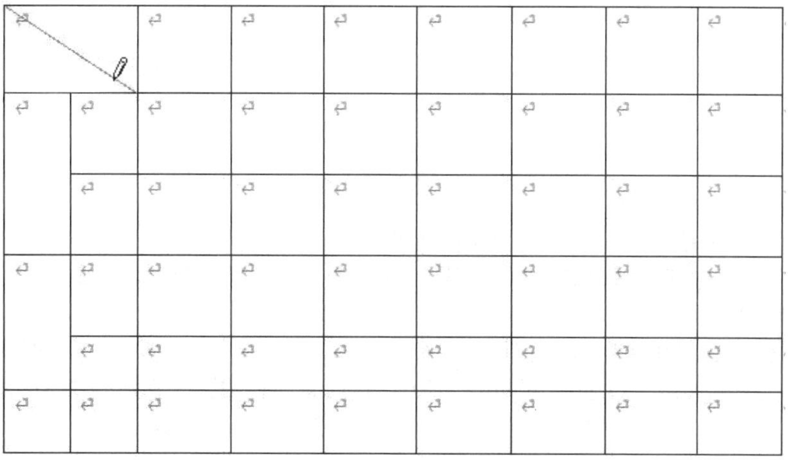

图 3-42　绘制斜线表头

### 6. 设置表格的对齐方式和文字环绕方式

打开"表格属性"对话框，在"表格"选项卡的"对齐方式"区域选择"居中"，"文字环绕"区域选择"无"，然后单击"确定"按钮。

### 7. 设置表格外框线

① 将光标置于表格中，单击"表格工具-设计"选项卡"边框"组中的"边框"按钮，在弹出的下拉菜单中选择"边框与底纹"命令，打开"边框和底纹"对话框，切换到"边框"选项卡。

② 在"边框和底纹"对话框"边框"选项卡的"设置"区域选择"自定义"，在"样式"列表框中选择适用于上边框和左边框的"外粗内细"边框类型 ▬▬▬▬▬，在"宽度"下列拉表框中选择"3.0 磅"。

③ 在"预览"区域两次单击"上框线"按钮，第 1 次单击取消上框线，第 2 次单击按自定义样式重新设置上框线。两次单击"左框线"按钮 设置左框线。

④ 在"边框和底纹"对话框"边框"选项卡的"设置"区域选择"自定义"，在"样式"列表框中选择适用于下边框和右边框的"外粗内细"边框类型 ▬▬▬▬▬，在"宽度"下列拉表框中选择"3.0 磅"。

⑤ 在"预览"区域分别单击"下框线"按钮 、"右框线"按钮 分别设置对应的框线。

⑥ 设置的边框可以应用于表格、单元格以及文字和段落。在"应用于"列表框中选择"表格"。

对表格外框线进行设置后，"边框和底纹"对话框的"边框"选项卡如图3-43所示。

图3-43　"边框和底纹"对话框的"边框"选项卡

这里仅对表格外框线进行了设置，其他内边框保持0.5磅单细实线不变。

⑦ 边框线设置完成后单击"确定"按钮使设置生效并关闭该对话框。

**8. 设置表格底纹**

① 在表格中选定需要设置底纹的区域，这里选择表格第1行的第3列至第9列的单元格。

② 打开"边框和底纹"对话框，切换到"底纹"选项卡，在"图案"区域的"样式"下拉列表框中选择"15%"，"颜色"下拉列表框中选择"橙色（淡色40%）"，如图3-44所示，其效果可以在预览区域进行预览。

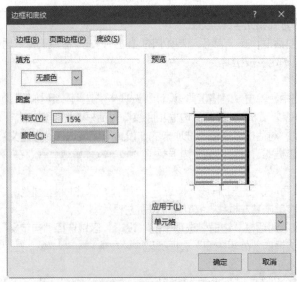

图3-44　"边框和底纹"对话框的"底纹"选项卡

③ 底纹设置完成后，单击"确定"按钮使设置生效并关闭该对话框。

用类似方法为表格的第 1 列和第 2 列（不包括绘制斜线表头的单元格）添加底纹。

### 9. 在表格内输入与编辑文本内容

① 在绘制了斜线表头的单元格右上角双击，当出现插入点后输入文字"星期"，然后在该单元格的左下角双击，在光标闪烁处输入文字"节次"。

② 在其他单元格中输入图 3-36 所示的文本内容。

### 10. 表格内容的格式设置

（1）设置表格内容的字体、字形和字号

选中表格内容，在"开始"选项卡"字体"组的"字体"下拉列表框中选择"宋体"，在"字号"下拉列表框中选择"小五"，单击"加粗"按钮。

（2）设置单元格对齐方式

选中表格中所有的单元格，在"表格工具-布局"选项卡"对齐方式"组单击"水平居中"按钮，即可将单元格的水平和垂直对齐方式都设置为居中。

### 11. 保存文档

单击快速访问工具栏中的"保存"按钮 ，对 Word 文档"班级课表.docx"进行保存操作。

## 【任务 3-7】计算"商品销售表.docx"中的金额和总计

扫码观看本
任务视频

### 【任务描述】

打开 Word 文档"商品销售表.docx"，商品销售表见表 3-4，对该表格中的数据进行如下计算。

① 计算各类商品的金额，且将计算结果填入对应的单元格中。

② 计算所有商品的数量总计和金额总计，且将计算结果填入对应的单元格中。

表 3-4　商品销售表

| 序号 | A | B | C | D |
|---|---|---|---|---|
| 1 | 商品名称 | 价格 | 数量 | 金额 |
| 2 | 台式计算机 | 4860 | 2 | |
| 3 | 笔记本计算机 | 8620 | 5 | |
| 4 | 移动硬盘 | 780 | 8 | |
| 5 | 总计 | — | | |

### 【任务实施】

#### 1. 打开文档

打开 Word 文档"商品销售表.docx"。

#### 2. 应用算术公式计算各类商品的金额

将光标定位到"商品销售表"的 D2 单元格，在"表格工具-布局"选项卡的"数据"组单击"公式"按钮，打开"公式"对话框，清除"公式"文本框中原有公式，然后输入新的计算公式，即"=B2*C2"，并在"编号格式"下拉列表框中选择数字格式，这里选择"0"，即取整数，如图 3-45 所示，单击"确定"按钮，计算结果显示在 D2 中，为 9720。

使用类似方法计算"笔记本计算机"的金额和"移动硬盘"的金额。

图 3-45　"公式"对话框

### 3. 应用算术公式计算所有商品的数量总计

将光标定位到"商品销售表"的 C5 单元格中，打开"公式"对话框，在"公式"文本框中输入计算公式"=C2+C3+C4"，单击"确定"按钮，计算结果显示在 C5 单元格中，为 15。

### 4. 应用函数公式计算所有商品的金额总计

将光标定位到"商品销售表"的 D5 单元格中，打开"公式"对话框，保留 "公式"文本框中默认的函数公式"= SUM(ABOVE)"，单击"确定"按钮，计算结果显示在 D5 单元格中，为 59060。

商品销售表的计算结果见表 3-5。

**表 3-5　商品销售表的计算结果**

| 商品名称 | 价格 | 数量 | 金额 |
|---|---|---|---|
| 台式计算机 | 4860 | 2 | 9720 |
| 笔记本计算机 | 8620 | 5 | 43100 |
| 移动硬盘 | 780 | 8 | 6240 |
| 总计 | | 15 | 59060 |

### 5. 保存文档

单击快速访问工具栏中的"保存"按钮 ▣，对 Word 文档"商品销售表.docx"进行保存操作。

## 3.8　Word 文档的图文混排

在 Word 文档中插入必要的图片、艺术字、自制图形和文本框，实现图文混排，从而产生图文并茂的效果。

### 3.8.1　插入与编辑图片

#### 【操作 3-17】在 Word 文档中插入与编辑图片

熟悉电子活页中的内容，创建并打开 Word 文档"插入与编辑图片.docx"，试用与掌握电子活页中介绍的在 Word 文档中插入与编辑图片的操作方法，完成以下操作。

#### 1. 插入图片

在 Word 文档"插入与编辑图片.docx"中插入 4 张图片：t01.jpg、t02.jpg、t03.jpg、t04.jpg。

#### 2. 编辑图片

完成移动、复制图片，改变图片大小，删除图片等操作。

#### 3. 设置图片格式

在"设置图片格式"窗格中设置图片格式。

#### 4. 设置图片的版式

采用不同的方法设置图片的版式。

### 3.8.2　插入与编辑艺术字

#### 【操作 3-18】在 Word 文档中插入与编辑艺术字

熟悉电子活页中的内容，创建并打开 Word 文档"插入与编辑艺术字.docx"，试用与掌握电子活页中介绍的在 Word 文档中插入与编辑艺术字的方法，完成以下操作。

**1. 插入艺术字**

在 Word 文档"插入与编辑艺术字.docx"中插入艺术字"循序而渐进，熟读而精思"。

**2. 设置艺术字的样式与文字效果**

在"绘图工具－格式"选项卡的"艺术字样式"组中设置艺术字的样式与文字效果。

**3. 设置艺术字的外框**

在"绘图工具－格式"选项卡的"形状样式"组中设置艺术字的外框。

### 3.8.3 插入与编辑文本框

### 【操作 3-19】在 Word 文档中插入与编辑文本框

熟悉电子活页中的内容，创建并打开 Word 文档"插入与编辑文本框.docx"，试用与掌握电子活页中介绍的 Word 文档中插入与编辑文本框的操作方法，完成以下操作。

**1. 插入文本框**

在 Word 文档"插入与编辑文本框.docx"中分别插入 2 个文本框，第 1 个文本框中输入文字"赏析自然之美"，第 2 个文本框中插入 1 张图片"t01.jpg"。

**2. 调整文本框大小、位置和环绕方式**

使用"布局"对话框调整文本框大小、位置和环绕方式。

### 3.8.4 插入与编辑公式

利用 Word 提供的公式编辑器可以在文档中插入数学公式，插入数学公式的操作方法如下。

图 3-46 公式编辑框

① 将插入点移至需要插入数学公式的位置。

② 单击"插入"选项卡"符号"组的"公式"按钮，在弹出的下拉菜单中选择"插入新公式"命令，打开公式编辑框，如图 3-46 所示。同时功能区显示"设计"选项卡，如图 3-47 所示。

图 3-47 "设计"选项卡

③ 在公式编辑框中输入公式。

### 3.8.5 绘制与编辑图形

在 Word 2016 文档中除了可以插入图片外，还可以使用系统提供的绘图工具绘制所需的各种图形。单击"插入"选项卡"插图"组的"形状"按钮，在弹出的图 3-48 所示的"形状"下拉菜单中选择一种形状按钮，将鼠标指针移到文档中图形绘制的起始位置，当鼠标指针变成十形状时，按住鼠标左键并拖曳鼠标，图形大小合适后松开鼠标左键，即可绘制相应的图形。

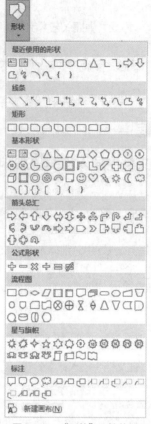

图 3-48 "形状"下拉菜单

**提示**

在"形状"下拉菜单中单击"矩形"按钮，按住"Shift"键，再按住鼠标左键拖曳可绘制正方形；单击"椭圆"按钮，按住"Shift"键，再按住鼠标左键拖曳可绘制圆形；单击"椭圆"按钮，按住"Ctrl"键，再按住鼠标左键拖曳可绘制以插入点为圆心的椭圆。

### 3.8.6 制作水印效果

水印是文档的背景中隐约出现的文字或图案，当文档的每一页都需要水印时，可通过"页眉和页脚"与"文本框"组合制作。

① 单击"插入"选项卡"页眉和页脚"组中的"页眉"按钮，在弹出的下拉菜单中选择"编辑页眉"命令，进入页眉的编辑状态。

② 在"页眉和页脚工具-设计"选项卡"选项"组中取消"显示文档文字"复选框的选中状态，隐藏文档中的文字和图形。

③ 在文档中合适位置（不一定是页眉或页脚区域）插入一个文本框，并且设置文本框的边框为"无线条"。

④ 在文本框中输入作为水印的文字或插入图片，并设置文字或图片的格式，将该文本框的环绕方式设置为"衬于文字下方"。

⑤ 单击"页眉和页脚工具-设计"选项卡"关闭"组中的"关闭页眉和页脚"按钮，完成水印制作，在文档的每一页都将会看到水印效果。

## 【任务 3-8】编辑"九寨沟风景区景点介绍"实现图文混排效果

### 【任务描述】

打开 Word 文档"九寨沟风景区景点介绍.docx",在该文档中完成以下操作。

① 将标题"九寨沟风景区景点介绍"设置为艺术字效果。

② 将正文中小标题文字"树正群海""芦苇海""五花海"设置为项目列表,并将项目符号设置为符号 ☑ 。

扫码观看本任务视频

③ 在正文小标题文字"树正群海"下面的左侧位置插入图片"01.jpg",将该图片的宽度设置为"4 厘米",宽度设置为"6.01 厘米",环绕方式设置为"四周型"。

④ 在正文小标题文字"芦苇海"的右侧位置插入图片"02.jpg",将该图片的高度设置为"3.5 厘米",宽度设置为"5.26 厘米",环绕方式设置为"紧密环绕型",将该图片放置在靠右侧位置。

⑤ 在正文小标题文字"五花海"下面的左侧位置插入图片"03.jpg",将该图片的高度设置为"4 厘米",宽度设置为"6.01 厘米",环绕方式设置为"紧密环绕型"。

"九寨沟风景区景点介绍"的图文混排效果如图 3-49 所示。

### 九寨沟风景区景点介绍

九寨沟以翠海、叠瀑、彩林、雪山、藏情、蓝冰"六绝"驰名中外,有"黄山归来不看山,九寨归来不看水"和"世界水景之王"之称。春看冰雪消融、山花烂漫;夏看古柏苍翠、碧水蓝天;秋看满山斑斓、层林尽染;冬看冰雪世界、圣洁天堂。

九寨沟的主要景点有树正群海、芦苇海、五花海、熊猫海、老虎海、宝镜岩、盆景滩、五彩池、珍珠滩、镜海、犀牛海、诺日朗瀑布和长海等。

#### ☑ 树正群海

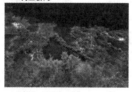

树正群海沟全长 13.8 千米,共有各种湖泊(海子)40 余个,约占九寨沟景区全部湖泊的 40%。上部海子的水翻越湖堤,从树丛中溢出,激起白色的水花,在青翠中跳跳蹦蹦,穿梭弄睿。水流顺堤跌宕,形成幅幅水帘,婀娜多姿,婉约变幻。整个群海层次分明,那绿中套蓝的色彩,童话服的天真自然。

#### ☑ 芦苇海

芦苇海海拔 2 140 米,全长 2.2 千米,是一个半沼泽湖泊。海中芦苇丛生、水鸟飞翔,清溪碧流、漾绿摇翠、蜒蜒空行,好一派泽国风光。"芦苇海"中,荡荡芦苇,一片青葱,微风徐来,绿浪起伏,飒飒之声,委婉抒情,使人心旷神怡。

#### ☑ 五花海

在九寨沟众多海子中,名气最大、景色最为漂亮的当属五花海。五花海变化丰富,姿态万千,堪称九寨沟景区的精华。从老虎嘴观赏点向下望去,五花海犹如一只开屏孔雀,色彩斑斓,令人眼花缭乱,美不胜收。这里是真正的童话世界,传说中的色彩天堂!

图 3-49　"九寨沟风景区景点介绍"的图文混排效果

### 【任务实施】

#### 1. 打开文档

打开 Word 文档"九寨沟风景区景点介绍.docx"。

#### 2. 插入艺术字

① 选择 Word 文档中的标题"九寨沟风景区景点介绍"。

② 单击"插入"选项卡"文本"组的"艺术字"按钮,打开"艺术字"样式列表。

③ 在样式列表中选择样式"填充:蓝色,着色 1;阴影",在文档中插入一个"艺术字"框,将所选文字设置为艺术字效果。

### 3. 插入图片

① 插入图片"01.jpg"。将插入点置于正文小标题文字"树正群海"右侧位置，然后插入图片"01.jpg"。

② 插入图片"02.jpg"。将插入点置于正文小标题文字"芦苇海"上一段落的尾部位置，然后插入图片"02.jpg"。

③ 插入图片"03.jpg"。将插入点置于正文小标题文字"五花海"右侧位置，然后插入图片"03.jpg"。

### 4. 设置图片格式

① 在文档中选择图片"01.jpg"，然后在"绘图工具－格式"选项卡"大小"组的"高度"数值微调框中输入"4 厘米"，在"宽度"数值微调框中输入"6.01 厘米"，即设置图片高度为 4 厘米，宽度为 6.01 厘米。

② 在文档中选择图片"01.jpg"，然后单击"绘图工具－格式"选项卡"排列"组的"环绕文字"按钮，在其下拉菜单中选择"四周型"。

③ 在文档中选择图片"02.jpg"，然后在"绘图工具－格式"选项卡"大小"组的"高度"数值微调框中输入"3.5 厘米"，在"宽度"数值微调框中输入"5.26 厘米"，即设置图片高度为 3.5 厘米，宽度为 5.26 厘米。

④ 在文档中选择图片"02.jpg"，然后单击"绘图工具－格式"选项卡"排列"组的"环绕文字"按钮，在其下拉菜单中选择"紧密环绕型"。

⑤ 以类似方法设置图片"03.jpg"的高度为 4 厘米，宽度为 6.01 厘米，环绕方式为"紧密环绕型"。

### 5. 设置项目列表和项目符号

（1）定义新项目符号

单击"开始"选项卡"段落"组"项目符号"按钮旁边的三角形下拉按钮 ，打开其下拉菜单。在"项目符号"下拉菜单中选择"定义新项目符号"命令，打开"定义新项目符号"对话框，单击"符号"按钮，在弹出的"符号"对话框中选择所需的图片 ☑ 作为项目符号，如图 3-50 所示。

单击"确定"按钮关闭该对话框并返回"定义新项目符号"对话框，如图 3-51 所示。在"定义新项目符号"对话框中单击"确定"按钮关闭该对话框并将新的项目符号 ☑ 添加到"项目符号库"中。

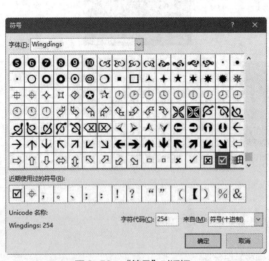

图 3-50　"符号"对话框

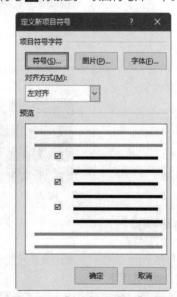

图 3-51　"定义新项目符号"对话框

（2）设置项目列表

选中正文中的小标题文字"树正群海"，单击"开始"选项卡"段落"组"项目符号"按钮旁边的三

角形下拉按钮 ⌄ ，打开"项目符号"下拉菜单，在"项目符号库"中选择项目符号 ☑ ，如图 3-52 所示。

将正文中小标题文字"芦苇海""五花海"也设置为项目列表形式，项目符号选择 ☑ 。

图 3-52 在"项目符号库"中选择项目符号 ☑

适度调整文档中图片的位置，"九寨沟风景区景点介绍"的图文混排效果如图 3-49 所示。

### 6. 保存文档

单击快速访问工具栏中的"保存"按钮 🖫 ，对 Word 文档"九寨沟风景区景点介绍.docx"进行保存操作。

## 【任务 3-9】在 Word 文档中插入一元二次方程的求根公式

### 【任务描述】

利用 Word 提供的公式编辑器在文档中插入一元二次方程的求根公式：

$$x_{1,2} = \frac{-b \pm \sqrt{b^2 - 4ac}}{2a}$$

扫码观看本
任务视频

### 【任务实施】

（1）插入公式编辑框

① 将插入点移至需要插入数学公式的位置。

② 在"插入"选项卡"符号"组单击"公式"按钮，在弹出的下拉菜单中选择"插入新公式"命令，插入公式编辑框，同时显示"公式工具-设计"选项卡。

（2）在公式编辑框中输入一元二次方程的求根公式

① 单击"公式工具-设计"选项卡"结构"组中的"上下标"按钮，在弹出的下拉菜单中选择"下标"按钮 ，在公式编辑框中出现下标编辑框，在两个编辑框中分别输入"$x$"和下标"1,2"。

② 按键盘上的"→"键，使光标由下标恢复为正常光标，再输入"="。

③ 单击"公式工具-设计"选项卡"结构"组中的"分数"按钮，在弹出的下拉菜单中选择"竖式分数"按钮 ，在公式编辑框出现竖式分数编辑框。

④ 在竖式分数编辑框的分子编辑框中输入"$-b$"。

⑤ 单击"公式工具-设计"选项卡"符号"组中的符号按钮 ± ，在编辑框中输入"±"运算符。

⑥ 单击"公式工具-设计"选项卡"结构"组中的"根式"按钮，在弹出的下拉菜单中单击"平方根"按钮 √☐ ，出现平方根编辑框。

⑦ 单击"公式工具-设计"选项卡"结构"组中的"上下标"按钮，在弹出的下拉菜单中选择"上标"按钮 ，在两个编辑框中分别输入"$b$"和上标"2"。

⑧ 按键盘上的"→"键，使光标由上标恢复为正常光标，再输入"－4*ac*"。

⑨ 单击竖式分数编辑框的分母编辑框，然后输入"2*a*"。

公式的最终效果如图 3-53 所示。

$$x_{1,2} = \frac{-b \pm \sqrt{b^2 - 4ac}}{2a}$$

图 3-53　公式的最终效果

⑩ 在"公式"编辑框外单击，完成公式输入。

## 【任务 3-10】在 Word 文档中绘制闸门形状和尺寸标注示意图

### 【任务描述】

利用 Word 提供的各种形状绘制工具，绘制图 3-54 所示的闸门形状和尺寸标注示意图，该示意图包括多种图形，例如直线、箭头、矩形、三角形等。

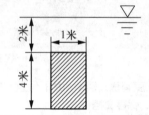

图 3-54　闸门形状和尺寸标注的示意图

### 【任务实施】

#### 1. 绘制图形

单击"插入"选项卡"插图"组的"形状"按钮，在弹出的下拉菜单中单击所需的图形，将光标移动到文档中图形绘制的起始位置，鼠标指针变为十字形状 ✛，按住鼠标左键拖曳鼠标，即可绘制相应的图形。按此方法依次绘制直线、矩形、尺寸标注线、箭头、等腰三角形，绘制的图形如图 3-55 所示。

#### 2. 编辑图形

（1）拖曳图形控制点调整图形的大小

单击选择绘制的图形会出现控制点，矩形的控制点如图 3-56 所示。图形周围的空心小圆控制点用于调整图形大小，上部的箭头控制点用于旋转图形。有些自选图形选中时会出现黄色的圆形控制点，拖曳该控制点可以改变图形的形状。

扫码观看本
任务视频

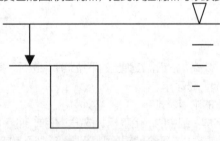

图 3-55　绘制的图形之一　　　　　图 3-56　矩形的控制点

拖曳矩形上下或左右的控制点调整其高度和宽度，拖曳直线两端的控制点调整其长度。

（2）使用"绘图工具-格式"选项卡精确设置图形的大小

单击选择图 3-55 所示的矩形，在"绘图工具-格式"选项卡"大小"组的"高度"数值微调框中输入"1.44 厘米"，在"宽度"数值微调框中输入"0.9 厘米"。

在矩形图形上单击鼠标右键，在弹出的快捷菜单中选择"设置形状格式"命令，在弹出的"设置形状格式"窗格中展开"填充"组，选择"图案填充"单选按钮，然后在"图案"区域选择"对角线：浅色上对角"图案，如图 3-57 所示。

在"线条"组选择"实线"单选按钮，在"宽度"数值微调框中输入"1.5 磅"，在"复合类型"下拉列表框中选择"单线"，在"短划线类型"下拉列表框中选择"实线"，设置矩形的边框线条，如图3-58所示。

在"绘图工具-格式"选项卡"大小"组中将图3-55所示的小三角形的高度设置为"0.28 厘米"，宽度设置为"0.32 厘米"，将该三角形下方的 4 条线段的长度分别设置为"3.2 厘米""0.5 厘米""0.3 厘米"和"0.15 厘米"，将矩形的尺寸标注线段长度设置为"0.7 厘米"，将矩形与长线段之间的距离标注线段长度设置为"1 厘米"。

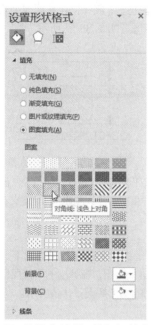

图 3-57　选择"对角线：浅色上对角"图案

图 3-58　设置矩形的边框线条

### 3. 调整图形位置

（1）利用键盘方向键调整图形对齐

选择图形，按"←"键或"→"键调整图形的左右位置，按"↑"键或"↓"键调整图形的上下位置。如果按住"Ctrl"键的同时按方向键，可以实现微调。

（2）拖曳鼠标移动图形

先选择图形，然后按住鼠标左键拖曳，改变图形的位置。

### 4. 对齐图形

利用图 3-59 所示的"绘图工具-格式"选项卡"排列"组的"对齐"下拉菜单可以精确对齐图形。

（1）选中多个图形

【方法 1】单击"开始"选项卡"编辑"组的"编辑"按钮，在其下拉菜单中单击"选择"按钮，在弹出的下拉菜单中选择"选择对象"命令，移动鼠标指针到待选择的图形区域，鼠标指针变为形状，按住鼠标左键由左上至右下或者由右上至左下拖曳鼠标，此时会出现一个线框，当所选图形全部位于线框内，则松开鼠标左键，选中多个图形。

【方法 2】按住"Shift"键或"Ctrl"键，依次单击需要选中每一个图形。

图 3-59　"对齐"下拉菜单

（2）多个图形等距分布

选择小三角形下方的 4 条线段，单击"绘图工具-格式"选项卡"排列"组的"对齐"按钮，在弹出的下拉菜单中选择"纵向分布"命令，使四条线段等距分布。

选择小三角形以及下方 3 条短线段，在"对齐"下拉菜单中选择"水平居中"命令，使小三角形和下方的 3 条短线段居中对齐。

选择矩形及尺寸标注线，然后设置"顶端对齐"，绘制的图形如图 3-60 所示。

参考图 3-54，补齐其他的尺寸线和尺寸标注线，并调整其位置。将单向箭头修改为双向箭头，并设置箭头的始端样式和末端样式、始端大小和末端大小，绘制的图形如图 3-61 所示。

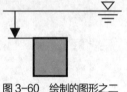

图 3-60　绘制的图形之二

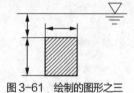

图 3-61　绘制的图形之三

### 5. 图形中添加文字与设置文字格式

在图 3-61 所示尺寸标注线的旁边先插入一个文本框，然在该文本框输入"4 米"，设置文本框内文字的字号为"小五"，水平居中对齐。设置该文本框的高度和宽度为"0.5 厘米"，设置文本框边框为"无线条"。设置文本框的内部边距为 0。

### 6. 叠放图形

为了避免尺寸文本框遮住尺寸线，可以将尺寸文本框置于底层，即位于尺寸线之下。选择尺寸文本框，单击"绘图工具-格式"选项卡"排列"组中的"下移一层"按钮，在弹出的下拉菜单中选择"置于底层"命令，如图 3-62 所示，将尺寸文本框置于底层，绘制的图形如图 3-63 所示。

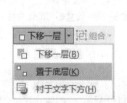

图 3-62　设置叠放次序的下拉菜单

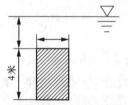

图 3-63　绘制的图形之四

复制已设置好的尺寸文本框，在其他 2 个尺寸标识线位置粘贴，并将文本框内的内容修改为"2 米"和"1 米"，最终效果如图 3-54 所示。

### 7. 组合图形

选择需要组合的多个图形，单击"绘图工具-格式"选项卡"排列"组的"组合"按钮，在弹出的下拉菜单中选择"组合"命令。

组合对象后不能对其中的单个图形进行操作，但是可以编辑和设置各个图形的文字。如果要对组合对象中的单个图形进行操作，必须先执行"取消组合"操作，即先选择组合对象，然后在"组合"下拉菜单中选择"取消组合"命令，或者在组合对象上单击鼠标右键，在弹出的快捷菜单中选择"组合"→"取消组合"命令。

### 8. 修饰图形

（1）设置图形填充颜色

先选定图形，单击"绘图工具-格式"选项卡"形状样式"组的"形状填充"按钮，在弹出的下拉菜单中选择需要的填充颜色。

（2）设置图形线条颜色

先选定图形，单击"绘图工具-格式"选项卡"形状样式"组的"形状轮廓"按钮，在弹出的下拉菜单中选择需要的线条颜色。

（3）设置图形的阴影样式

先选定图形，单击"绘图工具-格式"选项卡"形状样式"组的"形状效果"按钮，弹出其下拉菜单，在"阴影"级联选项中选择需要的阴影样式。

（4）设置图形的三维旋转样式

先选定图形，单击"绘图工具-格式"选项卡"形状样式"组的"形状效果"按钮，弹出其下拉菜单，在"三维旋转"级联选项中选择需要的三维旋转样式。

# 3.9 Word 2016 批量制作文档

实际工作中经常需要批量制作文档，如制作邀请函、名片卡、通知、请柬、信件封面、函件、准考证、成绩单等文档，这些文档中主要文本内容和格式基本相同，只是部分数据有变化。为了减少重复劳动，Word 2016 提供了邮件合并功能，有效地解决了这一问题。

在批量制作格式相同、只修改少数相关内容而其他内容不变的文档时，我们可以灵活运用 Word 2016 邮件合并功能。邮件合并不仅操作简单，还可以设置各种格式，打印效果又好，可以满足不同客户的不同需求，具有很强的实用性。

## 3.9.1 初识"邮件合并"

什么是"邮件合并"呢？为什么要在"合并"前加上"邮件"一词呢？其实"邮件合并"这个名称最初是在批量处理"邮件文档"时提出的。具体地说就是在邮件文档（主文档）的固定内容中，合并与发送信息相关的一组通信地址资料（数据源有 Excel 表、Access 数据表等），批量生成需要的邮件文档，从而大大提高工作的效率，"邮件合并"因此而得名。

显然，"邮件合并"功能除了可以批量处理信函、信封等与邮件相关的文档外，还可以轻松地批量制作标签、工资条、成绩单等。

我们通过分析一些用"邮件合并"完成的任务可知，"邮件合并"功能一般在以下情况下使用：一是需要制作的文档数量比较大；二是这些文档内容分为固定不变的内容和变化的内容，例如信封上的寄信人地址和邮政编码、信函中的落款等，这些都是固定不变的内容；而收信人的姓名、称谓、地址、邮政编码等就属于变化的内容。其中变化的部分由数据表中含有标题行的数据记录表示，通常存储在 Excel 工作表中或数据库的数据表中。

什么是含有标题行的数据记录表呢？通常这样的数据表由字段列和记录行构成，字段列规定该列存储的信息，每条记录行存储着一个对象的相应信息。例如"客户信息"表中包含"客户姓名"字段，每条记录则存储着每个客户的相应信息。

## 3.9.2 邮件合并的主要过程

借助 Word 提供的"邮件合并"功能，可以轻松、准确、快速地完成制作大量信函、信封或者工资条的任务，其主要过程如下。

（1）建立主文档

"主文档"就是固定不变的主体内容，例如给不同收信人的信函中的落款都是不变的内容。使用邮件合并之前先建立主文档，是一个很好的习惯。一方面可以考查预计的工作是否适合使用邮件合并，另一方面主文档的建立，为数据源的建立或选择提供了标准和思路。

（2）准备好数据源

数据源就是含有标题行的数据记录表，其中包含着相关的字段和记录内容。数据源表格可以是 Word、Excel、Access 或 Outlook 中的联系人记录表。

在实际工作中，数据源通常是现成存在的，例如你要制作大量客户信封，多数情况下，客户信息可能早已做成了 Excel 表格，其中含有制作信封需要的"姓名""地址""邮政编码"等字段。在这种情况下，直接拿过来使用就可以了，而不必重新制作。也就是说，在准备自己建立数据源之前要先考查一下，是否有现成的可用，如果没有现成的则要根据主文档对数据源的要求，使用 Word、Excel、Access 建立。实际工作时，常常使用 Excel 制作数据源。

（3）把数据源合并到主文档中

前面两个步骤都完成之后，就可以将数据源中的相应字段合并到主文档的固定内容之中了，表格中的记录行数，决定着主文件生成的份数。

利用图 3-64 所示的"邮件"选项卡的各项命令完成邮件合并的相关操作。

图 3-64　"邮件"选项卡

理解了邮件合并的基本过程，就抓住了邮件合并的"纲"，以后就可以有条不紊地运用邮件合并功能完成实际任务了。

## 【任务 3-11】利用邮件合并功能制作并打印研讨会请柬

### 【任务描述】

以 Word 文档"请柬.docx"作为主文档，以同一文件夹中的 Excel 文档"邀请单位名单.xlsx"作为数据源，使用 Word 的邮件合并功能制作研讨会请柬，其中"联系人姓名"和"称呼"利用邮件合并功能动态获取。要求插入 2 个域的主文档外观如图 3-65 所示，然后打印请柬。

### 【任务实施】

#### 1. 创建主文档

创建并保存"请柬.docx"作为邮件合并的主文档。

#### 2. 建立数据源

在 Excel 中建立作为数据源的 Excel 工作簿"邀请单位名单.xlsx"，输入序号、单位名称、联系人姓名、称呼等数据，保存备用。

#### 3. 实现邮件合并

① 打开 Word 文档"请柬.docx"。

② 单击"邮件"选项卡"开始邮件合并"组的"开始邮件合并"按钮，在弹出的下拉菜单中选择"邮件合并分步向导"命令，如图 3-66 所示。弹出"邮件合并"窗格，如图 3-67 所示。

图 3-65　插入 2 个域的主文档外观

扫码观看本
任务视频

图 3-66　选择"邮件合并分步向导"命令

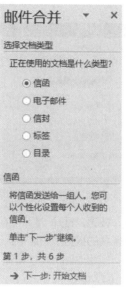

图 3-67　"邮件合并"窗格

③ 在"邮件合并"窗格"选择文档类型"单选按钮组中，选择"信函"单选按钮，然后单击"下一步：开始文档"，进入"选择开始文档"步骤。由于事前准备好了所需的 Word 文档，这里直接选择默认项"使用当前文档"单选按钮，如图 3-68 所示。单击"下一步：选择收件人"，进入"选择收件人"步骤，如图 3-69 所示。

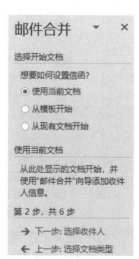

图 3-68　选择默认项"使用当前文档"

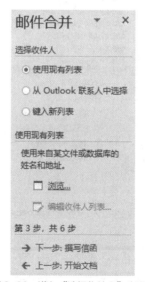

图 3-69　进入"选择收件人"步骤

④ 由于事前准备好了所需的 Excel 工作簿即数据源电子表格，所以在"选择收件人"区域选择"使用现有列表"单选按钮即可。如果没有数据源，可以在此新建列表。单击"使用现有列表"下方的"浏览"超链接，打开"选取数据源"对话框，如图 3-70 所示，在该对话框中选择现有的 Excel 工作簿"邀请单位名单.xlsx"。

单击"打开"按钮，打开"选择表格"对话框，如图 3-71 所示，选择"Sheet1$"表格。

图 3-70　"选取数据源"对话框　　　　　　　　　　图 3-71　"选择表格"对话框

单击"确定"按钮，打开"邮件合并收件人"对话框，如图 3-72 所示，在该对话框中选择所需的"收件人"，对不需要的数据取消选中状态即可。

单击"确定"按钮返回"邮件合并"窗格，在该窗格"使用现有列表"区域显示当前的收件人选自的列表，如图 3-73 所示。

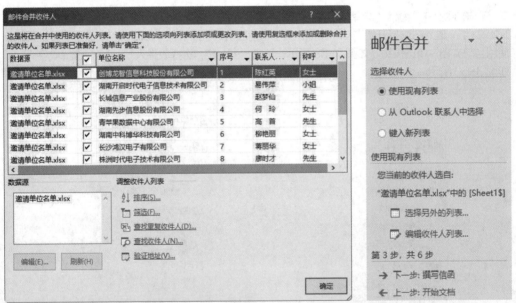

图 3-72　"邮件合并收件人"对话框　　　　　　图 3-73　在"邮件合并"窗格中显示当前的
收件人选自的列表

⑤ 在"邮件合并"窗格中单击"下一步：撰写信函"，进入"撰写信函"步骤，如图 3-74 所示。

⑥ 将插入点定位到主文档中插入域的位置，在"撰写信函"区域单击"其他项目"，弹出"插入合并域"对话框。在"域"列表框中选择"联系人姓名"，如图 3-75 所示，然后单击"插入"按钮，在主文档光标位置插入域"联系人姓名"。接着关闭"插入合并域"对话框。

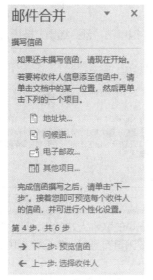

图 3-74　进入"撰写信函"步骤　　图 3-75　在"域"列表框中选择"联系人姓名"

将插入点定位到主文档中插入域"联系人姓名"之后，单击"邮件"选项卡"编写与插入域"组的"插入合并域"按钮，在弹出的下拉菜单中选择"称呼"选项，如图 3-76 所示，在主文档光标位置插入域"称呼"。

⑦ 单击"下一步：预览信函"，进入"预览信函"步骤，如图 3-77 所示。

在该窗格中单击"下一个"按钮 ▷▷ 可以在主文档中查看下一个收件人信息，单击"上一个"按钮 ◁◁ 可以在主文档中查看上一个收件人信息。

在该窗格中也可以单击"查找收件人"，打开"查找条目"对话框，并在该对话框中选择域预览信函，还可以编辑收件人列表等。

⑧ 单击"下一步：完成合并"，进入"完成合并"步骤，如图 3-78 所示，至此完成了邮件合并操作，关闭"邮件合并"窗格即可。

图 3-76　在"插入合并域"下拉菜单中选择"称呼"选项

图 3-77　进入"预览信函"步骤　　图 3-78　进入"完成合并"步骤

#### 4. 预览文档

邮件合并操作完成后，在"邮件"选项卡"预览结果"组单击"预览结果"按钮，如图 3-79 所示，进入预览状态。

然后单击"下一记录"按钮，预览第 2 条记录，如图 3-80 所示。

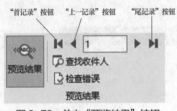

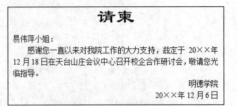

图 3-79　单击"预览结果"按钮　　　　　　图 3-80　预览第 2 条记录

还可以单击"上一记录"按钮查看当前记录的前一条记录的联系人姓名和称呼，单击"首记录"按钮查看第 1 条记录的联系人姓名和称呼，单击"尾记录"按钮查看最后一条记录的联系人姓名和称呼。

#### 5. 合并到新文档

单击"邮件"选项卡"完成"组的"完成并合并"按钮，在弹出的下拉菜单中选择"编辑单个文档"命令，如图 3-81 所示。在打开的"合并到新文档"对话框中选择"全部"单选按钮，如图 3-82 所示，然后单击"确定"按钮。

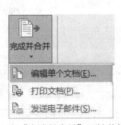

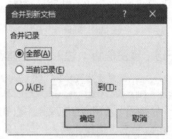

图 3-81　在"完成并合并"下拉菜单中选择　　图 3-82　在"合并到新文档"对话框中选择
　　　　"编辑单个文档"命令　　　　　　　　　　　"全部"单选按钮

此时会自动生成一个新文档，该文档包括数据源"邀请单位名单.xlsx"中所有被邀请对象的请柬信息。单击"保存"按钮，以名称"所有请柬"保存新文档，文档效果如图 3-83 所示。

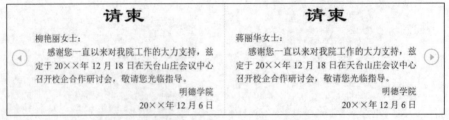

图 3-83　"所有请柬.docx"文档效果

#### 6. 打印文档

单击"邮件"选项卡"完成"组的"完成并合并"按钮，在弹出的下拉菜单中选择"打印文档"命令，打开"合并到打印机"对话框。

> **说明**　　在图 3-78 所示的"邮件合并"窗格"完成合并"界面中，单击"打印"超链接，也可以打开"合并到打印机"对话框。

在"合并到打印机"对话框中选择需要打印的记录，这里选择"全部"单选按钮，如图 3-84 所示。然后单击"确定"按钮，打开"打印"对话框，如图 3-85 所示。在该对话框进行必要的设置后，单击"确定"按钮开始打印请柬。

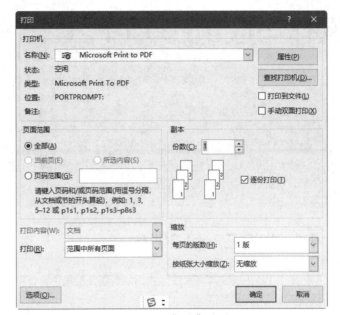

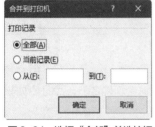

图 3-84　选择"全部"单选按钮　　　　　　　图 3-85　"打印"对话框

# 模块4
# 操作与应用Excel 2016

# 04

Excel 2016 具有计算功能强大、使用方便、智能性较强等优点。它不仅可以制作各种精美的电子表格和图表，还可以对表格中的数据进行分析和处理，是提高办公效率的得力工具，被广泛应用于财务、金融、统计、人事、行政管理等领域。

## 4.1 初识 Excel 2016

Excel 在我们日常的学习和生活中扮演着重要的角色。在学习使用这个软件之前，我们必须先了解一下其基本组成和主要功能。

### 4.1.1 Excel 2016 窗口的基本组成及其主要功能

**1. Excel 2016 窗口的基本组成**

Excel 2016 启动成功后，屏幕上会出现 Excel 2016 窗口，该窗口主要由标题栏、快速访问工具栏、功能区、编辑栏、工作表、行号、列标、滚动条、状态栏等元素组成，如图 4-1 所示。

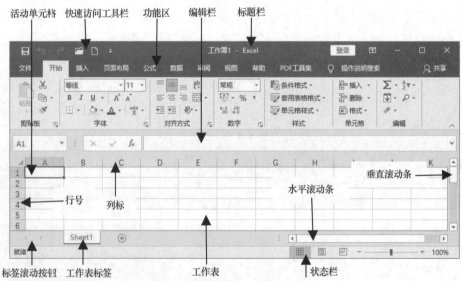

图 4-1　Excel 2016 窗口的基本组成

**2. Excel 2016 窗口组成元素的主要功能**

熟悉电子活页中的内容，掌握 Excel 2016 窗口的各个组成元素的主要功能。

### 4.1.2　Excel 的基本工作对象

#### 1. 工作簿

Excel 的文件形式是工作簿，一个工作簿即为一个 Excel 文件，平时所说的 Excel 文件实际上是指 Excel 工作簿，创建新的工作簿时，系统默认的名称为"工作簿 1"，这也是 Excel 的文件名，工作簿的扩展名为"xlsx"，工作簿模板文件的扩展名是"xltx"。

工作簿窗口是用户的工作区，以工作表的形式提供给用户一个工作界面。

一本会计账簿有很多页，每一页都是记账表格，表格包括多行或多列。工作簿与会计账簿一样，一个工作簿可以包含多个工作表，工作表用于存储表格或图表，每个工作表包含多行和多列，行或列包含多个单元格。

#### 2. 工作表

工作表是工作簿文件的组成部分，由行和列组成，又称为电子表格，是存储和处理数据的区域，是用户主要操作对象。

单击工作表标签左侧的滚动按钮，可以查看第一个、前一个、后一个和最后一个工作表。

#### 3. 单元格

工作表中行、列交叉处的长方形称为单元格，它是工作表中用于存储数据的基本单元。每个单元格有一个固定的地址，地址编号由"列标"和"行号"组成，例如 A1、B2、C3 等。单元格区域是指多个单元格组成的矩形区域，其表示方法是由左上角单元格和右下角单元格加":"组成的，例如"A1:C5"表示从 A1 单元格到 C5 单元格之间的矩形区域。

#### 4. 行

由行号相同、列标不同的多个单元格组成行。

#### 5. 列

由列标相同、行号不同的多个单元格组成列。

#### 6. 当前工作表（活动工作表）

正在操作的工作表称为当前工作表，也称为活动工作表，当前工作表标签为白色，其名称字体颜色为绿色，标签底部有一横线，用以区别于其他工作表，创建新工作簿时系统默认名为"Sheet1"的工作表为当前工作表。单击工作表标签可以切换当前工作表。

#### 7. 活动单元格

活动单元格是指当前正在操作的单元格，与其他非活动单元格的区别是活动单元格呈现为粗线边框 ▭。它的右下角处有一个小黑方块，称为填充柄。活动单元格是工作表中数据编辑的基本单元。

## 4.2　Excel 2016 的基本操作

### 4.2.1　启动与退出 Excel 2016

#### 【操作 4-1】启动与退出 Excel 2016

熟悉电子活页中的内容，选择合适的方法完成启动 Excel 2016、退出 Excel 2016 等操作。

### 4.2.2　Excel 工作簿基本操作

#### 【操作 4-2】Excel 工作簿基本操作

熟悉电子活页中的内容，选择合适的方法完成以下各项操作。

**1. 创建 Excel 工作簿**

启动 Excel 2016 时，创建一个新 Excel 工作簿。

**2. 保存 Excel 工作簿**

在新工作簿的工作表"Sheet1"中，输入标题"小组考核成绩"，然后将新创建的工作簿以名称"【操作 4-2】Excel 工作簿基本操作"保存，保存位置为"模块 4"。

**3. 关闭 Excel 工作簿**

关闭 Excel 工作簿"【操作 4-2】Excel 工作簿基本操作.xlsx"。

**4. 打开 Excel 工作簿**

再一次打开 Excel 工作簿"【操作 4-2】Excel 工作簿基本操作.xlsx"，然后退出 Excel 2016。

### 4.2.3　Excel 工作表基本操作

在 Excel 2016 中，默认情况下一个工作簿包括 1 个工作表，可以插入、删除多个工作表，还可以对工作表进行复制、移动和重命名等操作。

## 【操作 4-3】Excel 工作表基本操作

选择合适的方法完成以下各项操作。

**1. 插入工作表**

启动 Excel 2016 时，创建并保存 Excel 工作簿"【操作 4-3】Excel 工作表基本操作.xlsx"。

在该工作簿默认工作表"Sheet1"右侧添加两个工作表"Sheet2"和"Sheet3"。

**2. 复制与移动工作表**

在 Excel 工作簿"【操作 4-3】Excel 工作表基本操作.xlsx"中复制工作表"Sheet2"，然后将工作表"Sheet2"移动到工作表"Sheet3"右侧。

**3. 选定工作表**

完成选定单个工作表、选定多个工作表、选定全部工作表等操作。

**4. 切换工作表**

完成切换工作表的操作。

**5. 重命名工作表**

在 Excel 工作簿"【操作 4-3】Excel 工作表基本操作.xlsx"中，将工作表"Sheet1"重命名为"第 1 次考核成绩"，将工作表"Sheet2"重命名为"第 2 次考核成绩"。

**6. 删除工作表**

在 Excel 工作簿"【操作 4-3】Excel 工作表基本操作.xlsx"中，删除工作表"Sheet3"。

**7. 数据查找与替换**

打开 Excel 工作簿"客户通信录.xlsx"，在工作表"Sheet1"中查找"长沙市""数据中心"，将"187号"替换为"188 号"。

### 4.2.4　工作表窗口基本操作

**1. 拆分工作表窗口**

Excel 允许将工作表分区。如果在滚动工作表时需要始终显示某一列或某一行的标题，可以拆分工作表窗口，从而实现在一个工作区域内滚动工作表时，在另一个分割区域中显示标题。

单击"视图"选项卡"窗口"组的"拆分"按钮，窗口即可分为 2 个垂直窗口和 2 个水平窗口，如图 4-2 所示。拆分的窗口拥有各自的垂直和水平滚动条，当拖曳其中一个滚动条时，只有一个窗口中的数据滚动，如果需要调整已拆分的区域，拖曳拆分栏即可。

图 4-2　拆分窗口

### 2. 冻结工作表窗口

如果需要让工作表中的某些部分固定不动，则可以使用"冻结窗格"命令。可以先将窗口拆分，也可以冻结工作表标题。如果在冻结窗格之前拆分窗口，窗口将冻结在拆分位置，而不是冻结在活动单元格位置。

如果要冻结第 1 行的水平标题或第 1 列的垂直标题，则单击"视图"选项卡"窗口"组的"冻结窗格"按钮，在弹出的下拉菜单中选择"冻结首行"或"冻结首列"命令即可，如图 4-3 所示。冻结了某一标题之后，可以任意滚动标题下方的行或标题右边的列，而标题固定不动，这对操作一个有很多行或列的工作表很方便。

如果要将第 1 行的水平标题和第 1 列的垂直标题都冻结，那么选定第 2 行第 2 列的单元格，然后在"冻结窗格"下拉菜单中选择"冻结窗格"命令，则单元格上方所有的行和左侧所有的列都被冻结。

### 3. 取消拆分和冻结

如果要取消对窗口的拆分，单击"视图"选项卡"窗口"组的"拆分"按钮使其变回取消选中状态即可。

如果要取消对标题或拆分区域的冻结，则可以单击"视图"选项卡"窗口"组的"冻结窗格"按钮，在弹出的下拉菜单中选择"取消冻结窗格"命令，如图 4-4 所示。

图 4-3　选择"冻结首行"或"冻结首列"命令　　图 4-4　在"冻结窗格"下拉菜单中选择
"取消冻结窗格"命令

## 4.2.5　Excel 行与列基本操作

### 【操作 4-4】Excel 行与列基本操作

熟悉电子活页中的内容，选择合适的方法完成选定行、选定列、插入行与列、复制整行与整列、移动整行与整列、删除整行与整列、调整行高、调整列宽等操作。

### 4.2.6　Excel 单元格基本操作

### 【操作 4-5】Excel 单元格基本操作

　　熟悉电子活页中的内容，选择合适的方法完成选定单元格、选定单元格区域、插入单元格、复制单元格、移动单元格、移动单元格数据、复制单元格数据、删除单元格、撤销和恢复等操作。

### 【任务 4-1】Excel 工作簿"企业通信录.xlsx"的基本操作

**【任务描述】**

　　① 打开 Excel 工作簿"企业通信录.xlsx"，然后将其另存为"企业通信录 2.xlsx"。

　　② 在工作表"Sheet1"之前插入新工作表"Sheet2"和"Sheet3"，将工作表"Sheet2"移到工作表"Sheet3"的右侧。

　　③ 将工作表"Sheet1"重命名为"企业通信录"。

　　④ 将工作表"Sheet2"删除。

　　⑤ 在工作表"企业通信录"序号为 4 的行下面插入一行。删除新插入的行。

　　⑥ 在标题为"联系人"的列的左侧插入一列。删除新插入的列。

　　⑦ 打开 Excel 工作簿"企业通信录 2.xlsx"，在企业名称为"鹰拓国际广告有限公司"的单元格上方插入 1 个单元格，然后删除新插入的单元格。

　　⑧ 将企业名称为"鹰拓国际广告有限公司"的单元格复制到单元格 B12 的位置。

扫码观看本
任务视频

**【任务实施】**

**1. 打开 Excel 工作簿"企业通信录.xlsx"**

　　① 启动 Excel 2016。

　　② 选择左下方的"打开其他工作簿"超链接，显示"打开"界面，单击"浏览"按钮，弹出"打开"对话框，在该对话框中选中待打开的 Excel 工作簿"企业通信录.xlsx"。接着单击"打开"按钮即可打开 Excel 工作簿。

**2. 将 Excel 工作簿"企业通信录.xlsx"另存为"企业通信录 2.xlsx"**

　　打开 Excel 工作簿"企业通讯录.xlsx"后，单击"文件"选项卡，显示"信息"界面，选择"另存为"命令，显示"另存为"界面，单击"浏览"按钮，弹出"另存为"对话框，在该对话框的"文件名"列表框中输入"企业通信录 2.xlsx"，然后单击"保存"按钮。

**3. 插入与移动工作表**

　　① 选定工作表"Sheet1"，然后单击"开始"选项卡"单元格"组的"插入"按钮，在其下拉菜单中选择"插入工作表"命令，即可在工作表"Sheet1"之前插入一个新工作表"Sheet2"。以同样的方法再次插入一个新工作表"Sheet3"。

　　② 选定工作表标签"Sheet2"，然后按住鼠标左键将其拖曳到工作表"Sheet3"的右侧。

**4. 工作表的重命名**

　　双击工作表标签"Sheet1"，"Sheet1"变为选中状态时，直接输入新的工作表标签名称"企业通信录"，确定名称无误后按"Enter"键即可重命名工作表。

**5. 删除工作表**

　　在工作表"Sheet2"标签位置单击鼠标右键，在弹出的快捷菜单中选择"删除"命令即可删除该工作表。

**6. 插入与删除行**

　　① 在工作表"企业通信录"中序号为 5 的行中选定一个单元格。

　　② 单击"开始"选项卡"单元格"组的"插入"按钮，在其下拉菜单中选择"插入工作表行"命令，

在选中的单元格的上边插入新的一行。

③ 单击选中新插入的行，单击"开始"选项卡"单元格"组的"删除"按钮，在其下拉菜单中选择"删除工作表行"命令，选定的行将被删除，其下方的行自动上移一行。

**7. 插入与删除列**

① 在标题为"联系人"的列中选定一个单元格。

② 单击"开始"选项卡"单元格"组的"插入"按钮，在其下拉菜单中选择"插入工作表列"命令，在选中单元格的左边插入新的一列。

③ 先选中新插入的列，然后单击"开始"选项卡"单元格"组的"删除"按钮，在其下拉菜单中选择"删除工作表列"命令，选定的列将被删除，其右侧的列自动左移一列。

**8. 插入与删除单元格**

① 选择企业名称为"鹰拓国际广告有限公司"的单元格。

② 单击鼠标右键，在弹出的快捷菜单中选择"插入"命令，打开"插入"对话框。

③ 在"插入"对话框中选择"活动单元格下移"单选按钮。

④ 单击"确定"按钮，则在选中单元格上方插入新的单元格。

⑤ 先选中新插入的单元格，再单击鼠标右键，在弹出的快捷菜单中选择"删除"命令，弹出"删除"对话框，在该对话框中选择"下方单元格上移"单选按钮，单击"确定"按钮，即可完成时单元格的删除操作。

**9. 复制单元格数据**

① 选定企业名称为"鹰拓国际广告有限公司"的单元格。

② 移动鼠标指针到选定单元格的边框处，鼠标指针呈空心箭头时，按住"Ctrl"键的同时按住鼠标左键拖曳鼠标到单元格 B12，松开鼠标左键即可。

# 4.3 在 Excel 2016 中输入与编辑数据

在工作表中输入与编辑数据是 Excel 最基本的操作。选定要输入数据的单元格后即可开始输入数字或文字，按"Enter"键确认所输入的内容，活动单元格自动下移一格。也可以按"Tab"键确认所输入的内容，活动单元格自动右移一格。如果在按下"Enter"键之前，按"Esc"键，则可以取消输入的内容，如果已经按"Enter"键确认了，则可以单击快速访问工具栏中的"撤销"按钮撤销操作。

在单元格中输入数据时，其输入的内容同时也显示在编辑栏的编辑框中，因此也可以在编辑框中向活动单元格输入数据。当在编辑框中输入数据时，编辑栏左侧显示出"输入"按钮 ✓ 和"取消"按钮 ✗，单击"输入" ✓ 按钮，将编辑栏中数据输入当前单元格中；单击"取消"按钮 ✗，则取消输入的操作。

## 4.3.1 输入文本数据

在 Excel 中，文本是指当作字符串处理的数据，包括汉字、字母、数字字符、空格及各种符号。邮政编码、身份证号码、电话号码、存折编号、学号、职工编号之类的纯数字形式的数据，也视为文本数据。

对于一般的文本数据，直接选定单元格输入即可。对于纯文本形式的数字数据，例如邮政编码、身份证号，应先输入半角单引号"'"，然后输入对应的数字，表示所输入的数字作为文本处理，不可以参与求和之类的数学计算。

默认状态下，单元格中输入的文本数据左对齐显示。当文本数据宽度超过单元格的宽度时，如果其右侧单元格内没有数据，则单元格的内容会扩展到右侧的单元格内显示；如果其右侧单元格内有数据，则输入结束后，单元格内的文本数据被截断显示，但内容并没有丢失，选定单元格后，完整的内容即显示在编辑框中。

当单元格内的文本内容比较长时，可以按 "Alt+Enter" 组合键完成在单元格内换行的操作，此时单元格的高度自动增加，以容纳多行文本。通过设置单元格的格式也可以实现单元格的自动换行。

### 4.3.2 输入数值数据

**1. 输入数字字符**

在单元格中可以直接输入整数、小数和分数。

**2. 输入数学符号**

单元格中除了可以输入 0~9 的数字字符，也可以输入以下数学符号。

① 正负号："+""–"。

② 货币符号："¥""$""€"。

③ 左右括号："(""）"。

④ 分数线 "/"、千位分隔符 ","、小数点 "." 和百分号 "%"。

⑤ 指数标识 "E" 和 "e"。

**3. 输入特殊形式的数值数据**

（1）输入负数

输入负数可以直接输入负号 "–" 和数字，也可以输入带括号的数字，例如输入 "(100)"，在单元格中显示的是 "–100"。

（2）输入分数

输入分数时，应在分数前加 "0" 和一个空格，例如输入 "1/2" 时，应在单元格输入 "0  1/2"，在单元格中显示的是 "1/2"。

**注意** 如果输入分数时，在分数前不加限制或只加 "0"，则输出的结果为日期，即 "1/2" 变成 "1 月 2 日" 的形式。如果在分数前只加 1 个空格，则输出的分数为文本形式的数字。

（3）输入多位的长数据

输入多位的长数据时，一般带千位分隔符 "," 输入，但在编辑栏中显示的数据没有千位分隔符 ","。输入数据的位数较多时，一般情况下单元格中数据自动显示成科学计数法的形式。

无论在单元格中输入数值时显示的位数是多少，Excel 只保留 15 位的精度，如果数值长度超出了15 位，Excel 将多余的数字显示为 "0"。

### 4.3.3 输入日期和时间

输入日期时，按照年、月、日的顺序输入，并且使用斜杠（/）或连字符（–）分隔表示年、月、日的数字。输入时间时按照时、分、秒的顺序输入，并且使用半角冒号（:）分隔表示时、分、秒的数字。在同一单元格同时输入日期和时间时，必须使用空格分隔。

输入当前系统日期时可以按 "Ctrl+;" 组合键，输入当前系统时间时可以按 "Ctrl+Shift+;" 组合键。

单元格中日期或时间的显示形式取决于所在单元格的数字格式。如果输入了 Excel 可以识别的日期或时间数据，单元格格式会从 "常规" 数字格式自动转换为内置的日期或时间格式，对齐方式默认为右对齐。如果输入了 Excel 不能识别的日期或时间，输入的内容将被视为文本数据，在单元格中左对齐。

### 4.3.4　设置数据有效性

#### 【操作 4-6】在 Excel 工作表中设置数据有效性

熟悉电子活页中的内容，选择合适方法完成以下各项操作。

打开 Excel 工作簿"输入有效数据.xlsx"。将数据输入的限制条件设置为：最小值为 0，最大值为 100。将提示信息标题设置为"输入成绩时："，将提示信息内容设置为"必须为 0 ~ 100 之间的整数"。

如果在设置了数据有效性的单元格中输入不符合限定条件的数据，就会弹出"警告信息"对话框，该对话框标题设置为"不能输入无效的成绩"，提示信息设置为"请输入 0 ~ 100 之间的整数"。

### 4.3.5　自动填充数据

#### 【操作 4-7】在 Excel 工作表中自动填充数据

熟悉电子活页中的内容，打开 Excel 工作簿"技能竞赛成绩统计.xlsx"，完成复制填充、鼠标拖曳填充、自动填充序列等操作。

### 4.3.6　自定义填充序列

#### 【操作 4-8】在 Excel 中自定义填充序列

熟悉电子活页中的内容，创建并打开 Excel 工作簿"技能竞赛抽签序号.xlsx"，在工作表"Sheet1"第 1 列输入序号数据"1、2、3、4"，第 2 列输入序列数据"A1、A2、A3、A4"，然后完成工作表中已有的序列，将已有的序列添加为自定义序列、删除自定义序列、定义新序列等。

### 4.3.7　编辑工作表中的内容

#### 1. 编辑单元格中的内容
① 将插入点定位到单元格或编辑栏中。

【方法 1】将鼠标指针 ✛ 移至待编辑内容的单元格上，双击鼠标左键或者按"F2"键即可进入编辑状态，在单元格内鼠标指针变为Ⅰ形状。

【方法 2】将鼠标指针移到编辑栏的编辑框中单击。

② 对单元格或编辑框中的内容进行修改。

③ 确认修改的内容。按"Enter"键确认所做的修改。如果按"Esc"键则取消所做的修改。

#### 2. 清除单元格或单元格区域
清除单元格，只是删除单元格中的内容、格式或批注，清除内容后的单元格仍然保留在工作表中。而删除单元格时，会从工作表中移去单元格，并调整周围单元格填补删除的空缺。

【方法 1】先选定需要清除的单元格，再按"Delete"键或"Backs pace"键，只清除单元格的内容，而保留该单元格的格式和批注。

【方法 2】选定需要清除的单元格或单元格区域，单击"开始"选项卡"编辑"组的"清除"按钮，弹出图 4-5 所示的下拉菜单，在该下拉菜单中选择"全部清除""清除格式""清除内容""清除批注"或"清除超链接"命令，可以分别清除单元格或单元格区域中的全部信息（包括内容、格式、批注和超链接）。

图 4-5　"清除"下拉菜单

## 【任务 4-2】在 Excel 工作簿中输入与编辑"客户通信录 1"的数据

扫码观看本
任务视频

### 【任务描述】

创建 Excel 工作簿"客户通信录 1.xlsx"，在该工作表"Sheet1"中输入图 4-6 所示的"客户通信录 1"的数据。要求"序号"列数据"1~8"使用鼠标拖曳填充方法输入，"称呼"列第 2 行到第 9 行的数据先使用命令方式复制填充，内容为"先生"，然后修改部分称呼不是"先生"的数据，E7、E8 两个单元格中的"女士"文字使用鼠标拖曳方式复制填充。

| | A | B | C | D | E | F | G |
|---|---|---|---|---|---|---|---|
| 1 | 序号 | 客户名称 | 通信地址 | 联系人 | 称呼 | 联系电话 | 邮政编码 |
| 2 | 1 | 蓝思科技（湖南）有限公司 | 湖南浏阳长沙生物医药产业基地 | 蒋鹏飞 | 先生 | 83285××× | 410311 |
| 3 | 2 | 高斯贝尔数码科技股份有限公司 | 湖南郴州苏仙区高斯贝尔工业园 | 谭琳 | 女士 | 82666××× | 413000 |
| 4 | 3 | 长城信息产业股份有限公司 | 湖南长沙经济技术开发区东三路5号 | 赵梦仙 | 先生 | 84932××× | 410100 |
| 5 | 4 | 湖南宏梦卡通传播有限公司 | 长沙经济技术开发区贺龙体校路27号 | 彭运泽 | 先生 | 58295××× | 411100 |
| 6 | 5 | 青苹果数据中心有限公司 | 湖南省长沙市青竹湖大道399号 | 高首 | 先生 | 88239××× | 410152 |
| 7 | 6 | 益阳搜空高科软件有限公司 | 益阳高新区迎宾西路 | 文云 | 女士 | 82269××× | 413000 |
| 8 | 7 | 湖南浩丰文化传播有限公司 | 长沙市芙蓉区嘉雨路187号 | 陈芳 | 女士 | 82282××× | 410001 |
| 9 | 8 | 株洲时代电子技术有限公司 | 株洲市天元区黄河南路199号 | 廖时才 | 先生 | 22837××× | 412007 |

Sheet1

图 4-6　"客户通信录 1"的数据

### 【任务实施】

#### 1. 创建 Excel 工作簿"客户通信录 1.xlsx"

① 启动 Excel 2016，创建一个名为"工作簿 1"的空白工作簿。

② 单击快速访问工具栏中的"保存"按钮 🖫，出现"另存为"界面，单击"浏览"按钮，弹出"另存为"对话框，在该对话框的"文件名"下拉列表框中输入文件名称"客户通信录 1"，保存类型默认为".xlsx"，然后单击"保存"按钮进行保存。

#### 2. 输入数据

在工作表"Sheet1"中输入图 4-6 所示的"客户通信录 1"的数据，这里暂不输入"序号"和"称呼"两列的数据。

#### 3. 自动填充数据

（1）自动填充"序号"列数据

在"序号"列的首单元格 A2 中输入数据"1"并确认，选中数据序列的首单元格，按住"Ctrl"键的同时按住鼠标左键拖曳填充柄到末单元格，自动生成步长为 1 的等差序列。

（2）自动填充"称呼"列数据

选定"称呼"列的首单元格 E2，输入起始数据"先生"，选定序列单元格区域"E2:E9"；然后单击"开始"选项卡"编辑"组的"填充"按钮 🖫填充▾，在其下拉菜单中选择"向下"命令，系统自动将首单元格中的数据"先生"复制填充到选中的各个单元格中。

#### 4. 编辑单元格中的内容

将单元格 E3 中的"先生"修改为"女士"，将单元格 E7 中的"先生"修改为"女士"，然后移动鼠标指针到填充柄处，鼠标呈黑十字形状 ✚，按住鼠标左键拖曳填充柄到单元格 E8，松开鼠标左键，将单元格 E7 的"女士"复制填充至单元格 E8。

#### 5. 保存 Excel 工作簿

单击快速访问工具栏中的"保存"按钮 🖫，对工作表中输入的数据进行保存。

# 4.4 Excel 工作表的格式设置

在 Excel 2016 中，可以自动套用系统提供的格式，也可以自行定义格式。单元格的格式决定了数据在工作表中的显示方式和输出方式。

单元格的格式包括数字格式、对齐方式、字体、边框、底纹等方面。单元格的格式可以使用"开始"选项卡的命令进行常见的格式设置，也可以使用"设置单元格格式"对话框进行设置。

## 4.4.1　设置数字格式和对齐方式

### 【操作 4-9】在 Excel 工作表中设置数字格式和对齐方式

熟悉电子活页中的内容，打开 Excel 工作簿"第 2 季度产品销售情况表.xlsx"，使用并掌握电子活页中介绍的各种 Excel 工作表格式设置方法。

**1. 设置数字格式**

① 使用"会计专用"命令设置单元格中数字的货币格式。

② 使用"开始"选项卡"数字"组的按钮设置单元格中数字的其他格式。

③ 使用"设置单元格格式"对话框的"数字"选项卡设置数字的格式。

**2. 设置对齐方式**

① 使用"开始"选项卡"对齐方式"组的按钮设置单元格文本的对齐方式。

② 使用"设置单元格格式"对话框的"对齐"选项卡设置单元格文本的对齐方式。

## 4.4.2　设置字符格式

在 Excel 2016 窗口中，可以直接使用"开始"选项卡"字体"组的"字体"下拉列表框、"字号"下拉列表框、"加粗"按钮、"倾斜"按钮、"下划线"按钮、"字体颜色"按钮设置字符格式，也可以单击"开始"选项卡"字体"组的"字体设置"按钮 ，打开"设置单元格格式"对话框，利用该对话框的"字体"选项卡进行字符格式设置，如图 4-7 所示。

图 4-7　"设置单元格格式"对话框的"字体"选项卡

## 4.4.3　设置单元格边框

在"设置单元格格式"对话框中切换到"边框"选项卡，可以为所选定的单元格添加或去除边框，可以对选定单元格的全部边框线进行设置，也可以选定单元格的部分边框线（上、下、左、右边框线，外框线，内框线和斜线）进行独立设置。在该选项卡的"直线"区域可以设置边框的样式和颜色，如图4-8所示。

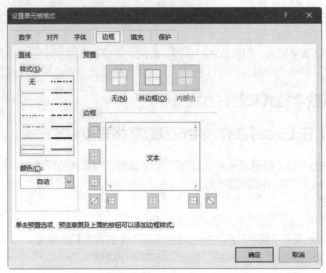

图4-8 "设置单元格格式"对话框的"边框"选项卡

### 4.4.4 设置单元格的填充颜色和图案

在"设置单元格格式"对话框中切换到"填充"选项卡，可以从"背景色"列表中选择所需的颜色，从"图案颜色"下拉列表框中选择所需的图案颜色，从"图案样式"下拉列表框中选择所需的图案样式，如图4-9所示。

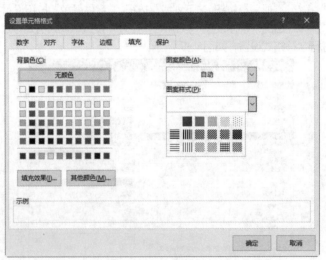

图4-9 "设置单元格格式"对话框的"填充"选项卡

单元格的格式设置完成后，单击"确定"按钮即可。

### 4.4.5 自动套用表格格式

Excel 2016提供了自动套用表格格式功能，通过这一项功能可以快速地为表格设置格式，非常方便快捷。"套用表格格式"可自动用于工作表中选定的单元格区域，这些格式为工作表设置了专业化的外观，使数据的表示更加清楚、可读性更强。自动套用表格格式是数字格式、字体、对齐、边框、图案、列宽、行高和颜色的组合。

　　单击"开始"选项卡"样式"组的"套用表格格式"按钮，在弹出的下拉菜单中选择一种合适的表格样式，如图 4-10 所示。弹出"套用表格式"对话框，选中"表包含标题"复选框，如图 4-11 所示，单击"确定"按钮，即可套用表格格式。

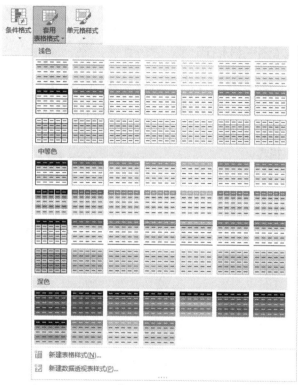

图 4-10　"套用表格格式"下拉菜单

　　可以发现在工作表中选中的单元格区域"$A$1:$E$6"已套用了选择的表格格式，如图 4-12 所示。拖曳套用格式区域右下角的按钮可以将区域变大。

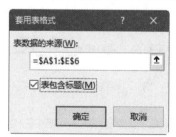

图 4-11　"套用表格式"对话框　　　　图 4-12　套用了表格格式的单元格区域"$A$1:$E$6"

　　选中套用了表格格式的单元格区域，在"表格工具-设计"选项卡的"表格样式"组中有多种表格格式和颜色，可以方便选择其他表格格式和颜色，如图 4-13 所示。

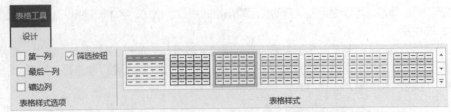

图 4-13    "表格工具-设计"选项卡的"表格样式"组

### 4.4.6    设置单元格条件格式

#### 【操作 4-10】在 Excel 工作表中设置单元格条件格式

熟悉电子活页中的内容，打开 Excel 工作簿"第 1 小组考核成绩.xlsx"，使用并掌握电子活页中介绍的在 Excel 工作表中设置单元格条件格式的方法，并完成以下操作。

**1. 设置单元格的条件格式**

选择单元格区域"A1:B6"，设置所有小于 60 的数据，使其显示为"浅红填充色深红色文本"。

**2. 清除规则**

清除单元格区域"A1:B6"设置的规则。

#### 【任务 4-3】Excel 工作簿"客户通信录 2.xlsx"的格式设置与效果预览

扫码观看本
任务视频

**【任务描述】**

打开文件夹"模块 4"中的 Excel 工作簿"客户通信录 2.xlsx"，按照以下要求进行操作。

① 在第 1 行之前插入 1 个新行，输入内容"客户通信录"。

② 使用"设置单元格格式"对话框将第 1 行"客户通信录"字体设置为"宋体"，字号设置为"20"，将字形设置为"加粗"；将水平对齐方式设置为"跨列居中"，将垂直对齐方式设置为"居中"。

③ 使用"开始"选项卡的命令，将其他行文字的字体设置为"仿宋"，字号设置为"10"；将垂直对齐方式设置为"居中"。

④ 使用"开始"选项卡的命令，将"序号"所在的工作表标题行数据的水平对齐方式设置为"居中"。

⑤ 使用"开始"选项卡的命令，将"序号""称呼""联系电话"和"邮政编码"4 列数据的水平对齐方式设置为"居中"。

⑥ 使用"开始"选项卡"数字"组的"数字格式"下拉列表框将"联系电话"和"邮政编码"两列数据设置为"文本"类型。

⑦ 使用"行高"对话框将第 1 行（标题行）的行高设置为"35"，将其他数据行（第 2 行至第 10 行）的行高设置为"20"。

⑧ 使用"开始"选项卡中的命令将各数据列的宽度自动调整为至少能容纳单元格中的内容。

⑨ 使用"设置单元格格式"对话框的"边框"选项卡为包含数据的单元格区域设置边框线。

⑩ 设置纸张方向为"横向"，然后预览页面的整体效果。

**【任务实施】**

**1. 打开 Excel 工作簿**

打开 Excel 工作簿"客户通信录 2.xlsx"。

**2. 插入新行**

① 选中"序号"所在的标题行。

② 在"开始"选项卡"单元格"组的"插入"下拉菜单中选择"插入工作表行"命令，完成在"序号"所在的标题行上边插入新行的操作。

③ 在新插入行的单元格 A1 中输入"客户通信录"。

### 3. 使用"设置单元格格式"对话框设置单元格格式

① 选择"A1:G1"单元格区域，单击鼠标右键，在弹出的快捷菜单中选择"设置单元格格式"命令，打开"设置单元格格式"对话框，切换到"字体"选项卡。在"字体"选项卡中依次设置字体为"宋体"、字形为"加粗"、字号为"20"。

② 切换到"对齐"选项卡，设置水平对齐方式为"跨列居中"，垂直对齐方式为"居中"。

设置完成后，单击"确定"按钮即可。

### 4. 使用"开始"选项卡中的命令按钮设置单元格格式

① 选中"A2:G10"单元格区域，然后在"开始"选项卡"字体"组设置字体为"仿宋"，字号为"10"；在"对齐方式"组单击"垂直居中"按钮 ⊟，设置该单元格区域的垂直对齐方式为"居中"。

② 选中"A2:G2"单元格区域，即"序号"所在的标题行数据，然后单击"对齐方式"组的"居中"按钮 ⊟，设置该单元格区域的水平对齐方式为"居中"。

③ 选中"A3:A10""E3:G10"两个不连续的单元格区域，即"序号""称呼""联系电话"和"邮政编码"4 列数据，然后单击"对齐方式"组的"居中"按钮 ⊟，设置两个单元格区域的水平对齐方式为"居中"。

④ 选中"F3:G10"的单元格区域，即"联系电话"和"邮政编码"两列数据，在"开始"选项卡"数字"组"数字格式"下拉列表框中选择"文本"选项。

### 5. 设置行高和列宽

① 选中第 1 行（"客户通信录"标题行），单击鼠标右键，在弹出的快捷菜单中选择"行高"命令，打开"行高"对话框，在"行高"文本框中输入"35"，然后单击"确定"按钮。

② 以同样的方法设置其他数据行（第 2 行至第 10 行）的行高为"20"。

③ 选中 A 列至 G 列，然后在"开始"选项卡"单元格"组"格式"下拉菜单中选择"自动调整列宽"命令。

### 6. 使用"设置单元格格式"对话框设置边框线

选中"A2:G10"单元格区域，单击鼠标右键，在弹出的快捷菜单中选择"设置单元格格式"命令，打开"设置单元格格式"对话框，切换到"边框"选项卡，然后在该选项卡的"预置"区域中单击"外边框"和"内部"按钮，为包含数据的单元格区域设置边框线，如图 4-14 所示。

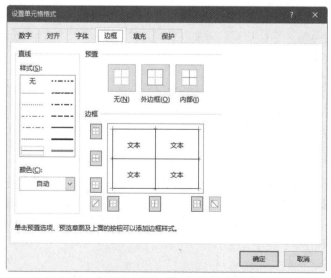

图 4-14　"设置单元格格式"对话框的"边框"选项卡

**7. 页面设置与页面整体效果预览**

① 单击"页面布局"选项卡"页面设置"组的"纸张方向"按钮，在其下拉菜单中选择"横向"命令，如图 4-15 所示。

图 4-15　在"纸张方向"下拉菜单中选择"横向"命令

② 在 Excel 2016 窗口单击"文件"标签，在"信息"界面中单击"打印"按钮，切换到"打印"界面，即可预览页面的整体效果。

# 4.5　Excel 2016 中的数据计算

数据计算与统计是 Excel 的重要功能，Excel 能根据不同要求，通过公式和函数完成各类计算和统计。

## 4.5.1　单元格引用

在 Excel 2016 中可以方便、快速地进行数据计算与统计。进行数据计算与统计时一般需要引用单元格中的数据。单元格的引用是指在计算公式中使用单元格地址作为运算项，单元格地址代表了单元格的数据。

**1. 单元格地址**

单元格地址由"列标"和"行号"组成，列标在前，行号在后，例如"A1""B4""D8"等。

**2. 单元格区域地址**

（1）连续的矩形单元格区域

连续的矩形单元格区域的地址引用形式为"单元格区域左上角的单元格地址:单元格区域右下角的单元格地址"，中间使用半角冒号（:）分隔，例如"B3:E12"，其中"B3"表示单元格区域左上角的单元格地址，"E12"表示单元格区域右下角的单元格地址。

（2）不连续的多个单元格或单元格区域

多个不连续的单元格或单元格区域的地址引用规则为：使用半角逗号（,）分隔多个单元格或单元格区域的地址。例如"A2,B3:D12,E5,F6:H10"，其中"A2"和"E5"表示 2 个单元格的地址，"B3:D12"和"F6:H10"表示 2 个单元格区域的地址。

**3. 单元格引用的几种类型**

（1）相对引用

相对引用是指单元格地址直接使用"列标"和"行号"表示，例如"A1""B2""C3"等。含有单元格相对地址的公式移动或复制到一个新位置时，公式中的单元格地址会随之发生变化。例如单元格 F3 应用的公式中包含了单元格 D3 的相对引用，将单元格 F3 中的公式复制到单元格 F4 时，公式所包含的单元格相对引用会自动变为 D4。

（2）绝对引用

绝对引用是指单元格地址中的"列标"和"行号"前各加一个"$"符号，例如"$A$1""$B$2""$C$3"

等。将含有单元格绝对地址的公式移动或复制到一个新的位置时，公式中的单元格地址不会发生变化。例如单元格 F32 应用的公式中包含了单元格 F31 的绝对引用"$F$31"，将单元格 F32 中的公式复制到单元格 F33 时，公式所包含的单元格绝对引用不变，为同一个单元格 F31 中的数据。

（3）混合引用

混合引用是指单元格地址中，"列标"和"行号"中有一个使用绝对地址，而另一个却使用相对地址，例如"$A1""B$2"等。对于混合引用的地址，在移动或复制公式时，绝对引用部分不会发生变化，而相对引用部分会随之变化。

如果列标为绝对引用，行号为相对引用，例如"$A1"，那么在移动或复制公式时，列标不会发生变化（例如 A），但行号会发生变化（例如 1、2、3 等），即为同一列不同行对应单元格的数据（例如"A1""A2""A3"等）。

如果行号为绝对引用，列标为相对引用，例如"A$1"，那么在移动或复制公式时，行号不会发生变化（例如 1），但列标会发生变化（例如 A、B、C 等），即为同一行不同列对应单元格的数据（例如"A1""B1""C1"等）。

（4）跨工作表的单元格引用

在公式中引用同一工作簿中其他工作表中单元格的形式：<工作表名称>!<单元格地址>，"工作表名称"与"单元格地址"之间使用半角感叹号（!）分隔。

（5）跨工作簿的单元格引用

在公式中引用不同工作簿中单元格的形式：<[工作簿文件名]><工作表名称>!<单元格地址>。

> **注意**
>
> "工作簿文件名"加半角中括号（[]），使用绝对路径且带扩展名；"工作表名称"与"单元格地址"之间使用半角感叹号（!）分隔，<[工作簿文件名]><工作表名称>还需要加半角单引号，例如'E:\[考核成绩.xlsx]Sheet1'!A6。

### 4.5.2　自动计算

单击"公式"选项卡"函数库"组的"自动求和"按钮，可以对指定或默认区域的数据进行求和运算。其运算结果值显示在选定列的下方第 1 个单元格中或者选定行的右侧第 1 个单元格中。

单击"自动求和"按钮下方的  按钮，在其下拉菜单中包括多个自动计算命令，如图 4-16 所示。

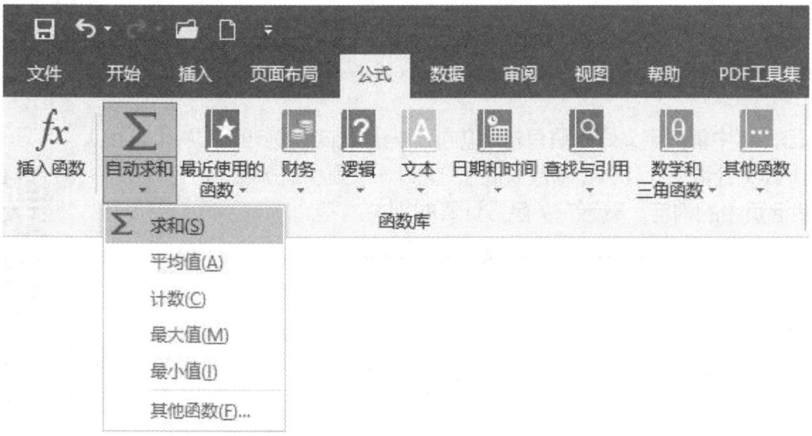

图 4-16　"自动求和"下拉菜单

### 4.5.3　使用公式计算

#### 1. 公式的组成

Excel 中的公式由常量数据、单元格引用、函数、运算符组成。运算符主要包括 3 种类型：算术运算符、字符运算符、比较运算符。算术运算符包括+（加号）、−（减号）、*（乘号）、/（除号）、%（百分号）、^（乘幂）；字符运算符"&"可以将多个字符串连接起来；比较运算符包括=（等号）、<（小于）、<=（小于或等于）、>（大于）、>=（大于或等于）、<>（不等于）。

如果公式中同时用到了多个运算符，其运算优先顺序见表 4-1。

表 4-1　Excel 公式中多个运算符的运算优先顺序

| 运算符 | 运算优先顺序 |
| --- | --- |
| −（负号） | 1 |
| %（百分号） | 2 |
| ^（乘幂） | 3 |
| *、/（乘、除） | 4 |
| +、−（加、减） | 5 |
| &（连接符） | 6 |
| =（等号）、<（小于）、<=（小于或等于）、>（大于）、>=（大于或等于）、<>（不等于） | 7 |

公式中同一级别的运算，按从左到右的顺序进行，使用括号的部分优先，注意括号应使用半角的括号"( )"，不能使用全角的括号。

#### 2. 公式的输入与计算

### 【操作 4-11】Excel 工作表中公式的输入与计算

熟悉电子活页中的内容，打开 Excel 工作簿"计算销售额.xlsx"，使用并掌握电子活页中介绍的 Excel 工作表中公式的输入与计算方法，使用公式计算各种产品的销售额，将计算结果填入对应单元格中。

#### 3. 公式的移动与复制

公式的移动是指把一个公式从一个单元格中移动到另一个单元格中，其操作方法与单元格中数据的移动方法相同。

公式的复制可以使用填充柄、功能区命令和快捷菜单命令等多种方法实现，与单元格中数据的复制方法基本相同。

### 4.5.4　使用函数计算

函数是 Excel 中事先定义好的具有特定功能的内置公式，例如 SUM（求和）、AVERAGE（求平均值）、COUNT（计数）、MAX（求最大值）、MIN（求最小值）等。

熟悉电子活页中的内容，熟悉有关函数计算的相关内容。

### 【任务 4-4】产品销售数据的处理与计算

#### 【任务描述】

打开 Excel 工作簿"蓝天易购电器商城产品销售情况表 1.xlsx"，按照以下要求进行计算与统计。

① 使用"开始"选项卡"编辑"组的"自动求和"按钮，计算产品销售总数量，将计算结果存放在单元格 E31 中。

扫码观看本
任务视频

② 在编辑栏常用函数列表中选择所需的函数，计算产品销售总额，将计算结果存放在单元格 F31 中。

③ 使用"插入函数"对话框和"函数参数"对话框计算产品的最高价格和最低价格，将计算结果分别存放在单元格 D33 和 D34 中。

④ 手动输入计算公式，计算产品平均销售额，将计算结果存放在单元格 F35 中。

**【任务实施】**

打开 Excel 工作簿"蓝天易购电器商城产品销售情况表 1.xlsx"，然后完成以下操作。

**1. 计算产品销售总数量**

【方法 1】将插入点定位在单元格 E31 中，单击"开始"选项卡"编辑"组的"自动求和"按钮，此时系统自动选中"E3:E30"区域，且在单元格 E31 和编辑框中显示计算公式"=SUM(E3:E30)"，按"Enter"键或"Tab"键确认，也可以在编辑栏单击"输入"按钮✔确认，单元格 E31 中将显示计算结果"2167"。

【方法 2】先选定求和的单元格区域"E3:E30"，然后单击"自动求和"按钮，系统自动为单元格区域计算总和，计算结果显示在单元格 E31 中。

**2. 计算产品销售总额**

先选定计算单元格 F31，输入半角等号"="，然后在编辑栏的"名称框"位置展开常用函数列表，在该函数列表中单击选择"SUM"函数，打开"函数参数"对话框，在该对话框的"Number1"地址框中输入"F3:F30"，然后单击"确定"按钮即可完成计算，单元格 F31 显示计算结果为"¥11,928,220.0"。

**3. 计算产品的最高价格和最低价格**

（1）计算最高价格

先选定单元格 D33，输入等号"="，然后在常用函数列表中单击选择函数"MAX"，打开"函数参数"对话框。在该对话框中单击"Number1"地址框右侧的"折叠"按钮 ，折叠"函数参数"对话框，且进入工作表中，按住鼠标左键拖曳鼠标选择单元格区域"D3:D30"，该单元格区域四周会出现一个框，同时"函数参数"对话框变成图 4-17 所示的折叠状态，显示工作表中选定的单元格区域。

在图 4-17 所示对话框中单击折叠后的地址框右侧的"返回"按钮 ，返回图 4-18 所示的"函数参数"对话框，然后单击"确定"按钮，完成公式输入和计算。在单元格 D33 中显示计算结果为"¥19,999.0"。

图 4-17 "函数参数"对话框的折叠状态　　图 4-18 "函数参数"对话框

（2）计算最低价格

先选定单元格 D34，然后单击编辑栏中的"插入函数"按钮 ，在打开的"插入函数"对话框中选择函数"MIN"。在该对话框的"Number1"右侧的地址框中直接输入计算范围"D3:D30"，也可以先单击地址框右侧的"折叠"按钮 ，在工作表中拖曳鼠标选择单元格区域"D3:D30"，再单击"返回"按钮 返回"函数参数"对话框，最后单击"确定"按钮，完成数据计算。在单元格 D34 中显示计算结果为"¥729.0"。

#### 4. 计算产品平均销售额

先选定单元格 F35，输入半角等号 "="，然后输入公式 "AVERAGE(F3:F30)"，单击编辑栏的 "输入" 按钮 ✔ 确认即可。单元格 F35 显示计算结果为 "¥426,007.9"。

单击快速访问工具栏中的 "保存" 按钮 🖫，对产品销售数据的处理与计算结果进行保存。

## 4.6 Excel 2016 的数据统计与分析

Excel 提供了极强的数据排序、筛选及分类汇总等功能，使用这些功能可以方便地统计与分析数据。排序是指按照一定的顺序重新排列工作表的数据，通过排序，可以根据其特定列的内容来重新排列工作表的行。排序并不改变行的内容，当两行中有完全相同的数据或内容时，Excel 会保持它们的原始顺序。筛选是查找和处理工作表中数据子集的快捷方法，筛选结果仅显示满足条件的行，该条件由用户针对某列指定。筛选与排序不同，它并不重排工作表中的行，而只是将不必显示的行暂时隐藏，可以使用 "自动筛选" 或 "高级筛选" 功能将那些符合条件的数据显示在工作表中。分类汇总是将工作表中某个关键字段进行分类，值相同的分为一类，然后对各类进行汇总。利用分类汇总功能可以对一项或多项指标进行汇总。

### 4.6.1 数据排序

数据的排序是指对选定单元格区域中的数据以升序或降序方式重新排列，便于浏览和分析。

### 【操作 4-12】Excel 工作表中的数据排序

熟悉电子活页中的内容，打开 Excel 工作簿 "产品销售数据排序.xlsx"，使用并掌握电子活页中介绍的 Excel 工作表中的数据排序方法，完成简单排序、多条件排序等操作。

### 4.6.2 数据筛选

如果用户需要浏览或者操作的只是数据表中的部分数据，为了方便操作，加快操作速度，往往把需要的记录数据筛选出来作为操作对象，而将无关的记录数据隐藏起来，使之不参与操作。

Excel 同时提供了自动筛选和高级筛选两种命令来筛选数据。自动筛选可以满足大部分需求，然而当需要按更复杂的条件来筛选数据时，则需要使用高级筛选。

### 【操作 4-13】Excel 工作表中的数据筛选

熟悉电子活页中的内容，使用并掌握电子活页中介绍的 Excel 工作表中的数据筛选方法，完成以下筛选操作。

#### 1. 自动筛选

打开 Excel 工作簿 "计算机配件销售数据筛选 1.xlsx"，筛选出价格为 500 ~ 1000 元（包含 500 元，但不包含 1000 元）的计算机配件。

#### 2. 高级筛选

打开 Excel 工作簿 "计算机配件销售数据筛选 2.xlsx"，筛选出价格大于 500 元并且小于或等于 1000元，同时销售额在 50000 元以上的计算机配件。

### 4.6.3 数据分类汇总

对工作表中的数据按列值进行分类，并按类进行汇总（包括求和、求平均值、求最大值、求最小值等），可以提供清晰且有价值的报表。

在进行分类汇总之前，应对工作表中的数据进行排序，将要分类字段中相同的记录集中在一起，并且工作表中第一行里必须有列标题。

### 【操作 4-14】Excel 工作表中的数据分类汇总

熟悉电子活页中的，打开 Excel 工作簿"计算机配件销售数据分类汇总.xlsx"，使用并掌握电子活页中介绍的 Excel 工作表中的数据分类汇总方法，按以下要求完成分类汇总操作。

分类字段为"产品名称"，汇总方式为"求和"，汇总项分别为"数量"和"销售额"。

### 【任务 4-5】产品销售数据排序

#### 【任务描述】

将 Excel 工作簿"蓝天易购电器商城产品销售情况表 2.xlsx"工作表 Sheet1 中的销售数据按"产品名称"升序和"销售额"降序排列。

扫码观看本
任务视频

#### 【任务实施】

① 打开 Excel 工作簿"蓝天易购电器商城产品销售情况表 2.xlsx"。

② 选中工作表 Sheet1 中数据区域的任一个单元格。

③ 单击"数据"选项卡"排序和筛选"组的"排序"按钮，打开"排序"对话框。在该对话框中先选中"数据包含标题"复选框，然后在"主要关键字"下拉列表框中选择"产品名称"，在"排序依据"下拉列表框中选择"单元格值"，在"次序"下拉列表框中选择"升序"。

④ 单击"添加条件"按钮，添加第二个排序条件，在"次要关键字"下拉列表框中选择"销售额"，在"排序依据"下拉列表框中选择"单元格值"，在"次序"下拉列表框中选择"降序"。在"排序"对话框中设置主要关键字和次要关键字如图 4-19 所示。

⑤ 在"排序"对话框中单击"确定"按钮，关闭该对话框。系统就会根据选定的排序范围按指定的关键字条件重新排列记录。排序结果的部分数据如图 4-20 所示。

图 4-19 在"排序"对话框中设置主要关键字和次要关键字

| | A | B | C | D | E | F |
|---|---|---|---|---|---|---|
| 1 | 蓝天易购电器商城产品销售情况表 | | | | | |
| 2 | 产品名称 | 品牌规格型号 | 单位 | 价格 | 数量 | 销售额 |
| 3 | 冰箱 | 美菱(MELING)501升十字对开多门四开门 | 台 | ￥3,899.0 | 263 | ￥1,025,437.0 |
| 4 | 冰箱 | 海尔（Haier）496升全空间保鲜母婴冰箱 | 台 | ￥7,299.0 | 126 | ￥919,674.0 |
| 5 | 冰箱 | 海尔（Haier）328升无霜变频四门冰箱 | 台 | ￥3,499.0 | 144 | ￥503,856.0 |
| 6 | 冰箱 | 美菱(MELING)425升法式多门冰箱 | 台 | ￥6,199.0 | 38 | ￥235,562.0 |
| 7 | 电视机 | TCL75英寸 C10 QLED原色量子点超薄4K超高清 | 台 | ￥19,999.0 | 36 | ￥719,964.0 |
| 8 | 电视机 | 海信(Hisense)65英寸65E9F ULED超画质 | 台 | ￥8,499.0 | 72 | ￥611,928.0 |
| 9 | 电视机 | 小米75英寸壁画电视 L75M5-BH 4K高清 | 台 | ￥9,800.0 | 56 | ￥548,800.0 |
| 10 | 电视机 | TCL65英寸 65P68 4K高清 | 台 | ￥6,999.0 | 46 | ￥321,954.0 |
| 11 | 电视机 | 小米(MI)65英寸壁画电视4K高清 | 台 | ￥6,999.0 | 36 | ￥251,964.0 |
| 12 | 电视机 | 小米(MI)60英寸 4K超高清屏 | 台 | ￥2,998.0 | 84 | ￥251,832.0 |
| 13 | 电视机 | 创维(Skyworth)58英寸58H9D 4K超高清 | 台 | ￥4,599.0 | 52 | ￥239,148.0 |
| 14 | 电视机 | 海信(Hisense)58英寸HZ58A65超高清4K | 台 | ￥4,599.0 | 42 | ￥193,158.0 |
| 15 | 电视机 | 创维65英寸65A20 4K智慧屏 | 台 | ￥5,588.0 | 25 | ￥139,700.0 |

图 4-20 排序结果的部分数据

单击快速访问工具栏中的"保存"按钮 🖫，对产品销售数据的排序结果进行保存。

## 【任务 4-6】产品销售数据筛选

扫码观看本
任务视频

### 【任务描述】

① 打开 Excel 工作簿"蓝天易购电器商城产品销售情况表 3.xlsx"，在工作表 Sheet1 中筛选出价格在 3000 元以上（不包含 3000 元）、5000 元以下（包含 5000 元）的洗衣机和空调。

② 打开 Excel 工作簿"蓝天易购电器商城产品销售情况表 3.xlsx"，在工作表 Sheet2 中筛选出价格为 900～3000 元（不包含 900 元，但包含 3000 元），同时销售额在 20000 元以上的洗衣机，以及价格低于 7000 元的空调。

### 【任务实施】

#### 1. 蓝天易购电器商城产品销售数据的自动筛选

① 打开 Excel 工作簿"蓝天易购电器商城产品销售情况表 3.xlsx"，选择工作表 Sheet1。

② 在要筛选的单元格区域"A2:F14"中选定任意一个单元格。

③ 单击"数据"选项卡"排序和筛选"组的"筛选"按钮，该按钮呈现选中状态，同时系统自动在工作表中每个列的列标题右侧插入一个下拉按钮 ▾。

④ 单击列标题"价格"右侧的下拉按钮 ▾，会出现一个"筛选"下拉菜单。在该下拉菜单中用鼠标指针指向"数字筛选"，在其级联菜单中选择"自定义筛选"命令，打开"自定义自动筛选方式"对话框。

⑤ 在"自定义自动筛选方式"对话框中，将条件 1 设置为"大于""3000"，条件 2 设置为"小于或等于""5000"，逻辑运算方式设置为"与"。然后单击"确定"按钮，自定义自动筛选的结果如图 4-21 所示。

| | A | B | C | D | E | F |
|---|---|---|---|---|---|---|
| 1 | | 蓝天易购电器商城产品销售情况表 | | | | |
| 2 | 产品名称 ▾ | 品牌规格型号 ▾ | 单位 ▾ | 价格 ▾ | 数量 ▾ | 销售额 ▾ |
| 5 | 空调 | 美的(Midea)新能效大3匹变频冷暖空调柜机 | 台 | ¥4,599.0 | 187 | ¥860,013.0 |
| 9 | 洗衣机 | 小天鹅(LittleSwan)滚筒全自动10kg洗烘一体机 | 台 | ¥3,299.0 | 45 | ¥148,455.0 |

图 4-21　自定义自动筛选的结果

#### 2. 蓝天易购电器商城产品销售数据的高级筛选

（1）打开 Excel 工作簿

打开 Excel 工作簿"蓝天易购电器商城产品销售情况表 3.xlsx"，选择工作表 Sheet2。

（2）设置条件区域

① 在单元格 A16 中输入"产品名称"，在单元格 D16 中输入"价格"，在单元格 E16 中输入"价格"，在单元格 F16 中输入"销售额"。

② 设置"洗衣机"的筛选条件。在单元格 A17 中输入"洗衣机"，在单元格 D17 中输入条件">900"，在单元格 E17 中输入条件"<=3000"，在单元格 F17 中输入条件">20000"。

③ 设置"空调"的筛选条件。在单元格 A18 中输入"空调"；在单元格 D18 中输入条件"<7000"。

④ 条件区域设置结果如图 4-22 所示。

| 16 | 产品名称 | | | 价格 | 价格 | 销售额 |
|---|---|---|---|---|---|---|
| 17 | 洗衣机 | | | >900 | <=3000 | >20000 |
| 18 | 空调 | | | <7000 | | |

图 4-22　条件区域设置结果

（3）选定单元格

在待筛选的单元格区域"A2:F14"中选定任意一个单元格。

（4）在"高级筛选"对话框中设置

单击"数据"选项卡"排序和筛选"组的"高级"按钮，打开"高级筛选"对话框，在该对话框中进行以下设置。

① 在"方式"区域选择"将筛选结果复制到其他位置"单选按钮。

② 在"列表区域"文件框中利用"折叠"按钮 📷 在工作表中选择列表区域"$A$2:$F$14"。

③ 在"条件区域"文件框中利用"折叠"按钮 📷 在工作表中选择设置好的条件区域"$A$16:$F$18"。

④ 在"复制到"文件框中利用"折叠"按钮 📷 在工作表中选择存放筛选结果的区域"$A$20:$F$25"。

⑤ 选中"选择不重复的记录"复选框。

"高级筛选"对话框设置完成后，如图 4-23 所示。

（5）执行高级筛选

在"高级筛选"对话框中单击"确定"按钮，执行高级筛选。高级筛选的结果如图 4-24 所示。

图 4-23 "高级筛选"对话框设置完成效果

| | 产品名称 | 品牌规格型号 | 单位 | 价格 | 数量 | 销售额 |
|---|---|---|---|---|---|---|
| 20 | | | | | | |
| 21 | 空调 | 格力(GREE)3匹 新能效 变频冷暖 | 台 | ¥6,899.0 | 243 | ¥1,676,457.0 |
| 22 | 空调 | 美的(Midea)新能效大3匹变频冷暖空调柜机 | 台 | ¥4,599.0 | 187 | ¥860,013.0 |
| 23 | 洗衣机 | 小天鹅(LittleSwan)10kg波轮洗衣机全自动 | 台 | ¥1,699.0 | 63 | ¥107,037.0 |
| 24 | 洗衣机 | 小天鹅(LittleSwan)迷你洗衣机全自动3kg波轮 | 台 | ¥999.0 | 96 | ¥95,904.0 |
| 25 | 洗衣机 | 美的(Midea)10kg滚筒全自动 | 台 | ¥1,699.0 | 48 | ¥81,552.0 |

图 4-24 高级筛选的结果

单击快速访问工具栏中的"保存"按钮 📷，对产品销售数据的筛选结果进行保存。

## 【任务 4-7】产品销售数据分类汇总

扫码观看本任务视频

### 【任务描述】

打开 Excel 工作簿"蓝天易购电器商城产品销售情况表 4.xlsx"，在工作表 Sheet1 中按"产品名称"分类汇总"数量"的总数和"销售额"的总额。

### 【任务实施】

（1）打开 Excel 工作簿

打开 Excel 工作簿"蓝天易购电器商城产品销售情况表 4.xlsx"，选择工作表 Sheet1。

（2）按"产品名称"进行排序

对工作表中的数据按"产品名称"进行排序，将要分类字段"产品名称"中相同的记录集在一起。

（3）执行"分类汇总"操作

将光标置于待分类汇总的单元格区域"A2:F30"的任意一个单元格中。单击"数据"选项卡"分级显示"组的"分类汇总"按钮，打开"分类汇总"对话框，在该对话框中进行以下设置。

① 在"分类字段"下拉列表框中选择"产品名称"。

② 在"汇总方式"下拉列表框中选择"求和"。

③ 在"选定汇总项"列表框中选择"数量"和"销售额"。

④ 底部的 3 个复选框都采用默认设置。

然后单击"确定"按钮，完成分类汇总。

单击工作表左侧的分级显示区顶端的 📷 按钮，工作表中将只显示列标题、各个分类汇总结果和总计结果，如图 4-25 所示。

单击快速访问工具栏中的"保存"按钮 📷，对产品销售数据的分类汇总结果进行保存。

| 1 2 3 | | A | B | C | D | E | F |
|---|---|---|---|---|---|---|---|
| 1 | | | 蓝天易购电器商城产品销售情况表 | | | | |
| 2 | | 产品名称 | 品牌规格型号 | 单位 | 价格 | 数量 | 销售额 |
| 7 | + | 冰箱 汇总 | | | | 571 | ¥2,684,529.0 |
| 20 | + | 电视机 汇总 | | | | 533 | ¥3,611,928.0 |
| 26 | + | 空调 汇总 | | | | 630 | ¥4,418,916.0 |
| 34 | + | 洗衣机 汇总 | | | | 433 | ¥1,212,847.0 |
| 35 | − | 总计 | | | | 2167 | ¥11,928,220.0 |

图 4-25　列标题、各个分类汇总结果和总计结果

# 4.7 Excel 2016 的数据管理

对工作簿、工作表和单元格中的数据进行有效保护，可以防止他人不经允许打开和修改。

## 4.7.1　Excel 数据安全保护

熟悉电子活页中的内容，熟悉有关 Excel 数据安全保护的内容，完成保护单元格中数据、保护工作表、撤销工作表保护、保护工作簿、撤销工作簿保护、对 Excel 工作簿进行加密处理、撤销 Excel 工作簿的密码等操作。

## 4.7.2　隐藏行、列与工作表

熟悉电子活页中的内容，熟悉有关隐藏行、列与工作表的内容，完成隐藏行、隐藏列、隐藏工作表等操作。

### 【任务 4-8】尝试保护文档"蓝天易购电器商城产品销售情况表 5.xlsx"及其工作表

**【任务描述】**

① 打开文件夹"模块 4"中的 Excel 工作簿"蓝天易购电器商城产品销售情况表 5.xlsx"，尝试保护工作表 Sheet1，密码设置为"123456"。

② 打开文件夹"模块 4"中的 Excel 工作簿"蓝天易购电器商城产品销售情况表 5.xlsx"，尝试保护该工作簿，密码设置为"123456"。

③ 对 Excel 工作簿"蓝天易购电器商城产品销售情况表 5.xlsx"设置打开权限密码和修改权限密码，密码都设置为"123456"。

**【任务实施】**

**1. 保护工作表**

打开文件夹"模块 4"中的 Excel 工作簿"蓝天易购电器商城产品销售情况表 5.xlsx"，在工作表标签名称"Sheet1"上单击鼠标右键，在弹出的快捷菜单中选择"保护工作表"命令，如图 4-26 所示。

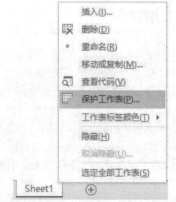

图 4-26　在快捷菜单中选择"保护工作表"命令

打开"保护工作表"对话框，在该对话框中选中"保护工作表及锁定的单元格内容"复选框，在"取消工作表保护时使用的密码"文本框中输入密码"123456"，在"允许此工作表的所有用户进行"列表框中选取允许用户进行的操作，这里选中"选定锁定单元格"和"选定解除锁定的单元格"两个复选框，如图 4-27 所示，然后单击"确定"按钮，在弹出的"确认密码"对话框中输入相同的密码，如图 4-28 所示，然后单击"确定"按钮即可。

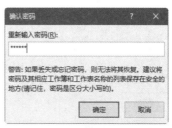

图 4-27　"保护工作表"对话框　　　　　图 4-28　"确认密码"对话框

在设置了工作表保护的 Excel 工作簿的工作表的单元格中删除数据或者输入数据时，就会弹出图 4-29 所示的提示信息对话框。

图 4-29　提示信息对话框

### 2. 保护工作簿

单击 Excel 2016 窗口功能区的"文件"标签，显示"信息"界面，在右侧单击"保护工作簿"按钮，在弹出的下拉菜单中选择"保护工作簿结构"命令，如图 4-30 所示。

图 4-30　在"保护工作簿"下拉菜单中选择"保护工作簿结构"命令

在打开的"保护结构和窗口"对话框选中"结构"复选框，在"密码（可选）"文本框中输入"123456"，

如图 4-31 所示，单击"确定"按钮后，弹出"确认密码"对话框，在该对话框中输入相同的密码，如图
4-32 所示，然后单击"确定"按钮即可。

图 4-31　"保护结构和窗口"对话框

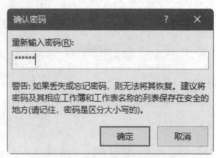

图 4-32　"确认密码"对话框

如果对被保护的工作簿中工作表进行重命名操作，会弹出图
4-33 所示的提示信息对话框。

### 3. 对 Excel 工作簿设置打开权限密码和修改权限密码

打开要设置密码的 Excel 工作簿"蓝天易购电器商城产品销售
情况表 5.xlsx"，单击 Excel 2016 窗口功能区"文件"标签，显示
"信息"界面，单击"另存为"按钮，显示"另存为"界面，单击"浏
览"按钮，打开"另存为"对话框，在该对话框下方单击"工具"按

图 4-33　提示信息对话框

钮，在其下拉菜单中选择"常规选项"命令，如图 4-34 所示，打开"常规选项"对话框。

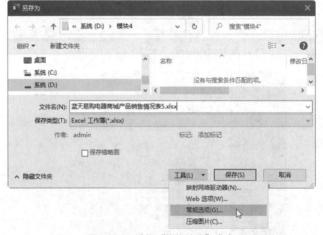

图 4-34　选择"常规选项"命令

在"常规选项"对话框中分别设置"打开权限密码"和"修改权限密
码"，这里都输入密码"123456"，如图 4-35 所示，然后单击"确定"
按钮完成密码设置，在弹出的两个"确认密码"对话框中输入相同的密码，
即"123456"，单击"确定"按钮，返回"另存为"对话框。

在"另存为"对话框中确定保存位置（这里设置为"模块 4/任务
4-8"）和文件名（这里保持不变），然后单击"保存"按钮，该文件便
被加密保存。

对于设置了打开权限密码的 Excel 工作簿，再一次打开时，会弹出确
认打开权限的"密码"对话框，在该对话框中输入正确的密码"123456"，如图 4-36 所示，单击"确定"

图 4-35　"常规选项"对话框

按钮。之后打开设置了权限密码的 Excel 工作簿时，会弹出确认写权限的"密码"对话框，在该对话框中输入密码以获取写权限，这里输入密码"123456"，如图 4-37 所示，单击"确定"按钮，打开设置了打开权限密码的 Excel 工作簿。

图 4-36　确认打开权限的"密码"对话框

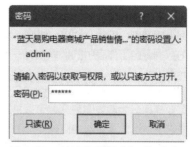

图 4-37　确认写权限的"密码"对话框

# 4.8　Excel 2016 的数据展示与输出

Excel 提供的图表功能，可以将系列数据以图表的形式表达出来，使数据更加清晰易懂，使数据表示的含义更加形象直观，并且用户可以通过图表直接了解数据之间的关系和数据的变化趋势。

## 4.8.1　初识 Excel 图表的作用与类型选择

### 1. Excel 图表的作用

图表是 Excel 的一个重要对象，以图形方式来表示工作表中数据之间的关系和数据变化的趋势。在工作表中创建一个合适的图表，有助于直观、形象地分析对比数据，更容易理解主题和观点，通过对图表中的数据的颜色和字体等信息进行设置，可以把问题的重点有效地传递给读者或听众。

### 2. Excel 图表的常用类型

Excel 提供了多种类型的图表，如柱形图、折线图、饼图、条形图、面积图、XY（散点图）、股价图、曲面图、雷达图、树状图、旭日图、直方图、箱形图、瀑布图等。"插入图表"对话框中的图表类型如图 4-38 所示。

图 4-38　"插入图表"对话框中的图表类型

### 3. 合理选择 Excel 图表类型

展现数据间的成分结构一般使用饼图、柱形图和条形图，比较数据间的数量关系一般使用柱形图和条形图，反映数据的变化趋势一般使用折线图和柱形图，表示数据的频率分布一般使用柱形图、条形图和折线图，衡量数据的相关性一般使用柱形图、折线图，比较多重数据一般使用雷达图。

### 4.8.2 Excel 2016 图表的基本操作

建立了基于工作表选定区域的图表，Excel 使用工作表单元格中的数据，并将其当作数据点在图表上显示。数据点用条形、折线、柱形、饼图、散点及其他形状表示，这些形状称为数据标签。

图表中的数据源自工作表中的数据列，一般图表包含图例、坐标轴、数据标签、图表标题、坐标轴标题等图表元素。

建立图表后，可以通过增加、修改图表元素，例如数据标签、图表标题、坐标轴标题等来美化图表及强调某些重要信息。大多数图表项是可以被移动或调整大小的，也可以用图案、颜色、对齐、字体及其他格式属性来设置这些图表项的格式。

对工作表中插入的图表也可以进行复制、移动和删除操作。

#### 1. 图表的复制

可以采用复制与粘贴的方法复制图表，还可以按住"Ctrl"键用鼠标直接拖曳复制图表。

#### 2. 图表的移动

可以采用剪切与粘贴的方法移动图表，还可以将鼠标指针移至图表区域的边缘位置，然后按住鼠标左键拖曳到新的位置移动图表。

#### 3. 图表的删除

选中图表后按"Delete"键即可删除。

### 4.8.3 设置图表元素的布局

#### 1. 选取图表元素

图表元素主要包括坐标轴、坐标轴标题、图表标题、数据标签、数据表、网格线、图例等，可以直接在图表中单击选取各个图表元素，也可以单击"图表工具-设计"选项卡的"添加图表元素"按钮，在弹出的下拉菜单中选取各个图表元素，如图 4-39 所示，同时设置其布局位置。

图 4-39 "图表工具-设计"选项卡的"添加图表元素"下拉菜单

#### 2. 调整图表布局

在工作表中选择图表，然后单击"图表工具-设计"选项卡的"添加图表元素"按钮，在弹出的下拉菜单中将鼠标指针指向各个图表元素，在其级联选项中进行选择，调整图表元素的布局。"坐标轴"级联选项如图 4-40 所示，"坐标轴标题"级联选项如图 4-41 所示。

图 4-40 "坐标轴"级联选项

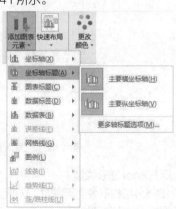

图 4-41 "坐标轴标题"级联选项

### 4.8.4　初识数据透视表和数据透视图

数据透视表是最常用、功能最全的 Excel 数据分析工具之一，数据透视表综合了数据排序、筛选、分类汇总等数据统计分析功能。

Excel 的数据透视表和数据透视图的分类汇总功能比普通的分类汇总功能更强，可以按多个字段进行分类，便于从多方向分析数据。例如，分析集团公司的商品销售情况，可以按不同类型的商品进行分类汇总，也可以按不同的销售员进行分类汇总，还可以综合分析某一种商品不同销售员的销售业绩，或者同一位销售员销售不同类型商品的情况，前两种情况使用普通的分类汇总功能即可实现，后两种情况则需要使用数据透视表或数据透视图实现。

数据透视表是对 Excel 数据表中的各个字段进行快速分类汇总的一种分析工具，它是一种交互式报表。利用数据透视表可以方便地调整分类汇总的方式，灵活地以多种不同方式展示数据的特征。

一张数据透视表仅靠鼠标拖曳字段位置，即可变换出各种类型的分析报表。用户只需指定所需分析的字段、数据透视表的组织形式，以及计算类型（求和、求平均值）。如果原始数据发生更改，则可以刷新数据透视表更改汇总结果。

### 4.8.5　工作表的页面设置

打印 Excel 工作表之前，可以对页面格式进行设置，包括"页面""页边距""页眉/页脚""工作表"等方面，这些内容的设置都可以通过"页面设置"对话框完成。

单击"页面布局"选项卡"页面设置"组的"页面设置"按钮 ，则可打开"页面设置"对话框。

#### 【操作 4-15】工作表的页面设置

熟悉电子活页中的内容，熟悉有关 Excel 工作表页面设置的相关内容，完成设置页面的方向、缩放、纸张大小、打印质量和起始页码，设置页边距，设置页眉和页脚，设置工作表等操作。

### 4.8.6　工作表预览与打印

#### 【操作 4-16】工作表的预览与打印

熟悉电子活页中的内容，熟悉有关工作表预览与打印的相关内容，完成打印预览、打印等操作。

### 【任务 4-9】创建与编辑产品销售情况图表

**【任务描述】**

① 打开 Excel 工作簿"电视机与洗衣机销售情况展示.xlsx"，在工作表"Sheet1"中创建图表，图表类型为"簇状柱形图"，图表标题为"第 1、2 季度产品销售情况"，分类轴标题为"月份"，数值轴标题为"销售额"，并在图表中添加图例。图表创建完成后对其格式进行设置。设置图表标题的字体为"宋体"，字号为"12"。

扫码观看本
任务视频

② 将图表类型更改为"带数据标记的折线图"，使用鼠标拖曳方式调整图表大小并将图表移动到合适的位置。

③ 将图表移至工作簿其他工作表中。

**【任务实施】**

**1. 创建图表**

① 打开 Excel 工作簿"电视机与洗衣机销售情况展示.xlsx"。

② 选定需要建立图表的单元格区域"A2:G4"，如图 4-42 所示，图表的数据源自选定的单元格区域中的数据。

| 电视机与洗衣机第1、2季度销售情况表 | | | | | | | |
|---|---|---|---|---|---|---|---|
| 产品名称 | 1月 | 2月 | 3月 | 4月 | 5月 | 6月 | 总计 |
| 电视机 | ¥376,210.0 | ¥300,400.0 | ¥385,400.0 | ¥398,600.0 | ¥420,650.0 | ¥526,700.0 | ¥2,407,960.0 |
| 洗衣机 | ¥102,240.0 | ¥100,600.0 | ¥123,400.0 | ¥145,600.0 | ¥168,000.0 | ¥185,600.0 | ¥825,440.0 |

图4-42　选定需要建立图表的单元格区域"A2:G4"

③ 单击"插入"选项卡"图表"组的"插入柱形图或条形图"按钮 ，在其下拉菜单中选择"二维柱形图"区域的"簇状柱形图"选项，如图4-43所示。

创建的"簇状柱形图"如图4-44所示。

图4-43　选择"二维柱形图"区域的"簇状柱形图"选项

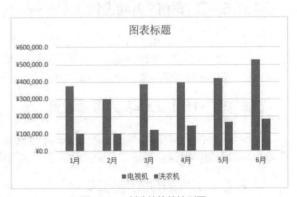

图4-44　创建的簇状柱形图

单击快速访问工具栏中的"保存"按钮 ，对Excel工作簿进行保存。

**2. 添加图表的坐标轴标题**

① 单击激活要添加标题的图表，这里选择前面创建的簇状柱形图。

② 单击图表右上角的"图表元素"按钮，在其下拉菜单中选中"坐标轴标题"复选框，如图4-45所示。在图表区域出现横向和纵向两个"坐标轴标题"文本框。

③ 在横向"坐标轴标题"文本框中输入"月份"，在纵向"坐标轴标题"文本框中输入"销售额"。

单击快速访问工具栏中的"保存"按钮 ，对Excel工作簿进行保存。

**3. 添加图表标题**

① 单击激活要添加坐标轴标题的图表，这里选择前面创建的"簇状柱形图"。

② 单击图表右上角的"图表元素"按钮，在其下拉菜单中选中"图表标题"复选框，在其级联选项

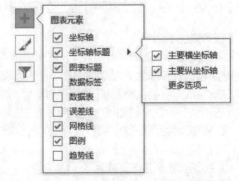

图4-45　在"图表元素"下拉菜单中选中
"坐标轴标题"复选框

中选择"图表上方"选项，如图 4-46 所示。

③ 在图表区域"图表标题"文本框中输入合适的图表标题"第 1、2 季度产品销售情况"。

④ 设置图表标题的字体为"宋体"，字号为"12"。

单击快速访问工具栏中的"保存"按钮 🖫，对 Excel 工作簿进行保存。

**4. 设置图表的图例位置**

① 单击激活要添加坐标轴标题的图表，这里选择前面创建的"簇状柱形图"。

② 单击图表右上角的"图表元素"按钮，在其下拉菜单中选中"图例"复选框，在其级联选项中选择"右"选项，如图 4-47 所示。

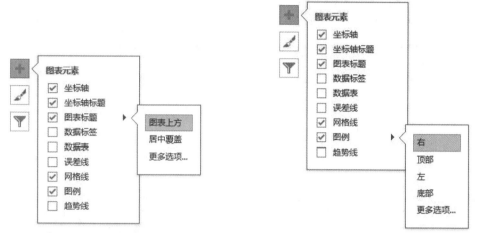

图 4-46　在"图表标题"级联选项中选择"图表上方"选项　　图 4-47　在"图例"级联选项中选择"右"选项

单击快速访问工具栏中的"保存"按钮 🖫，对 Excel 工作簿进行保存。

添加了标题的簇状柱形图如图 4-48 所示。

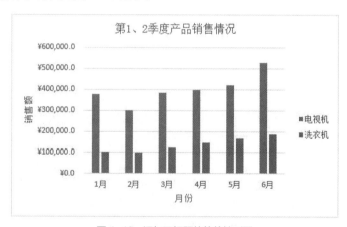

图 4-48　添加了标题的簇状柱形图

单击快速访问工具栏中的"保存"按钮 🖫，对 Excel 工作簿进行保存。

**5. 更改图表类型**

① 单击激活要更改类型的图表，这里选择前面创建的"簇状柱形图"。

② 单击"图表工具－设计"选项卡"类型"组的"更改图表类型"按钮，打开"更改图表类型"对话框。

③ 在"更改图表类型"对话框中选择一种合适的图表类型，这里选择"带数据标记的折线图"，如图4-49所示。

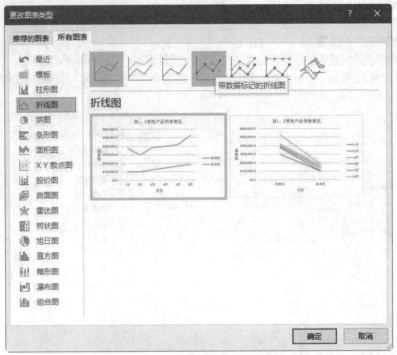

图 4-49　在"更改图表类型"对话框中选择"带数据标记的折线图"

④ 单击"确定"按钮，完成图表类型的更改。带数据标记的折线图如图 4-50 所示。

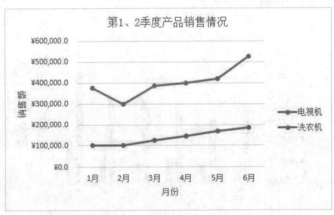

图 4-50　带数据标记的折线图

### 6. 缩放与移动图表

① 单击激活图表，这里选择前面创建的图表。

② 将鼠标指针移至右下角的控制点，当鼠标指针变成斜向双箭头⬉时，拖曳鼠标调整图表大小，直到满意为止。

③ 将鼠标指针移至图表区域，按住鼠标左键将图表拖曳到合适的位置。

**7. 将图表移至工作簿的其他工作表中**

单击选中图表，单击"图表工具-设计"选项卡"位置"组的"移动图表"按钮，在弹出的"移动图表"对话框中选择"新工作表"单选按钮，新工作表的名称采用默认名称"Chart1"，如图 4-51 所示，单击"确定"按钮，自动创建新工作表"Chart1"，并将图表移至工作表"Chart1"中。

单击快速访问工具栏中的"保存"按钮 ，对 Excel 工作簿进行保存。

图 4-51 "移动图表"对话框

## 【任务 4-10】创建产品销售数据透视表

扫码观看本
任务视频

### 【任务描述】

打开 Excel 工作簿"电视机与洗衣机销售统计表 1.xlsx"，创建数据透视表，将工作表 Sheet1 的销售数据按"业务员"将每种产品的销售额汇总求和，存入新工作表 Sheet2 中。根据数据透视表分析以下问题。

① 电视机与洗衣机的总销售额各是多少？
② 各业务员中谁的业绩最好（销售额最高）？谁的业绩最差（销售额最低）？
③ 业务员赵毅的电视机销售额为多少？

### 【任务实施】

**1. 打开 Excel 工作簿**

打开 Excel 工作簿"电视机与洗衣机销售统计表 1.xlsx"。

**2. 启动数据透视表创建向导**

单击"插入"选项卡"表格"组的"数据透视表"按钮，打开"创建数据透视表"对话框。

**3. 选择要分析的数据**

在"创建数据透视表"对话框的"请选择要分析的数据"区域选择"选择一个表或区域"单选按钮，然后在"表/区域"文本框中直接输入数据源区域的地址，或者单击"表/区域"文本框右侧的"折叠"按钮 ⊞，折叠该对话框，在工作表中拖曳鼠标选择单元格区域，例如"A2:C12"，所选中区域的绝对地址值"$A$2:$C$12"在折叠对话框的地址框中显示，如图 4-52 所示。在折叠对话框中单击"返回"按钮 ⊞，返回折叠之前的对话框。

图 4-52 折叠对话框

> **提示** 数据透视表的数据源可以是一个单元格区域，也可以是多列数据，如果需要经常更新或添加数据，建议选择多列，当有新数据增加时，只要刷新数据透视表即可，不必重新选择数据源。

**4. 选择放置数据透视表的位置**

在"创建数据透视表"对话框的"选择放置数据透视表的位置"区域选择"新工作表"单选按钮，如图 4-53 所示。

图4-53　选择"新工作表"单选按钮

 **提示**　　　如果数据较少，也可以选择"现有工作表"单选按钮，然后在"位置"文本框中输入放置数据透视表的区域地址。

### 5. 设置数据透视表字段

在"创建数据透视表"对话框中单击"确定"按钮，进入数据透视表设计环境，如图 4-54 所示。即在指定的工作表位置创建了一个空白的数据透视表框架，同时在窗口右侧显示一个"数据透视表字段"窗格。

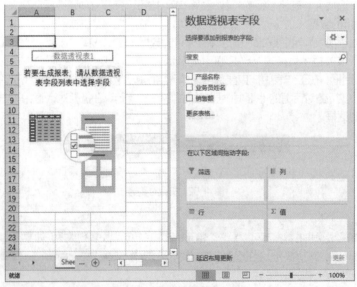

图4-54　数据透视表设计环境

在"数据透视表字段"窗格中，在"选择要添加到报表的字段"列表框中选中"产品名称"复选框，则在"在以下区域间拖动字段"区域的"行"列表框中自动显示"产品名称"字段；选中"业务员姓名"复选框，并将"业务员姓名"字段拖曳到"列"列表框中；选中"销售额"复选框，则在"值"列表框中自动显示"求和项:销售额"字段。添加了对应字段的"数据透视表字段"窗格如图 4-55 所示。

图 4-55　添加了对应字段的"数据透视表字段"窗格

在"数据透视表字段"窗格右下方的"值"列表框中单击"求和项:销售额"字段,在弹出的下拉列表框中选择"值字段设置"命令,如图 4-56 所示。打开"值字段设置"对话框,在该对话框的"值字段汇总方式"列表框中可以选择其他汇总方式,这里保持默认的"求和"选项不变,如图 4-57 所示。

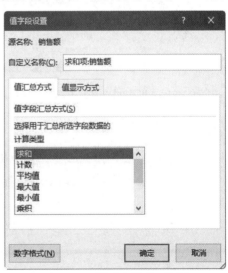

图 4-56　选择"值字段设置"命令　　　　图 4-57　"值字段设置"对话框

单击"数字格式"按钮,打开"设置单元格格式"对话框,在该对话框左侧"分类"列表框中选择"数值"选项,将"小数位数"设置为"1",如图 4-58 所示,接着单击"确定"按钮返回"值字段设置"对话框。

图4-58　"设置单元格格式"对话框

在"值字段设置"对话框中单击"确定"按钮，完成数据透视表的创建。

**6. 设置数据透视表的格式**

将光标置于数据透视表区域的任意单元格，切换到"数据透视表工具－设计"选项卡，在"数据透视表样式"组中单击选择一种合适的表格样式，这里选择"数据透视表样式浅色 15"表格样式，如图4-59所示。

图4-59　在"数据透视表工具－设计"选项卡中选择一种数据透视表样式

创建的数据透视表的最终效果如图4-60所示。

图4-60　数据透视表的最终效果

由图 4-60 所示的数据透视表可知，电视机与洗衣机总销售额分别为 81200 元、36850 元。

**提示**
创建数据透视表后，还可以编辑数据透视表。

切换到"数据透视表工具－分析"选项卡，如图 4-61 所示，利用该选项卡中的命令可以对创建的"数据透视表"进行多项设置，也可以对"数据透视表"进行编辑修改。

图 4-61　"数据透视表工具－分析"选项卡

数据透视表的编辑包括增加与删除数据字段、改变汇总方式、改变透视表布局等方面，大部分操作都可以借助"数据透视表工具－分析"选项卡的命令按钮完成。

（1）增加或删除数据字段

单击"数据透视表工具-分析"选项卡"显示"组的"字段列表"按钮，显示"数据透视表字段"窗格，可以将所需字段拖动到相应区域。

（2）改变汇总方式

单击"数据透视表工具-分析"选项卡"活动字段"组的"字段设置"按钮，打开"值字段设置"对话框，在该对话框中可以改变汇总方式。

（3）更改数据透视表选项

单击"数据透视表工具-分析"选项卡"数据透视表"组的"选项"按钮，打开图 4-62 所示的"数据透视表选项"对话框，在该对话框中更改相关设置。

图 4-62　"数据透视表选项"对话框

创建数据透视图的方法与创建数据透视表类似，由于本书篇幅的限制，这里不再赘述。

## 【任务 4-11】产品销售情况表的页面设置与打印输出

### 【任务描述】

① 打开 Excel 工作簿"蓝天易购电器商城产品销售情况表 6.xlsx"，对工作表"Sheet1"进行页面设置。

② 插入分页符，实现分页打印。

扫码观看本
任务视频

### 【任务实施】

打开 Excel 工作簿"蓝天易购电器商城产品销售情况表 6.xlsx"，对工作表"Sheet1"进行设置。

#### 1. 设置页面的方向、缩放、纸张大小、打印质量和起始页码

单击"页面布局"选项卡"页面设置"组右下角的"页面设置"按钮，打开"页面设置"对话框。在该对话框的"页面"选项卡中可以设置打印方向（纵向或横向打印）、缩小或放大打印的内容、选择合适的纸张类型、设置打印质量和起始页码。在"缩放"区域中选择"缩放比例"单选按钮，可以设置缩小或者放大打印的比例；选择"调整为"单选按钮，可以按指定的页数打印工作表。"页宽"为表格横向分隔的页数，"页高"为表格纵向分隔的页数。"打印质量"是指打印时所用的分辨率，分辨率以每英寸打印的点数为单位，点数越多，表示打印质量越好。

这里"方向"选择"纵向"，其他都采用默认设置值，如图 4-63 所示。

#### 2. 设置页边距

在"页面设置"对话框中切换到"页边距"选项卡，然后设置上、下、左、右边距以及页眉和页脚边距，还可以设置居中方式。这里左、右页边距设置为"1.5"，其他都采用默认设置值，如图 4-64 所示。

图 4-63 "页面设置"对话框的"页面"选项卡　　　图 4-64 "页面设置"对话框的"页边距"选项卡

#### 3. 设置页眉和页脚

在"页面设置"对话框中切换到"页眉/页脚"选项卡，在"页眉"或"页脚"下拉列表框中选择合适的页眉或页脚。也可以自行定义页眉或页脚，操作方法如下。

① 在"页眉/页脚"选项卡中单击"自定义页眉"按钮，打开"页眉"对话框，将插入点定位在"左部""中部"或"右部"文本框中，然后单击对话框中相应的按钮，按钮包括"格式文本""插入页码""插入页数""插入日期""插入时间""插入文件路径""插入文件名""插入数据表名称""插入图片"等。如果要在页眉中添加其他文字，在编辑框中输入相应文字即可，如果要在某一位置换行，按"Enter"键

即可。

这里在"中部"文本框输入"第 1、2 季度产品销售情况表"并选中文字，然后单击"格式文本"按钮 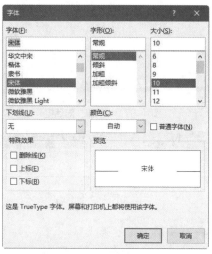，在弹出的"字体"对话框中将字体设置为"宋体"，将"字形"设置为"常规"，将"大小"设置为"10"，如图 4-65 所示。字体设置完成后单击"确定"按钮返回"页眉"对话框，如图 4-66 所示。

在"页眉"对话框中单击"确定"按钮返回"页面设置"对话框的"页眉/页脚"选项卡。

图 4-65　"字体"对话框

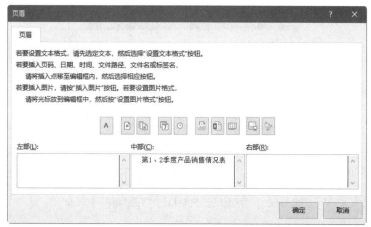

图 4-66　"页眉"对话框

② 在"页眉/页脚"选项卡中单击"自定义页脚"按钮，打开"页脚"对话框，将插入点定位在"左部""中部"或"右部"文本框中，然后单击对话框中相应的按钮。如果要在页脚中添加其他文字，在编辑框中输入相应文字即可，如果要在某一位置换行，按"Enter"键即可。

这里在"右部"文本框输入"第页　共页"，将插入点置于"第"与"页"之间，单击"插入页码"按钮，插入页码"&[页码]"，然后将插入点置于"共"与"页"之间，单击"插入页数"按钮，插入总页数"&[总页数]"，再单击"格式文本"按钮，在弹出的"字体"对话框中将"字体"设置为"宋体"，将"字形"设置为"常规"，将"大小"设置为"10"，字体设置完成后单击"确定"按钮返回"页脚"对话框，如图 4-67 所示。

在"页脚"对话框单击"确定"按钮返回"页面设置"对话框的"页眉/页脚"选项卡，如图 4-68 所示。

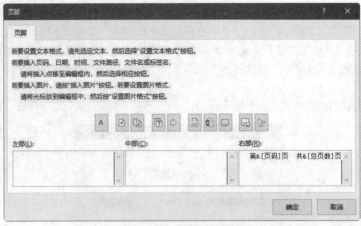

图 4-67　"页脚"对话框

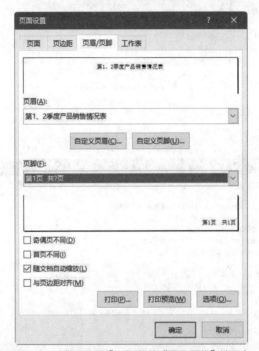

图 4-68　"页面设置"对话框的"页眉/页脚"选项卡

### 4. 设置工作表

在"页面设置"对话框中切换到"工作表"选项卡，在该选项卡进行以下设置。

（1）定义打印区域

根据需要在"打印区域"地址框中设置打印的范围为"$A$1:$F$30"，如果不设置，系统默认打印工作表中的全部数据。

（2）定义打印标题

如果在工作表中包含行列标志，可以使其出现在每页打印输出的工作表中。在"顶端标题行"文本框中指定顶端标题行所在的单元格区域"$1:$1"，在"左端标题行"文本框中指定左端标题行所在的单元格区域，这里为空。

（3）指定打印选项

选择是否打印"网格线"，是否为"单色打印"，是否按"草稿质量"打印（不打印框线和图表），是否打印"行和列标题"。

（4）设置打印顺序

选择"先行后列"打印顺序。

工作表设置完成，如图 4-69 所示。单击"确定"按钮关闭"页面设置"对话框即可。

图 4-69　工作表设置完成效果

### 5. 分页打印

单击新起页第 1 行对应的行号，例如第 20 行，在"页面布局"选项卡"页面设置"组的"分隔符"下拉菜单中选择"插入分页符"命令，如图 4-70 所示，即可插入分页符。其他需要分页的位置也按此方法插入分页符。

图 4-70　在"分隔符"下拉菜单中选择"插入分页符"命令

在 Excel 2016 窗口功能区单击"文件"标签，显示"信息"界面，单击左侧的"打印"按钮，切换到"打印"界面，在"打印"界面完成对打印输出的多项设置后，接通打印机，单击右侧的"打印"按钮，即可开始打印。

# 模块5
## 操作与应用
## PowerPoint 2016

　　PowerPoint 是一种功能完善、使用方便且可塑性较强的演示文稿制作工具，它提供了在计算机中制作演示文稿的各项功能，同时在演示文稿中可以嵌入视频、音频及 Word 或 Excel 等其他应用程序中的对象使用 PowerPoint，可以方便快捷地制作出图文并茂、形象生动的演示文稿，制作的演示文稿可以通过计算机或者投影议直接播放。PowerPoint 被广泛应用于公司宣传、产品推介、职业培训及教育教学等领域。本模块主要介绍 PowerPoint 2016 的操作与应用。

## 5.1 认知 PowerPoint 2016

### 5.1.1 PowerPoint 的基本概念

我们要熟悉 PowerPoint2016 的几个基本概念，具体如下。

**1. 演示文稿**

PowerPoint2016 文件一般称为演示文稿，其扩展名为".pptx"。演示文稿由一张张既独立又相互关联的幻灯片组成。

**2. 幻灯片**

幻灯片是演示文稿的基本组成元素，是演示文稿的表现形式。幻灯片的内容可以是文字、图像、表格、图表、视频和声音等。

**3. 幻灯片对象**

幻灯片对象是构成幻灯片的基本元素，是幻灯片的组成部分，它包括文字、图像、表格、图表、视频和声音等。

**4. 幻灯片版式**

幻灯片版式是指幻灯片中对象的布局方式，它包括对象的种类，以及对象和对象之间的相对位置。

**5. 幻灯片模板**

幻灯片模板是指演示文稿整体上的外观风格，它包含预设的文字格式、颜色、背景图案等。系统提供了若干模板供用户选用，用户也可以自建模板，或者下载网络上的模板。

### 5.1.2 PowerPoint 2016 窗口基本组成及其主要功能

**1. PowerPoint 2016 窗口基本组成**

　　PowerPoint 2016 启动成功后，屏幕上会出现 PowerPoint 2016 窗口，该窗口主要由快速访问工具栏、标题栏、功能区、大纲/幻灯片浏览窗格、幻灯片窗格、备注窗格、视图切换按钮、状态栏等元素组成，如图 5-1 所示。

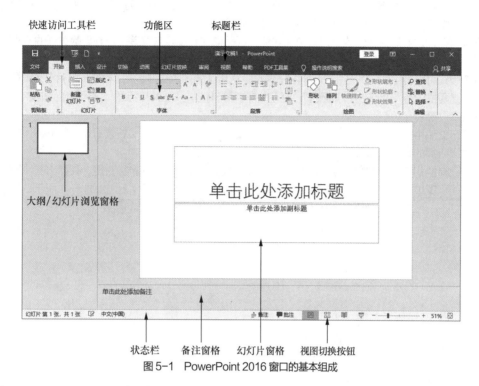

图 5-1 PowerPoint 2016 窗口的基本组成

### 2. PowerPoint 2016 窗口组成元素的主要功能

熟悉电子活页中的内容，掌握 PowerPoint 2016 窗口的各个组成元素的主要功能。

## 5.1.3 PowerPoint 2016 的视图类型与切换方式

视图是用户查看幻灯片的方式，PowerPoint 能够以不同的视图类型来展示演示文稿的内容，在不同视图下观察幻灯片的效果有所不同。PowerPoint 2016 提供了多种可用的展示演示文稿的方式，分别是普通视图、大纲视图、幻灯片浏览视图、备注页视图、阅读视图。PowerPoint 2016 窗口下方状态栏中的视图切换按钮如图 5-2 所示，从左至右依次为"普通视图"按钮、"幻灯片浏览"按钮、"阅读视图"按钮和"幻灯片放映"按钮。功能区"视图"选项卡"演示文稿视图"组的视图切换按钮如图 5-3 所示。

图 5-2　状态栏中的视图切换按钮　　图 5-3　"视图"选项卡"演示文稿视图"组的视图切换按钮

熟悉电子活页中的内容，掌握 PowerPoint 2016 中各种视图类型的特点和功能。

## 5.1.4　幻灯片母版与版式

幻灯片母版用来存储有关幻灯片主题和版式的信息。PowerPoint 2016 中对母版的设置包括编辑母版、母版版式设置、编辑主题、背景设置、幻灯片大小设置等。

每个演示文稿至少包含一个幻灯片母版，每个幻灯片母版可能包含多个不同的幻灯片版式。可以根据幻灯片的逻辑功能和布局特点来选择适用的版式，每张幻灯片都可以选择套用其中任意一种版式。如果幻灯片当中包含多个母版，还可以选择不同母版下的版式。

母版可以设定幻灯片整体的背景颜色、字体、背景样式、主题效果等。在与母版关联的不同版式中可以设置结构样式、字体样式、占位符大小和相对位置等。

每个版式可以有不同的命名和适用对象，通常默认母版的内置主题包括"标题幻灯片""标题和内容""节标题""两栏内容""比较""仅标题""空白""内容与标题""图片与标题""标题和竖排文字""竖排标题与文本"等。

在演示文稿中新建幻灯片时，单击"插入"选项卡"幻灯片"组的"新建幻灯片"按钮，在其下拉菜单中选择所需的版式，即可插入一张新幻灯片，并应用所选的版式。

对于已有的幻灯片，如果需要更新版式，可以先选定幻灯片后单击鼠标右键，在弹出的快捷菜单中选择"版式"菜单项，在其级联菜单中选择所需的版式应用到当前幻灯片上，如图5-4所示；或者单击"开始"选项卡"幻灯片"组的"版式"按钮，在其下拉菜单中选择所需的版式。

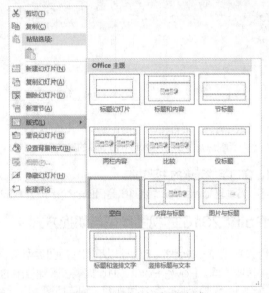

图5-4　在已有幻灯片更新版式

### 1. 幻灯片占位符

占位符是版式中的容器，可容纳文本（包括标题、正文文本和项目符号列表等）、图片、图表、表格、SmartArt 图形、媒体（包括声音、影片、动画及剪贴画等）、联机图像，并规定了这些内容在幻灯片页面上默认放置的位置和大小。

正是基于不同布局形式、大小和位置的各类占位符的设置构成了各种不同的母版版式。在新建空白幻灯片时，应用某种版式就可以在幻灯片页面上看到相应的占位符占位排版方式。

如"单击此处编辑母版标题样式"，此类文字并不是真实存在的文字，而是占位符中的提示信息，并不会在幻灯片播放或打印时显示。编辑幻灯片时，一旦在占位符里添加了实际内容，这些提示文字就会消失。

占位符是规范和统一幻灯片版式及字体的重要工具，但是有很多用户在编辑幻灯片时习惯把这些占位符删除，这时使用"重置"功能就可以恢复版式中默认的占位符。单击"开始"选项卡"幻灯片"组的"重置"按钮，可以恢复当前幻灯片中的占位符。占位符一旦确定，相关内容就默认自动填写在占位符中，并保持固定位置和大小。例如，使用文字占位符，当文字过多时，默认情况下会自动压缩文字的大小以适应占位符的尺寸大小。如果觉得不妥，用户可以手动重新调整占位符的位置和大小。

**2. 快速设置版式字体**

幻灯片母版的版式中可以通过设置主题字体来快速改变其中占位符的字体样式。主题字体中"标题字体"的应用对象是版式中的标题占位符，主题字体中"正文字体"的应用对象包括版式中的副标题、正文、页脚、日期、幻灯片编号等占位符元素。

**3. 统一设置页脚信息**

通过幻灯片母版中的页脚占位符，可以很方便地在幻灯片中生成统一样式的页脚，并且可以让页脚中的幻灯片页码随着幻灯片页数和位置的变化自动更新。

在幻灯片母版视图中，选中当前幻灯片所使用的母版，在页脚的位置会显示日期、页脚信息和代表页码的<#>符号，可以根据需要设定它们的位置、内容以及外观样式。

在幻灯片母版中设置完成以后，关闭母版视图，返回到幻灯片的编辑模式下，单击"插入"选项卡"文本"组的"页眉和页脚"按钮。在弹出的"页眉和页脚"对话框中，可以选择需要在幻灯片页脚部分显示的信息，包括日期和时间、幻灯片编号和页脚信息，如图 5-5 所示。如果不希望在标题幻灯片中显示页脚，则可以在"页眉和页脚"对话框下方选中"标题幻灯片中不显示"复选框。

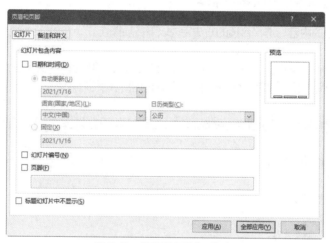

图 5-5　"页眉和页脚"对话框

# 5.2 PowerPoint 2016 的基本操作

## 5.2.1 启动与退出 PowerPoint 2016

### 【操作 5-1】启动与退出 PowerPoint 2016

熟悉电子活页中的内容，选择合适的方法完成启动 PowerPoint 2016、退出 PowerPoint 2016 等操作。

## 5.2.2 演示文稿的基本操作

### 【操作 5-2】演示文稿的基本操作

熟悉电子活页中的内容，选择合适的方法完成以下各项操作。

**1. 创建演示文稿**

启动 PowerPoint 2016 时，创建一个新演示文稿。

**2. 保存演示文稿**

将新创建的演示文稿以名称"【操作 5-2】演示文稿基本操作"保存，保存位置为"模块 5"。

**3. 利用模板创建演示文稿**

创建基于"水滴"模板的演示文稿，并将演示文稿以名称"利用模板创建演示文稿"保存。

**4. 关闭演示文稿**

关闭演示文稿"【操作 5-2】演示文稿基本操作.pptx"。

**5. 打开演示文稿**

再一次打开演示文稿"【操作 5-2】演示文稿基本操作.pptx"。

**6. 关闭演示文稿**

关闭演示文稿"利用模板创建演示文稿.pptx"，然后退出 PowerPoint 2016。

### 5.2.3　幻灯片的基本操作

### 【操作 5-3】幻灯片的基本操作

熟悉电子活页中的内容，选择合适的方法完成以下各项操作。

**1. 添加幻灯片**

启动 PowerPoint 2016 时，打开演示文稿"【操作 5-3】幻灯片基本操作.pptx"。在该演示文稿第一张幻灯片之前、中间位置、最后一张幻灯片之后添加多张空白幻灯片。

**2. 选定幻灯片**

完成选定单张幻灯片、选定多张连续的幻灯片、选定多张不连续的幻灯片、选择所有幻灯片等操作。

**3. 移动幻灯片**

采用不同的方法移动幻灯片。

**4. 复制幻灯片**

采用不同的方法复制幻灯片。

**5. 删除幻灯片**

采用不同的方法删除幻灯片。

## 5.3　在演示文稿中重用幻灯片

"重用幻灯片"是指在不打开源演示文稿的情况下，直接将其中的幻灯片导入打开的演示文稿。

### 【操作 5-4】重用幻灯片

熟悉电子活页中的内容，选择合适的方法完成以下操作。

**1. 创建演示文稿**

启动 PowerPoint 2016 时，创建一个新演示文稿，并将演示文稿以名称"重用幻灯片"保存。

**2. 重用幻灯片**

在演示文稿"重用幻灯片.pptx"中以"重用幻灯片"方式插入演示文稿"感恩活动策划.pptx"的全部幻灯片。

## 5.4  合并演示文稿

如果需要将另一个演示文稿中的所有幻灯片全部添加到当前演示文稿中，除了前面介绍的"重用幻灯片"的方法，还可以用更快捷的合并功能来实现。

单击"审阅"选项卡"比较"组的"比较"按钮，在打开的"选择要与当前演示文稿合并的文件"对话框中选定需要导入的源演示文稿，然后单击下方的"合并"按钮，如图 5-6 所示。接下来单击"审阅"选项卡的"比较"组的"接受"按钮就可以显示导入当前演示文稿中的所有幻灯片，导入的幻灯片会保留原有的样式。最后单击"审阅"选项卡的"比较"组的"结束审阅"按钮，确定修改并退出审阅模式。

图 5-6　"选择要与当前演示文稿合并的文件"对话框

## 5.5  在演示文稿中设置幻灯片版式与大小

演示文稿中的每张幻灯片都有一定的版式，版式是指幻灯片中对象的布局方式和格式设置。不同的版式拥有不同的占位符，不同的占位符构成了幻灯片的不同布局。PowerPoint 2016 预设多种文字版式、内容版式和其他版式。选定一种版式，在幻灯片中预先设置了一些占位符。对于输入文字内容的占位符，其功能相当于文本框，在占位符框内可以输入与编辑文字。对于插入表格、图表、SmartArt 图形、图片、形状、视频、音频、图标等对象的占位符，占位符框包含插入这些对象的快捷按钮，用户可以根据需要单击相应按钮，然后插入对象。

### 5.5.1  设置幻灯片版式

演示文稿中的幻灯片可以应用某一种模板，模板控制幻灯片的整体外观风格、颜色搭配、字体设置和背景样式等。每一张幻灯片还可以使用合适的版式，版式控制每一张幻灯片的布局结构和格式设置。

可以在新建幻灯片时选用合适的版式，也可以重新设置幻灯片的版式，操作方法如下。

① 在"普通视图"的幻灯片浏览窗格或者在"幻灯片浏览视图"中，选中需要设置版式或改变版式的幻灯片。

② 单击"开始"选项卡"幻灯片"组的"版式"按钮，打开其下拉菜单，如图 5-7 所示，选择所需的版式即可。"两栏内容"的版式如图 5-8 所示。

图 5-7 "版式"下拉菜单

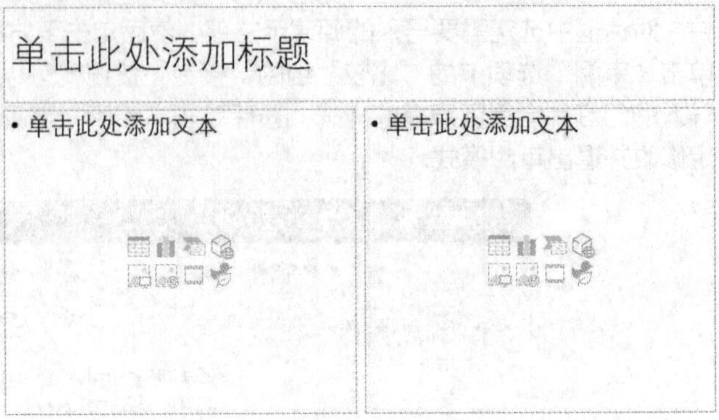

单击此处添加标题

- 单击此处添加文本          - 单击此处添加文本

图 5-8 "两栏内容"的版式

## 5.5.2 设置幻灯片大小

幻灯片常见的长宽比为标准 4：3 和宽屏 16：9，如果在拥有宽屏 16：9 的计算机上放映标准 4：3 大小的幻灯片，则会在屏幕两侧留下两条黑边。

在调整页面显示比例的同时，幻灯片中所包含的图片和图形等对象也会随比例发生相应的拉伸变化。因此，通常在制作幻灯片之前就需要设置好幻灯片大小。

### 1. 自定义幻灯片大小

单击"设计"选项卡"自定义"组的"幻灯片大小"按钮，在其下拉菜单中包括"标准(4：3)""宽屏(16：9)"和"自定义幻灯片大小"选项。选择"自定义幻灯片大小"命令，如图 5-9 所示，打开"幻灯片大小"对话框，在该对话框中可以分别设置幻灯片大小、宽度、高度、幻灯片编号起始值、方向等，如图 5-10 所示。

图 5-9 选择"自定义幻灯片大小"命令

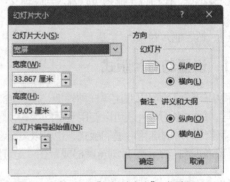

图 5-10 "幻灯片大小"对话框

### 2. 设置适合打印输出的尺寸

如果需要打印输出幻灯片，则可以像使用 Word 一样把幻灯片的页面调整成纸张的大小。例如，将幻灯片的大小设置成 A4 纸（210 毫米×297 毫米）的大小，与此同时还可以调整幻灯片的宽度、高度和方向。

把幻灯片设置成纸张的版式，并在 PowerPoint 当中进行排版设计，可以充分利用它在图文编辑和布局上的便利，不需要借助专业的排版软件也可以轻松地设计出图文并茂的精彩页面。

除计算机屏幕显示、幕布投影以及打印输出以外，使用幻灯片还可以设计制作横幅，可以在"幻灯片大小"对话框的"幻灯片大小"下拉列表框中选择"横幅"，如图 5-11 所示。

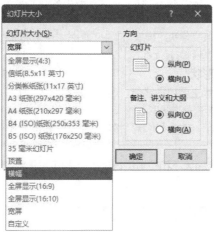

图 5-11　在"幻灯片大小"下拉列表框中选择"横幅"

## 5.6　演示文稿中的内容编辑与格式设置

在演示文稿的幻灯片中可输入文字，可以插入表格、图表、SmartArt 图形、图片、形状、视频、音频、图标等媒体对象，还可以对文字和媒体对象进行格式设置，综合应用这些媒体对象可以增强幻灯片的视听效果。

### 5.6.1　在幻灯片中输入与编辑文字

#### 【操作 5-5】在幻灯片中输入与编辑文字

熟悉电子活页中的内容，选择合适方法完成以下操作。

① 创建并打开演示文稿"品经典诗词、悟人生哲理.pptx"，在该演示文稿中添加多张幻灯片，各张幻灯片的版式可以分别选择"标题幻灯片""标题和内容""仅标题""标题和竖排文字"和"空白"。

② 在各张幻灯片中输入文件夹"模块 3"中 Word 文档"品经典诗词、悟人生哲理.docx"中的名言名句。

### 5.6.2　在幻灯片中插入与设置多媒体对象

在幻灯片中可以插入表格、图表、艺术字、SmartArt 图形、图片、形状、视频、音频等多媒体对象，也可以对这些多媒体对象进行编辑。

#### 1. 在幻灯片中插入与设置图片

在幻灯片中可以插入多种格式的图片，包括 JPG、BMP、GIF、WMF、PNG、SVG、ICO 等图片格式。

选中要插入图片的幻灯片，单击"插入"选项卡"图像"组的"图片"按钮，打开"插入图片"对话框，在该对话框中选择合适的图像文件，然后单击"插入"按钮即可在当前幻灯片中插入图片。

接下来可以在幻灯片中调整图片的大小和位置，还可以使用"图片工具 - 格式"选项卡设置图片样式、图片边框、图片效果、图片版式，以及裁剪图片、旋转图片。

### 【操作 5-6】在幻灯片中插入与设置图片

选择合适方法完成以下操作。

① 创建并打开演示文稿"大美九寨沟.pptx"，在该演示文稿中添加多张幻灯片，各张幻灯片的版式可以分别选择"标题和内容""两栏内容""图片与标题"和"空白"等。

② 在各张幻灯片中分别插入文件夹"模块 5"中的图片"芦苇海.jpg""树正群海.jpg""五花海.jpg""夏日清凉绿意深.jpg""一湖平静倒影起.jpg"。

#### 2. 在幻灯片中插入与设置形状

PowerPoint 2016 中的形状主要包括线条、矩形、基本形状、箭头总汇、公式形状、流程图、星与旗帜、标注等，每一类都有多种不同的图形。

单击"插入"选项卡"插图"组的"形状"按钮，从其下拉菜单中选择所需形状，在幻灯片中拖曳鼠标绘制图形即可。

可以对插入幻灯片中的形状的大小和位置进行调整，也可以删除幻灯片中的形状，其操作方法与在 Word 文档中相同。

### 【操作 5-7】在幻灯片中插入与设置形状

选择合适方法完成以下操作。

① 创建并打开演示文稿"在幻灯片中插入与设置形状.pptx"，在该演示文稿中添加多张幻灯片，各张幻灯片都采用"空白"版式。

② 在各张幻灯片中分别插入线条、矩形、基本形状、箭头、公式形状、流程图、星与旗帜、标注，类型自选，数量不限。

#### 3. 在幻灯片中插入与设置艺术字

### 【操作 5-8】在幻灯片中插入与设置艺术字

熟悉电子活页中的内容，选择合适方法完成以下操作。

① 创建并打开演示文稿"夏日清凉绿意深.pptx"，在该演示文稿中添加一张幻灯片，该幻灯片采用"空白"版式。

② 在幻灯片中插入艺术字"夏日清凉绿意深"。

③ 艺术字的样式为"图案填充-蓝色，着色 1，对角线：浅色上对角，轮廓：着色 1"。

④ 艺术字的文本效果为"绿色，8pt 发光，个性色 6"。

插入艺术字"夏日清凉绿意深"的最终效果如图 5-12 所示。

图 5-12　插入艺术字"夏日清凉绿意深"的最终效果

#### 4. 在幻灯片中插入与设置 SmartArt 图形

### 【操作 5-9】在幻灯片中插入与设置 SmartArt 图形

熟悉电子活页中的内容，选择合适方法完成以下操作。

① 创建并打开演示文稿"活动方案目录.pptx"，在该演示文稿中添加一张幻灯片，该幻灯片采用"空白"版式。

② 在幻灯片中插入"垂直图片重点列表" SmartArt 图形，垂直图片重点列表项数量为 4 项，颜色

选择"彩色范围-个性色 2 至 3"，SmartArt 样式选择"强烈效果"样式。

③ 在"垂直图片重点列表"SmartArt 图形的各个编辑框中依次输入文字"活动主题""活动目的""活动过程"和"预期效果"。

④ 在 SmartArt 图形左侧小圆形中分别插入图片"图片 1.jpg""图片 2.jpg""图片 3.jpg"和"图片 4.jpg"。SmartArt 图形及其编辑状态如图 5-13 所示。

⑤ 调整 SmartArt 图形的大小和位置。在幻灯片中插入 SmartArt 图形的最终效果如图 5-14 所示。

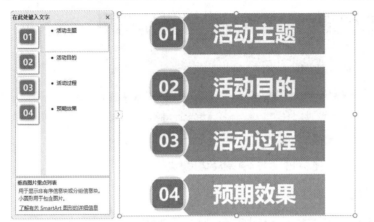

图 5-13　SmartArt 图形及其编辑状态　　　　图 5-14　在幻灯片中插入 SmartArt 图形的最终效果

### 5. 在幻灯片中插入与设置文本框

## 【操作 5-10】在幻灯片中插入与设置文本框

熟悉电子活页中的内容，选择合适的方法完成以下操作。

① 创建并打开演示文稿"在幻灯片中插入与设置文本框.pptx"，在该演示文稿中添加一张幻灯片，该幻灯片采用"空白"版式。

② 绘制横排文本框，在文本框中输入文字"勿以恶小而为之，勿以善小而不为"。

③ 设置文本框中文字的格式。

### 6. 在幻灯片中插入与设置表格

## 【操作 5-11】在幻灯片中插入与设置表格

熟悉电子活页中的内容，选择合适的方法完成以下操作。

（1）创建并打开演示文稿

创建并打开演示文稿"在幻灯片中插入与设置表格.pptx"，在该演示文稿中添加 1 张幻灯片，该幻灯片采用"空白"版式。

（2）插入表格

插入一个 6 行 4 列表格，在表格中标题行分别输入标题文字"序号""图书名称""ISBN""价格"，然后分别输入图书的对应内容。

（3）设置表格文字的格式

将表格中文字的字号设置为"12"，中文字体设置为"宋体"，表格各行都设置为"垂直居中"，表格标题行文字的对齐方式设置为"居中"，第 2 列除标题行之外所有行的对齐方式都设置为"左对齐"，其他列所有行的对齐方式设置为"居中"。

（4）调整表格的行高和列宽

用鼠标拖曳的方法调整表格的行高和列宽。

（5）设置表格样式

"表格样式"选择"中度样式2-强调5"。

（6）调整表格在幻灯片中的位置

调整表格在幻灯片中的位置后，6行4列表格的最终效果如图5-15所示。

| 序号 | 图书名称 | ISBN | 价格 |
|---|---|---|---|
| 1 | HTML5+CSS3移动Web开发实战 | 9787115502452 | 58.00 |
| 2 | 给Python点颜色 青少年学编程 | 9787115512321 | 59.80 |
| 3 | 零基础学Python（全彩版） | 9787569222258 | 79.80 |
| 4 | 数学之美（第二版） | 9787115373557 | 49.00 |
| 5 | 自然语言处理入门 | 9787115519764 | 99.00 |

图5-15　6行4列表格的最终效果

**7. 在幻灯片中插入与设置 Excel 工作表**

## 【操作5-12】在幻灯片中插入与设置 Excel 工作表

熟悉电子活页中的内容，选择合适的方法完成以下操作。

① 创建并打开演示文稿"在幻灯片中插入与设置 Excel 工作表.pptx"，在该演示文稿中添加一张幻灯片，该幻灯片采用"空白"版式。

② 在该幻灯片中插入 Excel 工作簿"五四青年节系列活动经费预算.xlsx"。

**8. 幻灯片中插入声音和视频**

为了增强演示文稿的效果，可以在幻灯片中插入音频，以达到强调或实现特殊效果的目的。在幻灯片中插入音频后，将显示一个表示音频的图标。也可以将视频插入幻灯片中。

## 【操作5-13】在幻灯片中插入声音和视频

熟悉电子活页中的内容，选择合适的方法完成以下操作。

① 创建并打开演示文稿"在幻灯片中插入声音和视频.pptx"，在该演示文稿中添加 2 张幻灯片，2 张幻灯片都采用"空白"版式。

② 在幻灯片中插入声音文件"欢快.mp3"，将声音开始播放方式设置为"自动"。

③ 插入视频文件"九寨沟宣传视频.mp4"，将视频播放方式设置为"全屏播放"和"播放完毕返回开头"。

### 5.6.3　在幻灯片中插入与设置超链接

超链接用于从幻灯片快速跳转到链接的对象。

## 【操作5-14】在幻灯片中插入与设置超链接

熟悉电子活页中的内容，打开演示文稿"在幻灯片中插入与设置超链接.pptx"，在该演示文稿中选择合适的方法完成以下操作。

**1. 链接到已有的 Word 文件**

① 打开演示文稿"在幻灯片中插入与设置超链接.pptx",选中幻灯片"目录"。

② 在该幻灯片中选择需要设置为超链接的文字"活动过程"。

③ 插入超链接,链接到文件夹"模块 3"中的 Word 文档"'五四'晚会活动过程.docx"。

④ 在幻灯片中设置超链接提示文字"'五四'晚会活动过程"。

**2. 链接到同一文稿中的其他幻灯片**

① 打开演示文稿"感恩活动策划.pptx",选中幻灯片"目录"。

② 为幻灯片"目录"页中的文字"活动目的""活动安排""活动计划""活动过程""活动准备"和"经费预算"设置超链接,链接到本演示文稿中对应的幻灯片。

## 5.6.4 在幻灯片中插入与设置动作按钮

PowerPoint 2016 提供了多种实用的动作按钮,可以将这些动作按钮插入幻灯片中并为之定义链接,改变幻灯片的播放顺序。

### 【操作 5-15】在幻灯片中插入与设置动作按钮

熟悉电子活页中的内容,选择合适的方法完成以下操作。

① 打开演示文稿"感恩活动策划.pptx",选中幻灯片"活动安排"。

② 在该幻灯片中插入"动作按钮:前进或下一项"按钮 ▷。

③ 将"单击鼠标时的动作"设置为"超链接到",并设置为"下一张幻灯片",将"播放声音"设置为"单击"。

④ 将动作按钮的外观形状设置为"细微效果-蓝色,强调颜色 1"。

## 5.6.5 幻灯片中的对象格式设置

**1. 文字方向设置**

通常状态下看幻灯片的文字时,我们习惯从左到右横着看,其实试试把文字竖向排列、斜向排列、十字交叉排列、错位排列,会让文字别具魅力。

① 一般的幻灯片中文字采用左右横向排列,符合阅读习惯。

② 汉字是方块字,可以竖向排列,竖式阅读是从上到下、从右往左看,一般加上竖式线条修饰更有助于观众阅读。

③ 无论是中文还是英文,都可以把文字斜向排列,斜向排列的文字往往打破了大家默认的阅读视野,有很强的冲击力。如果文字斜向排列,文字的内容不宜太多。斜向文字往往需要配图美化,配图的一个技巧是使图片和文字成 90° 角,让大家顺着图片把注意力集中到斜向文字上。

**2. 文字修饰与美化**

幻灯片中常规的艺术修饰效果有加粗、斜体、划线、阴影、删除线、密排、松排、变色、艺术字等,艺术字样式有文本填充(填充文字内部的颜色)、文本轮廓(填充文字外框的颜色)和文本效果(设置文字阴影等特效)。文本效果里面有一种特殊的转换特效,利用该转换效果可以制作出各种弯曲的字体。如果加上拉伸调整和换行操作,那么可以呈现非常有趣的效果。

在幻灯片中将文字用各种形状包围,可获得更具修饰感的文字形状,利用形状组合和颜色遮挡可以获得一些特殊的效果。

① 用轮廓线美化文本:添加轮廓线美化标题文字。

② 使用精美的艺术字:为选择的文字添加艺术字效果。

③ 快速美化文本框：设置文本框边框与填充效果。

④ 格式刷引用文本格式：使用格式刷保证幻灯片中文字的格式相同。

### 3. 幻灯片段落排版

单击"开始"选项卡"段落组"右下角的按钮 ⌐，打开"段落"对话框，在该对话框中可以设置对齐方式、缩进、行距和段间距。

熟悉电子活页中的内容，掌握设置行间距、设置段落间距、设置缩进和设置文字对齐方式的方法。

### 4. 在幻灯片中使用默认样式

熟悉电子活页中的内容，掌握在幻灯片中使用默认线条、形状、文本框样式的方法。

## 5.7 演示文稿的主题与母版设置

演示文稿的个性化主题可以让演示文稿具有独特风格的外观，既与众不同，又引人入胜。幻灯片母版是存储设计模板信息的幻灯片，该信息包括字形、占位符大小或位置、背景设计和配色方案等。通过母版可以很方便地设置幻灯片的版式。

### 5.7.1 使用主题统一幻灯片风格

熟悉电子活页中的内容，掌握幻灯片中使用主题统一幻灯片风格的各种方法，包括应用 PowerPoint 主题、快速更换主题、新建自定义主题、设置背景样式等。

### 5.7.2 快速调整幻灯片字体

#### 1. 全局性快速更改字体

有时候幻灯片设计者希望将整个演示文稿中的所有文字统一成某类字体，这种更改全局字体的需求在许多时候可以通过在"设计"选项卡"变体"组中选择"字体"级联选项中的某种字体来实现。

在默认情况下，使用占位符生成的文本或新插入的文本框、形状、图表等对象中的文字都会自动套用主题字体，这些统一使用主题字体的文字，其字体类型会随着"主题"中"字体"的更改而自动同步更新。因此，只要没有对文字设置过主题字体以外的其他自选字体，就可以通过这个功能快速地实现全局性的字体更改。

除了内置的主题字体以外，用户还可以创建自定义的主题字体方案，一个完整的主题字体方案包括西文和中文，标题字体和正文字体 4 种字体类型组合。新建主题字体的方法为：在"设计"选项卡"变体"组中单击"其他"按钮 ▾，在其下拉菜单中用鼠标指针指向"字体"菜单，在"字体"级联选项中选择最下方的"自定义字体"选项，打开"新建主题字体"对话框，将西文标题字体设置为"Arial Black"，将西文正文字体设置为"Times New Roman"，将中文标题字体设置为"微软雅黑"，将中文正文字体设置为"黑体"，将名称定义为"我的主题字体 1"，如图 5-16 所示。

可以根据实际需要设置幻灯片中任意一种文字的字体，幻灯片文档中的文本内容会根据自身文字的类别自动改变字体。标题占位符的文本自动对应使用"标题"字体，其他文本则自动对应使用"正文"字体。

#### 2. 通过大纲视图更改字体

如果在幻灯片的设计过程中，使用页面中的占位符进行内容和文字的编辑，那么还可以通过大纲视图来批量设置一张幻灯片或多张幻灯片中的文字字体。

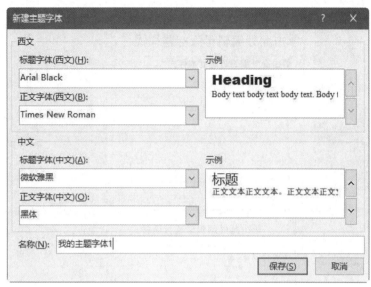

图 5-16　"新建主题字体"对话框

① 切换至大纲视图。

② 在左侧大纲窗格中选取所需更改字体的文字。

❏　选中某张幻灯片的文字：单击左侧幻灯片的图标即可。

❏　连续选取：选中开头，然后按住"Shift"键，选取结尾幻灯片。

❏　不连续选取：按住"Ctrl"键，拖曳鼠标选取不连续的区域。

❏　全部选中：按"Ctrl+A"组合键。

③ 在"开始"选项卡的"字体"组中更改新字体。

在大纲视图下设置统一字体，不仅可以设置字体类型，还可以设置字体颜色和字号等，更加灵活方便。

更改字体以后单击鼠标右键，在弹出的快捷菜单中选择"升级"或"降级"命令即可调整大纲级别。

### 3. 通过母版版式更换字体

对于使用占位符编辑演示文稿中文字的情况，在母版的版式中直接更改占位符的字体可以影响到整个演示文稿中使用此版式的所有幻灯片中的文字字体。比使用主题字体设置全局字体更有利的是，这种方法不仅可以设置字体类型，还可以设置字体大小和样式。

如果要对所有版式中的占位符字体进行统一修改，则可以直接在母版视图中进行设置，而不需要单独对每一个版式进行设置。例如，如果想要整体设置标题的字体，则可以直接在母版视图中设置标题占位符的字体。

如果想要知道某个版式的应用情况，可以在母版视图下将鼠标指针在这个版式上停留，系统就会自动弹出一个信息框，显示该版式正在被哪些幻灯片使用，如图 5-17 所示。如果母版的某个版式正在被某些幻灯片页面使用，就无法对这个版式执行删除操作。

### 4. 直接替换字体

除了在主题和母版上进行设置，PowerPoint 2016 还支持直接根据现有字体的类型来进行指定的一对一替换。使用这一方法进行文字替换比较有针对性，每次只对同一种字体的文字起作用，不会影响其他文字。

单击"开始"选项卡"编辑"组的"替换"下拉按钮 ，在展开的下拉菜单中选择"替换字体"命令，如图 5-18 所示。在弹出的"替换字体"对话框中分别设置被替换的字体（如"华文行楷"）和替换的目标字体（例如"微软雅黑"），如图 5-19 所示，然后单击"替换"按钮，即可完成字体替换操作。

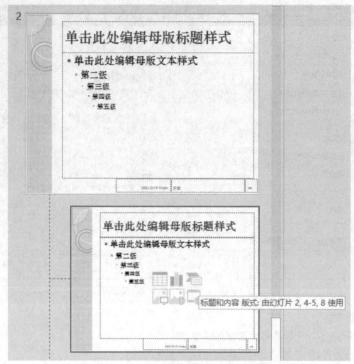

图 5-17　显示该版式正在被哪些幻灯片使用

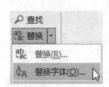

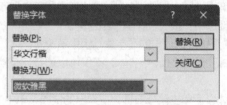

图 5-18　在"替换"下拉菜单中选择"替换字体"命令　　图 5-19　"替换字体"对话框

### 5.7.3　更换与应用幻灯片配色方案

#### 1. 设置主题颜色

优秀的配色方案不仅能带给观众愉悦的视觉感受，还能起到调节页面视觉平衡、突出重点内容等作用。PowerPoint 2016 中预置了数十种配色方案，以"主题颜色"的方式提供。

在"设计"选项卡"变体"组中单击"其他"按钮▾，可以在"颜色"级联选项中选择不同的内置配色方案，但内置的配色方案不能自行更改。

每个配色方案由一组包含 12 种颜色（文字/背景-深色 1、文字/背景-浅色 1、文字/背景-深色 2、文字/背景-浅色 2、着色 1、着色 2、着色 3、着色 4、着色 5、着色 6、超链接、已访问的超链接）的配置组成，这 12 种主题颜色构成的配色方案决定了幻灯片中的文字、背景、图形和超链接等对象的默认颜色。通过新建主题颜色可以自定义配色方案。新建主题颜色的方法为：在"设计"选项卡"变体"组单击"其他"按钮▾，在弹出的下拉菜单中用鼠标指针指向"颜色"选项，在其级联选项中选择最下方的"自定义颜色"命令，打开"新建主题颜色"对话框，如图 5-20 所示；在"新建主题颜色"对话框中单击不同主题颜色对应的按钮，弹出"主题颜色"下拉列表框，在该下拉列表框中选择合适的颜色即可，如图 5-21 所示。

图 5-20 "新建主题颜色"对话框

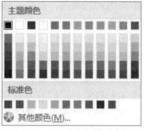

图 5-21 "主题颜色"下拉列表框

在演示文稿中使用主题颜色进行设置的文字、线条、形状、图表、SmartArt 图形等对象，都会因为主题颜色的更换而改变。

如果在幻灯片中使用了主题颜色进行配色，那么当这个幻灯片被复制到其他演示文稿中时，就配色会自动被新演示文稿的主题颜色替代。如果希望保留原来的颜色，可以在粘贴幻灯片时单击"保留源格式"按钮 ，如图 5-22 所示。如果在幻灯片中所使用的是自定义颜色，那么该幻灯片被复制到别处以后仍能保留原来的配置方案。

**2. 屏幕取色**

PowerPoint 2016 提供了"取色器"，用户可以在整个屏幕中鼠标指针能够到达的位置提取颜色，并将提取的颜色直接填充剂形状、边框等一切需要调整颜色的形状。

① 在幻灯片中先插入待设置颜色的形状或选中幻灯片中需要调整颜色的形状。

② 在"绘图工具-格式"选项卡中单击"形状填充"按钮，在其下拉菜单中选择"取色器"命令，如图 5-23 所示。

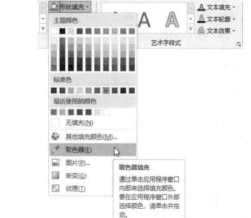

图 5-22 粘贴幻灯片时选择"保留源格式"按钮　　图 5-23 在"形状填充"下拉菜单中选择"取色器"命令

③ 将鼠标指针 ✐ 移至待取色的区域单击，则已选择的形状的填充颜色自动设置为所取颜色。

"主题颜色"色板由 10 种基础色及它们不同深浅的衍生颜色构成。

### 5.7.4 设置与应用幻灯片的主题样式

幻灯片中所使用到的图片、表格、图表、SmartArt 图形和形状等对象都可以通过快速样式库快速设置不同的样式，幻灯片中形状的快速样式库如图 5-24 所示。这些样式应用在形状的线条、填充、阴影效果、映像效果等方面，以让形状形成不同外观。

选用同一个主题样式，可以在不同的形状、图表、SmartArt 图形、图片等对象上形成风格一致的样式效果。如果选择的主题效果发生改变，那么这些幻灯片对象的外观样式也会随之发生相应的变化，但风格依然保持一致。

更换不同的幻灯片主题样式，可以对应更换快速样式库中的不同样式效果。每一个主题样式都分别对应了一组不同的样式效果，并且在形状、图表、SmartArt 图形等不同对象的快速样式库中具有一致的风格。

### 5.7.5 设计幻灯片模板

一套幻灯片模板通常包括以下基本组成要素：主题颜色、主题字体、封面版式、封底版式、目录版式、正文版式。用户还可以有选择地设置主题效果、背景色或背景图案及其他装饰元素。

图 5-24　形状的快速样式库

对于企业的幻灯片模板，主题颜色还需要与企业的整体视觉形象相匹配，装饰元素可以是企业标志或其他与企业文化相关的素材。

#### 1. 选择配色

设计幻灯片模版时先选择文字颜色和背景颜色，可以使用取色工具来获取所需颜色。

设置好主题颜色后，自定义一套新的配色方案，将所选择颜色添加到主题色系中，方便使用。

主题颜色中所设置的颜色可以显示在"主题颜色"色板中，因此可以将经常需要用到的颜色添加到自定义的配色方案中。

#### 2. 选择字体

可以在主题中新建主题字体，设置标题和正文的字体方案。通常使用非衬线体的微软雅黑字体作为主要字体。

#### 3. 封面页面版式设计

封面页面版式设计主要考虑封面标题的位置和样式，可以使用图形或图片加以修饰，但要注意不要喧宾夺主，适当的留白有时候能让幻灯片显得更加大气。

在幻灯片母版视图中可以选中"标题幻灯片"版式进行封面页面版式设计。

#### 4. 目录页面版式设计

目录页面从内容上来说主要用于放置幻灯片文档的标题。在幻灯片每部分的前后承接位置一般情况下都需要重复出现目录页面，以便于观众注意到当前即将进入的逻辑单元，因此目录页面很多时候也称为转场页，用于不同逻辑段落之间的衔接和过渡。

在幻灯片母版视图中新建一个版式，命名为"目录页面"，进行目录页面版式设计。

### 5. 正文页面版式设计

正文页面的版式设计主要关注文字段落样式和排版，页面布局上要考虑有更多的留白，有时还要考虑幻灯片页码、页脚的设置。

可以在在幻灯片母版视图中选中"标题和内容"版式进行正文页面的版式设计。

### 6. 封底页面版式设计

可以对封面页面进行一些变换后得到与之相呼应的封底页面。在幻灯片母版视图中新建一个版式，命名为"封底页面"，然后进行封底页面版式设计。

除了上述几项基本要素以外，还可以增加表格类、图表类的版式设计，在模板中事先统一图形样式等。

### 7. 保存模板

模板设置完成后，可以单击"文件"选项卡，显示"信息"界面，单击界面左侧的"另存为"命令，将模板保存为 PowerPoint 模板文件，以便于分享和应用。

## 5.7.6 复制幻灯片和幻灯片页面元素

如果要在当前演示文稿中导入其他演示文稿中的幻灯片，通常可以直接采用"复制+粘贴"的方式实现。

### 1. 采用单个命令复制幻灯片

在幻灯片浏览窗格中的幻灯片缩略图上单击鼠标右键，在弹出的快捷菜单中选择"复制幻灯片"命令，如图 5-25 所示，即可直接为当前选择的幻灯片复制一个备份，相当于"复制+粘贴"两步操作。

### 2. 采用两个命令复制幻灯片

先在幻灯片浏览窗格中单击选中需要复制的幻灯片缩略图，在"开始"选项卡"剪贴板"组中单击"复制"按钮，将所选幻灯片复制到剪贴板中。这一步操作也可以通过在需要复制幻灯片的缩略图上单击鼠标右键，在弹出的快捷菜单中选择"复制"命令来完成。

然后在幻灯片浏览窗格中需要插入幻灯片的位置单击鼠标右键，在弹出的快捷菜单中有 3 个粘贴选项，分别是"使用目标主题""保留源格式""图片"，如图 5-26 所示，根据需要选择一个粘贴选项即可。

图 5-25 在快捷菜单中选择"复制幻灯片"命令

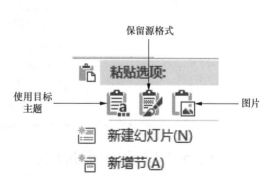

图 5-26 粘贴幻灯片时的 3 个粘贴选项

① "使用目标主题"：将当前幻灯片当中所使用的主题和版式应用到导入的幻灯片中。如果导入的幻灯片中使用的颜色和字体来源于源主题，则会以当前主题中的相应设置进行替换，使用的版式中如果包

含背景，则背景也会被替换。

②"保留源格式"：会将源幻灯片中所使用的幻灯片母版和整套版式一同导入当前的演示文稿中。粘贴后的幻灯片保留原有的背景、字体、颜色和其外观样式。

③"图片"：在当前幻灯片上粘贴一张与源幻灯片外观完全一致的图片，但无法更改和编辑内容。

**3. 复制幻灯片页面元素**

如果需要从其他幻灯片中复制页面元素，则首先在源幻灯片中直接选中页面元素进行复制，然后切换到当前编辑的幻灯片页面，单击鼠标右键，弹出快捷菜单，在"粘贴选项"中也包含"使用目标主题""保留源格式""图片"3个粘贴选项，如图5-27所示。根据需要选择一个粘贴选项即可。

图5-27　粘贴页面元素时的3个粘贴选项

 **说明**　如果复制的是纯文本，则粘贴幻灯片或粘贴页面元素时会多一个"只保留文本"粘贴选项，即只将文本内容粘贴到当前幻灯片中，不再保留复制文本的原有主题和版式对应的格式设置。

## 5.7.7　设置幻灯片背景

幻灯片的背景可以为演示文稿增添个性化效果。幻灯片的背景包括纯色、渐变、图片或纹理和图案等类型。演示文稿中每一张幻灯片可以具有相同的背景，也可以具有不同的背景。

选定一张或多张幻灯片，然后单击"设计"选项卡的"自定义"组的"设置背景格式"按钮，显示"设置背景格式"窗格，如图5-28所示。

图5-28　"设置背景格式"窗格

### 【操作5-16】设置幻灯片背景

熟悉电子活页中的内容打开演示文稿"设置幻灯片背景.pptx"，在该演示文稿中选择合适的方法完成以下操作。

**1. 设置背景纯色填充颜色**

为第2张和第3张幻灯片的背景设置纯色填充颜色，颜色自行选择。

**2. 设置背景渐变填充颜色**

为第 4 张和第 5 张幻灯片的背景设置渐变填充颜色，预设渐变、类型、方向、角度、渐变光圈等选项自行确定。

**3. 设置背景图片或纹理填充效果**

为第 6 张幻灯片设置背景图片，在"插入图片"对话框中，选择文件夹"模块 5"中的图片"感谢一路有你.jpg"作为背景图片。

为第 7 张幻灯片设置纹理填充效果，纹理类型自行选择。

**4. 设置背景的图案填充效果**

为第 8 张和第 9 张幻灯片设置不同的图案填充效果，图案类型、前景颜色、背景颜色自行确定。

## 5.7.8　在演示文稿中使用母版

在演示文稿中可以通过设置母版来控制幻灯片的外观效果，幻灯片母版保存了幻灯片颜色、背景、字体、占位符大小和位置等项目，其外观直接影响到演示文稿中的每张幻灯片，并且以后新插入的幻灯片也会套用母版的风格。

PowerPoint 2016 中的母版分为幻灯片母版、讲义母版和备注母版 3 种类型。幻灯片母版用于控制幻灯片的外观，讲义母版用于控制讲义的外观，备注母版用于控制备注的外观。由于它们的设置方法类似，因此，这里只介绍幻灯片母版的设置方法。

单击"视图"选项卡"母版视图"组的"幻灯片母版"按钮可以进入母版视图，如图 5-29 所示。

图 5-29　母版视图

幻灯片母版中一般包含 5 个占位符（由虚线框包围），分别为标题区、对象区、日期区、页脚信息区和数字区，可以利用"开始"选项卡"字体"组和"段落"组的各个选项对标题、正文内容、日期、页脚和数字的格式进行设置，也可以改变这些占位符的大小和位置。在母版中进行的设置，会使所有幻灯片发生改变。

幻灯片母版设置完成后，单击"幻灯片母版"选项卡"关闭"组的"关闭母版视图"按钮即可退出母版视图。

## 5.7.9　在幻灯片中制作备注页

演示文稿一般都为大纲性、要点性的内容，可以针对每张幻灯片可以添加备注内容，以便记忆某些内容，也可以将幻灯片和备注内容一同打印出来。

① 选定需要添加备注内容的幻灯片。

② 单击"视图"选项卡"演示文稿视图"组的"备注页"按钮，切换到备注页视图，在幻灯片的下方出现占位符，单击占位符，然后输入备注内容。

③ 单击"视图"选项卡的"演示文稿视图"组的"普通"按钮或者直接单击状态栏的"普通视图"快捷按钮⊟切换到普通视图状态。

**提示**　在"普通视图"或"大纲视图"下，单击"视图"选项卡"显示"组的"备注"按钮，使其处于选中状态，或者直接单击状态栏的"备注"按钮 ≜ 备注 ，在幻灯片窗格下方显示"备注"窗格，在"备注"窗格单击就可以进入编辑状态，然后直接在其中输入备注内容。

## 5.8　演示文稿动画的设置与放映操作

演示文稿通常使用计算机和投影仪联机播放，设置幻灯片中文本和对象的动画效果，以及设置幻灯片的切换效果，有助于增强播放的趣味性、吸引观众的注意力，实现更好的演示效果。

### 5.8.1　设置幻灯片中对象的动画效果

在演示文稿中进行设置，使幻灯片中的文本、图像、自选图形和其他对象在播放幻灯片时具有动画效果。

#### 【操作5-17】设置幻灯片中对象的动画效果

熟悉电子活页中的内容，打开演示文稿"演示文稿动画设置.pptx"，在该演示文稿中选择合适的方法完成以下操作。

① 设置第1张幻灯片中主标题"五四青年节活动方案"的动画效果，动画类型选择"劈裂"，将"效果选项"设置为"左右向中央收缩"，将播放开始方式设置为"从上一项开始"。

② 设置第1张幻灯片中艺术字"传承五四精神、焕发青春风采"的动画效果，动画类型选择"擦除"，将"效果选项"设置为"自底部"，将播放开始方式设置为"上一动画之后"，将"持续时间"设置为"02.50"。

③ 设置第1张幻灯片中文字"明德学院　团委、学生会"的动画效果，动画类型选择"缩放"，"效果选项"采用默认设置，将播放开始方式设置为"上一动画之后"，"持续时间"采用默认设置。

④ 调整动画效果的顺序。

⑤ 预览动画效果。如果选中幻灯片，"动画窗格"中"播放自"按钮会变成"全部播放"按钮，单击该按钮则可以播放一张幻灯片中设置的全部动画。

### 5.8.2　设置幻灯片切换效果

幻灯片切换是指在幻灯片放映时，从上一张幻灯片切换到下一张幻灯片的方式。为幻灯片切换设置切换效果同样可以提高演示文稿的趣味性，吸引观众的注意力。

#### 【操作5-18】设置幻灯片切换效果

熟悉电子活页中的内容，打开演示文稿"设置幻灯片切换效果.pptx"，在该演示文稿中选择合适方法完成以下操作。

**1. 为幻灯片添加切换效果**

为第 1 张幻灯片设置"覆盖"切换效果,"效果选项"设置为"自左侧"。

**2. 设置切换效果的计时**

将"持续时间"设置为"03.00"。

**3. 设置切换效果的换片方式与切换声音**

"换片方式"选择"单击鼠标时"选项,将幻灯片切换时的声音设置为"照相机"。

### 5.8.3 幻灯片放映的排练计时

幻灯片放映的排练计时是指在正式演示之前,对演示文稿进行放映,同时记录幻灯片之间切换的时间间隔。用户可以进行多次排练,以获得最佳的时间间隔。

设置幻灯片放映的排练计时操作方法如下。

单击"幻灯片放映"选项卡"设置"组的"排练计时"按钮,打开"录制"工具栏,如图 5-30 所示,在"幻灯片放映时间"框中开始对演示文稿计时。

如果要播放下一张幻灯片,则单击"下一项"按钮 ➡ ,这时计时器会自动记录该幻灯片的放映时间;如果需要对当前幻灯片的放映重新开始计时,则单击"重复"按钮 ↶ ;如果要暂停计时,则单击"暂停"按钮 ▮▮ 。

放映完毕后,会弹出确认是否保留排练时间的对话框,如图 5-31 所示,单击"是"按钮,就可以保留记录的时间。

图 5-30 "录制"工具栏

图 5-31 确认保留排练时间的对话框

### 5.8.4 幻灯片放映操作

在 PowerPoint 2016 中,放映幻灯片的方法有以下几种。

【方法 1】单击 PowerPoint 窗口状态栏中的"幻灯片放映"按钮 🖵 。

【方法 2】单击"幻灯片放映"选项卡"开始放映幻灯片"组的"从头开始"按钮或"从当前幻灯片开始"按钮,如图 5-32 所示。

【方法 3】按 "F5"键从第一张幻灯片开始放映。

【方法 4】按"Shift+F5"组合键从当前幻灯片开始放映。

**1. 设置放映方式**

单击"幻灯片放映"选项卡"设置"组的"设置幻灯片放映"按钮,打开"设置放映方式"对话框,在该对话框可以设

图 5-32 "幻灯片放映"选项卡"开始放映幻灯片"组

置"放映类型""放映选项""放映幻灯片"。这里在"放映类型"区域选择"演讲者放映(全屏幕)"单选按钮,在"放映选项"区域选中"放映时不加旁白"复选框,在"放映幻灯片"区域选择"全部"单选按钮,如图 5-33 所示。设置完成后单击"确定"按钮即可。

### 2. 观看放映

单击"幻灯片放映"选项卡"开始放映幻灯片"组的"从头开始"按钮，从第一张幻灯片开始放映，中途要结束放映时，可以单击鼠标右键，在弹出的快捷菜单中选择"结束放映"命令，或者按"Esc"键终止放映。

### 3. 控制幻灯片放映

放映幻灯片时可以控制放映哪一张幻灯片，其操作方法是：在屏幕上单击鼠标右键，在弹出的快捷菜单中通过选择"下一张"命令或"上一张"命令切换幻灯片。也可以选择"查看所有幻灯片"命令，显示当前播放的演示文稿中所有的幻灯片，单击选择需要放映的幻灯片即可定位到该幻灯片进行播放。

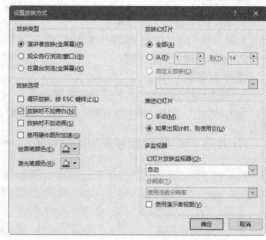

图 5-33　"设置放映方式"对话框

### 4. 放映时标识重要内容

在放映过程中，演讲者可能希望对幻灯片中的重要内容进行强调，这时可以使用 PowerPoint 2016 所提供的绘图功能，直接在屏幕上进行涂写。

放映幻灯片时在屏幕上单击鼠标右键，弹出快捷菜单，在"指针选项"级联菜单中选择"激光笔""笔"或者"荧光笔"，如图 5-34 所示。然后按住鼠标左键，即可在幻灯片上直接书写或绘画，但不会改变幻灯片本身的内容。

在"墨迹颜色"级联菜单中还可进行笔的颜色设置，当不需要进行涂写操作时，可以在"指针选项"→"箭头选项"的级联菜单中选择"自动"命令，如图 5-35 所示。

图 5-34　"指针选项"级联菜单

图 5-35　在"指针选项"→"箭头选项"的级联菜单中
选择"自动"命令

## 5.9　打印演示文稿

演示文稿制作完成后，不仅可以在计算机上展示，还可以打印出来供用户浏览和保存。

### 1. 设置幻灯片大小

在打印演示文稿之前需要设置幻灯片大小，自定义幻灯片大小的方法如下。

单击"设计"选项卡"自定义"组的"幻灯片大小"按钮，在其下拉菜单中选择"自定义幻灯片大小"命令，打开"幻灯片大小"对话框。在该对话框中可以分别设置幻灯片的大小、宽度、高度、编号起始值、方向等。

### 2. 打印演示文稿

单击"文件"选项卡，显示"信息"界面，选择左侧的"打印"命令，显示图 5-36 所示的"打印"界面，在该界面中可以预览幻灯片打印的效果，可以设置打印份数、打印范围、每页打印幻灯片张数等内容。

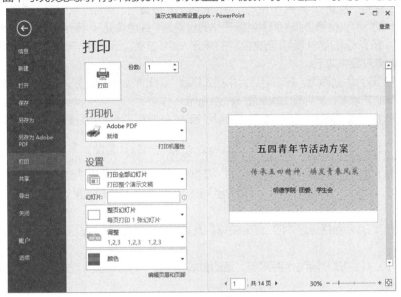

图 5-36　"打印"界面

单击"整页幻灯片"按钮，在其下拉菜单的"打印版式"区域中选择"整页幻灯片"选项，如图 5-37 所示。

在"整页幻灯片"下拉菜单的"讲义"区域选择"2 张幻灯片"选项，同时选中"幻灯片加框"选项，如图 5-38 所示。

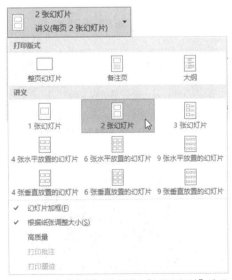

图 5-37　在"打印版式"区域选择"整页幻灯片"选项　图 5-38　在"讲义"区域选择"2 张幻灯片"选项

准备好打印机后，单击"打印"按钮即可开始打印。

## 【任务 5-1】制作"五四青年节活动方案"演示文稿

扫码观看本
任务视频

### 【任务描述】

使用合适的方法创建名为"五四青年节活动方案.pptx"的演示文稿，并保存在文件夹"模块 5"中，该演示文稿中包括 14 张幻灯片。为了观察不同主题的外观效果，第 2 张幻灯片"目录"的主题与其他幻灯片不同，其主题为"Office 主题"，其他幻灯片的主题为"水滴"。将第 1 张幻灯片的背景格式设置为"图片或纹理填充"，纹理选择"水滴"，将第 2 张幻灯片的背景格式设置为"纯色填充"，将其他幻灯片的背景格式设置为"渐变填充"。所有幻灯片的标题和正文内容来源于 Word 文档"五四青年节活动方案.docx"。各张幻灯片中插入的对象及要求如下。

① 第 1 张幻灯片为封面页，在该幻灯片中插入标题、活动策划部门，另外还插入"传承五四精神、焕发青春风采"的艺术字，其外观效果如图 5-39 所示。

② 第 2 张幻灯片为目录页，在该幻灯片中插入"目录"标题和 SmartArt 图形，其外观效果如图 5-40 所示。

③ 第 3 张幻灯片包括标题"一、活动主题"和一张图片，其外观效果如图 5-41 所示。

④ 第 4 张幻灯片包括标题"二、活动目的"及其相关正文内容，其外观效果如图 5-42 所示。

⑤ 第 5、6、7 张幻灯片包括"三、活动内容"的 4 个方面，其外观效果如图 5-43、图 5-44 和图 5-45 所示。

⑥ 第 8 张幻灯片中包括标题"四、活动安排"及其相关正文内容，并设置项目符号，其外观效果如图 5-46 所示。

⑦ 第 9、10、11 张幻灯片中包括"五、活动要求"的 3 个方面，其外观效果如图 5-47、图 5-48 和图 5-49 所示。

⑧ 第 12 张幻灯片包括"六、预期效果"及其相关正文内容，其外观效果如图 5-50 所示。

⑨ 第 13 张幻灯片包括标题"七、经费预算"和一张表格，其外观效果如图 5-51 所示。

⑩ 第 14 张幻灯片为结束页，在该幻灯片中插入艺术字"请提宝贵意见或建议"和一张图片，其外观效果如图 5-52 所示。

图 5-39　第 1 张幻灯片外观效果

图 5-40　第 2 张幻灯片外观效果

图 5-41　第 3 张幻灯片外观效果

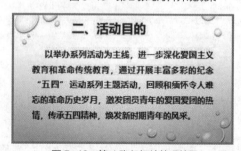

图 5-42　第 4 张幻灯片外观效果

### 三、活动内容

**(一)青春的纪念**

组织团员青年祭扫革命烈士墓、观看革命历史电影、开展老团员退团纪念活动，引导广大团员青年瞻仰革命遗迹，回顾革命历史，继承光荣传统。

**(二)青春的关爱**

开展青年志愿者活动，继续组织"关爱他人、帮扶幼老"的志愿者服务，组织团员青年关爱孤残儿童、关爱弱势群体、关爱老人。

图 5-43　第 5 张幻灯片外观效果

### 三、活动内容

**(三)青春的传承**

举办迎"五四"诗歌朗诵会，组织团员青年创作、朗诵优秀诗歌，将团员青年的思想政治教育寓于生动活泼的艺术形式中，通过诗歌朗诵比赛，表达对"五四"精神的传承，引导广大团员青年展示激扬青春，进一步激发团员青年的昂扬斗志。

图 5-44　第 6 张幻灯片外观效果

### 三、活动内容

**(四)青春的风采**

举办"五四"晚会，展现共青团员和青年学生的文化底蕴和素养，展现素质教育的优秀成果，丰富团员青年的课余文化生活，使得共青团员和青年学生们铭记历史，沿着先辈的光荣路程，为完成自己的青春使命不断努力。

图 5-45　第 7 张幻灯片外观效果

### 四、活动安排

➢ **主办单位：**明德学院团委、学生会
➢ **活动对象：**明德学院全体学生
➢ **活动时间：**20××年4月6日至5月6日

图 5-46　第 8 张幻灯片外观效果

### 五、活动要求

**(一) 高度重视，精心组织**

各分团委、团支部要充分认识开展"五四"系列主题活动对于扩大团组织的影响力、提升团组织的凝聚力、促进和加强团组织自身建设的重要意义，要认真谋划，精心组织，组织广大团员青年积极参与各项活动。

图 5-47　第 9 张幻灯片外观效果

### 五、活动要求

**(二) 突出主题，体现特色**

各分团委、团支部要结合自身实际制定切实可行的活动方案，集中力量策划突出主题、特点鲜明的活动，形成上下联动的良好局面，真正使重点工作更加贴近中心、贴近青年、贴近生活，展示团员青年奋发向上的精神风貌。

图 5-48　第 10 张幻灯片外观效果

### 五、活动要求

**(三) 加强宣传，营造氛围**

各分团委、团支部要进一步扩大宣传力度，善于运用新媒体，做好主题活动的宣传工作，唱响主旋律。要充分调动广大团员青年的积极性，通过微信、微博等各种方式广泛宣传，营造浓厚的活动氛围。

图 5-49　第 11 张幻灯片外观效果

### 六、预期效果

各项活动准备工作充分、扎实，全体团员青年积极配合，活动气氛活跃、有序。

通过活动的开展，加强了团员青年的教育和思想的提升，广大共青团员以这次"五四"青年活动为契机，时刻牢记入团誓言，践行决心誓言，大力弘扬以爱国主义为核心的伟大民族精神，牢固树立远大的理想和坚定的信念，坚持刻苦学习，注重锤炼品格，勇于进取创新，甘于艰苦奋斗，促使广大团员青年感受到青年应有的朝气，努力追寻自己的梦想并为之不懈奋斗，用执著的信念，只争朝夕的精神，积极进取，勇创佳绩。

图 5-50　第 12 张幻灯片外观效果

### 七、经费预算

| 序号 | 费用支出项目 | 金额（元） |
|---|---|---|
| 1 | 制作纪念"五四"活动的展板 | 1200 |
| 2 | 制作社会海报 | 600 |
| 3 | 制作晚会邀请函 | 800 |
| 4 | 购买饮用纯净水 | 600 |
| 5 | 租赁音响设备 | 4000 |
| 6 | 租赁灯光设备 | 5000 |
| 7 | 租赁晚会主持人及演员服装 | 3000 |
| 8 | 购买写作信的用品 | 2000 |
| 9 | 晚上主持人及演员化妆 | 2000 |
| 10 | 购买纪念章费用 | 1200 |
| 11 | 购买奖品、纪念品等 | 5200 |
| 12 | 晚会主持人、演员、晚会工作人员用餐 | 8000 |
| 13 | 其他费用 | 2000 |
| | 合计 | 35600 |

图 5-51　第 13 张幻灯片外观效果

图 5-52　第 14 张幻灯片外观效果

【任务实施】

**1. 创建并保存演示文稿**

（1）创建新的演示文稿

启动 PowerPoint 2016，系统自动创建一个新的演示文稿，并且自动添加第 1 张幻灯片。

（2）保存演示文稿

单击快速访问工具栏中的"保存"按钮，显示"另存为"界面，在该界面单击"浏览"按钮，弹出"另存为"对话框，以"五四青年节活动方案.pptx"为文件名，将创建的演示文稿保存在文件夹"模块 5"中。

（3）应用主题

应用主题可以通过使用颜色、字体和图形来设置文档的外观，使用预先设计的主题，可以轻松快捷地更改演示文稿的整体外观效果。

在"设计"选项卡"主题"组的主题列表中选择要应用的主题"水滴"，如图 5-53 所示。

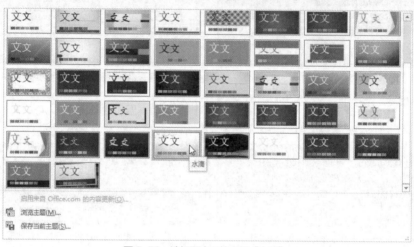

图 5-53　选择要应用的主题"水滴"

在"水滴"主题上单击鼠标右键，在弹出的快捷菜单中选择"应用于所有幻灯片"命令，如图 5-54 所示。

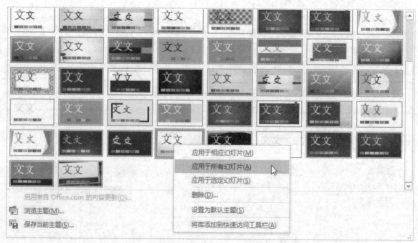

图 5-54　选择"应用于所有幻灯片"命令

在快速访问工具栏中单击"保存"按钮，保存主题选择。

### 2. 制作封面页幻灯片

（1）输入标题文字并设置标题格式

将系统自动添加的第 1 张幻灯片的版式设置为"仅标题"，在第 1 张幻灯片中单击"单击此处添加标题"占位符，在光标位置输入文字"五四青年节活动方案"作为演示文稿的总标题，然后选中标题文字，将字体设置为"方正精黑宋简体"，将字号设置为"66"，将对齐方式设置为"居中"。

（2）插入艺术字

单击"插入"选项卡"文本"组的"艺术字"按钮，从其下拉菜单中选择一种合适的样式。单击幻灯片中的"请在此放置您的文字"艺术字占位符，输入文字"传承五四精神、焕发青春风采"。然后选中插入的艺术字，将字体设置为"华文新魏"，将字号设置为"54"，将字体样式设置为"加粗"，将字体颜色设置为"红色"。

（3）插入文本框

单击"插入"选项卡"文本"组的"文本框"按钮，在其下拉菜单中选择"横排文本框"命令，将鼠标指针移到幻灯片中，当鼠标指针变为 + 形状时，在幻灯片靠下方的位置按住鼠标左键并拖曳，绘制一个横排文本框。将光标置于文本框中，输入文字"明德学院 团委、学生会"，然后将字体设置为"微软雅黑"，将字号设置为"32"。

（4）设置第 1 张幻灯片的背景格式

单击"设计"选项卡"自定义"组的"设置背景格式"按钮，显示"设备背景格式"窗格，在该窗格中单击"填充"按钮 ◇，切换到"填充"选项卡，选择"图片或纹理填充"单选按钮，单击"纹理"选项右侧"纹理"按钮 ▦ ▾，在其下拉菜单中选择一种合适的纹理作为幻灯片背景，这里选择"水滴"，如图 5-55 所示。

（5）保存演示文稿

第 1 张"标题"幻灯片的外观效果如图 5-39 所示。单击快速访问工具栏中的"保存"按钮 🖫，保存该演示文稿。

### 3. 制作目录页幻灯片

（1）添加幻灯片

切换到"开始"选项卡，单击"幻灯片"组的"新建幻灯片"按钮右侧的 ▾ 按钮，在其下拉菜单中选择"标题和内容"版式，这样在当前幻灯片之后新添加一张幻灯片。

（2）应用主题

选定新添加的幻灯片，在"设计"选项卡"主题"组中要应用的"Office 主题"上单击鼠标右键，在弹出的快捷菜单中选择"应用于选定幻灯片"命令。

（3）输入标题

在新插入的幻灯片中，单击"单击此处添加标题"占位符，然后输入文字"目录"。

（4）设置标题为艺术字效果

选中标题文字"目录"，在"绘图工具 - 格式"选

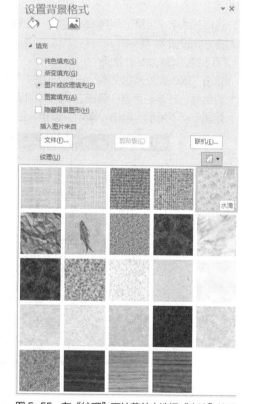

图 5-55 在"纹理"下拉菜单中选择"水滴"纹理

项卡的"艺术字样式"组单击"文本效果"按钮，弹出其下拉菜单，从"发光"级联选项的"发光变体"区域选择"发光: 5 磅; 蓝色, 主题色 1"选项，为标题文字设置艺术字效果，如图 5-56 所示。

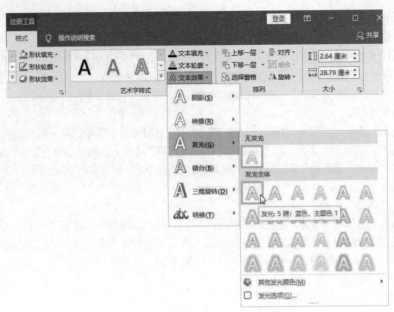

图 5-56　为标题文字设置艺术字效果

选择艺术字"目录"，将字体设置为"微软雅黑"，将字体样式设置为"加粗"，将字号设置为"54"，将对齐方式设置为"居中"。

（5）插入 SmartArt 图形

单击"单击此处添加文本"占位符中的"插入 SmartArt 图形"按钮 ，打开"选择 SmartArt 图形"对话框，在该对话框中单击左侧的"列表"选项，然后在右侧的列表框中选择"垂直曲形列表"选项，如图 5-57 所示，单击"确定"按钮，则在幻灯片中插入 SmartArt 图形。

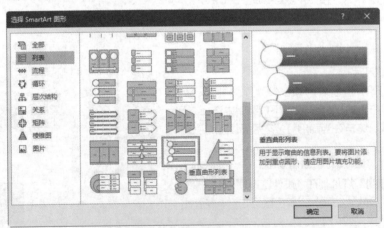

图 5-57　选择"垂直曲形列表"选项

（6）添加形状

选中幻灯片中的 SmartArt 图形，切换到"SmartArt 工具 - 设计"选项卡中，多次单击"创建图形"组的"添加形状"按钮，将垂直曲形列表项调整至第 7 项。

（7）更改颜色

选中幻灯片中的 SmartArt 图形，单击"SmartArt 工具 - 设计"选项卡"SmartArt 样式"组的"更改颜色"按钮，在其下拉菜单的"彩色"区域选择"彩色-个性色"选项，如图 5-58 所示。

图 5-58　选择"彩色-个性色"选项

（8）设置 SmartArt 样式

选中幻灯片中的 SmartArt 图形，在"SmartArt 工具－设计"选项卡的"SmartArt 样式"组中选择"白色轮廓"样式，如图 5-59 所示。

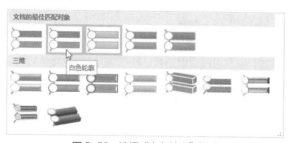

图 5-59　选择"白色轮廓"样式

（9）调整 SmartArt 样式的位置和宽度

选中幻灯片中的 SmartArt 图形，然后向左拖曳调整其位置，并且缩小其宽度至合适大小。

（10）输入文字内容

在"在此处键入文字"提示文字的下方依次输入文字"活动主题""活动目的""活动内容""活动安排""活动要求""预期效果""经费预算"，如图 5-60 所示。

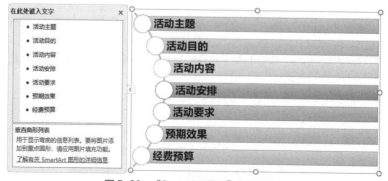

图 5-60　"SmartArt 图形"的编辑状态

（11）保存演示文稿中新增及修改的内容

第2张目录页幻灯片的外观效果如图5-40所示。单击快速访问工具栏中的"保存"按钮 🖫 ，保存该演示文稿。

### 4. 制作"活动主题"幻灯片

（1）添加幻灯片

单击"开始"选项卡"幻灯片"组"新建幻灯片"按钮右侧的 ▼ 按钮，在弹出的下拉菜单中选择"空白"版式，这样就可以在目录页幻灯片之后新添加一张幻灯片。在"设计"选项卡"主题"组主题列表中的"水滴"主题上单击鼠标右键，在弹出的快捷菜单中选择"应用于选定幻灯片"命令。

（2）绘制横排文本框

单击"插入"选项卡"文本"组的"文本框"按钮，在弹出的下拉菜单中选择"横排文本框"命令，然后在幻灯片中合适位置按住鼠标左键并拖曳，绘制一个横排文本框。接着将光标置于文本框中，输入文字"一、活动主题"。

（3）设置文本框中文字的格式

单击文本框的边框选中文本框，然后在"开始"选项卡"字体"组中将字体设置为"微软雅黑"，将字号设置为"54"，将字体样式设置为"加粗"。

单击"段落"组右下角的"段落"按钮 ꜜ，打开"段落"对话框。在该对话框"缩进和间距"选项卡中，将对齐方式设置为"居中"，然后单击"确定"按钮完成段落格式设置。

（4）在幻灯片中插入图片

先选中要插入图片的"活动主题"幻灯片，单击"插入"选项卡"图像"组的"图片"按钮，打开"插入图片"对话框，在该对话框中选择文件夹"模块5"中的图像文件"传承五四精神、焕发青春风采.jpg"，单击"插入"按钮，在当前幻灯片中插入图片。

然后在幻灯片中调整图片的大小和位置，还可以使用"图片工具–格式"选项卡设置图片样式、图片边框、图片效果、图片版式，以及进行裁剪图片、旋转图片等操作。

（5）保存演示文稿中新增及修改的内容

第3张"活动主题"幻灯片的外观效果如图5-41所示。单击快速访问工具栏中的"保存"按钮🖫，保存该演示文稿。

### 5. 制作"活动目的"幻灯片

（1）添加幻灯片

单击"开始"选项卡"幻灯片"组"新建幻灯片"按钮右侧的 ▼ 按钮，在弹出的下拉菜单中选择"仅标题"版式，这样就可以在"活动主题"幻灯片之后新添加一张幻灯片。

（2）输入标题文字

单击"单击此处添加标题"占位符，在光标位置输入文字"二、活动目的"，并将该标题的字体设置为"微软雅黑"，将字号设置为"54"，将字体样式设置为"加粗"，将"对齐方式"设置为"居中"。

（3）绘制横排文本框

单击"插入"选项卡"文本"组的"文本框"按钮，在弹出的下拉菜单中选择"横排文本框"命令，然后在幻灯片中合适位置按住鼠标左键并拖曳，绘制一个横排文本框。接着将光标置于文本框中，从Word文档"五四青年节活动方案.docx"中复制关于"活动目的"的一段文字至幻灯片文本框中。

（4）设置文本框中文字的格式

单击文本框的边框选中文本框，然后在"开始"选项卡"字体"组中将字体设置为"微软雅黑"，将字号设置为"36"，将字体样式设置为"加粗"。

单击"开始"选项卡"段落"组右下角的"段落"按钮 ꜜ，打开"段落"对话框。在该对话框"缩进和间距"选项卡中，将"对齐方式"设置为"两端对齐"，将"特殊"缩进方式设置为"首行"、其"度量值"设置为"2厘米"，将"行距"设置为"1.5倍行距"，如图5-61所示，然后单击"确定"按钮完成段落格式设置。

（5）保存演示文稿的新增及修改内容

第4张"活动目的"幻灯片的外观效果如图5-42所示。单击快速访问工具栏中的"保存"按钮 ■，保存该演示文稿。

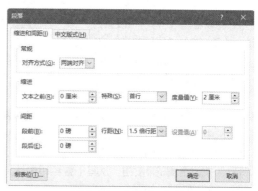

图5-61　"段落"对话框

### 6. 制作 3 张"活动内容"幻灯片

（1）复制"活动目的"幻灯片

在"普通视图"的"幻灯片"窗格中，选定待复制的幻灯片"活动目的"，然后单击"开始"选项卡"剪贴板"组的"复制"按钮。

（2）粘贴幻灯片

将光标定位到左侧幻灯片浏览窗格中当前幻灯片下方，单击"开始"选项卡"剪贴板"组的"粘贴"按钮即可。

（3）修改幻灯片的标题内容

将幻灯片中标题内容修改为"三、活动内容"。

（4）修改幻灯片的正文内容

先删除该幻灯片中原来的关于"活动目的"的一段文字，然后输入两个小标题"（一）青春的纪念"和"（二）青春的关爱"。接着在两个小标题下方粘贴从 Word 文档"五四青年节活动方案.docx"中复制的对应的正文内容。

（5）设置"活动内容"页中小标题的格式

将两个小标题"（一）青春的纪念"和"（二）青春的关爱"字体设置为"微软雅黑"，将字号设置为"40"，将字体样式设置为"加粗"，将字体颜色设置为"绿色"。

将对应的正文内容字体设置为"微软雅黑"，字号设置为"28"，字体样式设置为"加粗"，字体颜色设置为"黑色"。

（6）复制已添加的"活动内容"第1张幻灯片并修改内容

在左侧幻灯片浏览窗格的"活动内容"第 1 张幻灯片缩略图上单击鼠标右键，在弹出的快捷菜单中选择"复制幻灯片"命令，即将幻灯片复制并生成一张相同的幻灯片备份。

先将幻灯片备份中"（二）青春的关爱"及其正文内容删除，将文字"（一）青春的纪念"替换为"（三）青春的传承"，删除关于"青春的纪念"的正文内容，然后粘贴从 Word 文档"五四青年节活动方案.docx"中复制的关于"青春的传承"的正文内容。小标题和正文内容格式保持不变。

（7）复制已添加的"活动内容"第2张幻灯片并修改内容

在左侧幻灯片浏览窗格的"活动内容"第 2 张幻灯片缩略图上单击鼠标右键，在弹出的快捷菜单中选择"复制幻灯片"命令，即将幻灯片复制并生成一张相同的幻灯片备份。

将幻灯片备份中文字"（三）青春的传承"替换为"（四）青春的风采"，删除"青春的传承"的正文内容，然后粘贴从 Word 文档"五四青年节活动方案.docx"中复制的"青春的风采"的正文内容。小标题和正文内容格式保持不变。

（8）保存演示文稿新增及修改内容

第 5、6、7 张"活动内容"幻灯片的外观效果分别如图 5-43、图 5-44 和图 5-45 所示。单击快速访问工具栏中的"保存"按钮 ■，保存该演示文稿。

### 7. 制作"活动安排"幻灯片

（1）添加幻灯片

单击"开始"选项卡"幻灯片"组"新建幻灯片"按钮右侧的 ▾ 按钮，在弹出的下拉菜单中选择"标题和内容"版式，这样就可以在第 7 张"活动内容"幻灯片之后新添加一张幻灯片。

（2）输入标题文字

单击"单击此处添加标题"占位符，在光标位置输入文字"四、活动安排"，并将该标题的字体设置为"微软雅黑"，将字号设置为"54"，将字体样式设置为"加粗"，将对齐方式设置为"居中"。

（3）输入"活动安排"文字内容

单击"单击此处添加文本"占位符，然后粘贴从 Word 文档"五四青年节活动方案.docx"中复制的关于"活动安排"的文字内容，包括"主办单位""活动对象"和"活动时间"3 部分。

（4）设置"活动安排"文字内容为项目列表

选中幻灯片中的"活动安排"3 个方面的文字内容，单击"开始"选项卡"段落"组"项目符号"按钮右侧的▼按钮，从其下拉菜单中选择"箭头项目符号"，如图5-62 所示。

（5）设置项目列表文字的格式

将项目列表文字的字体设置为"微软雅黑"，将字号设置为"36"，将字体样式设置为"加粗"，将"行距"设置为"1.5 倍行距"。

（6）保存演示文稿新增及修改的内容

第 8 张"活动安排"幻灯片的外观效果如图 5-46 所示。单击快速访问工具栏中的"保存"按钮 ，保存该演示文稿。

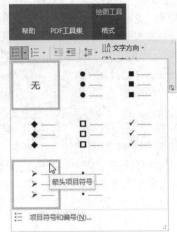

图5-62 从"项目符号"下拉菜单中选择"箭头项目符号"

### 8. 制作 3 张"活动要求"幻灯片

（1）复制 "活动内容"的第 3 张幻灯片

在"普通视图"的幻灯片窗格，选定待复制的"活动内容"的第 3 张幻灯片，然后单击"开始"选项卡"剪贴板"组的"复制"按钮。

（2）粘贴幻灯片

将光标定位到左侧幻灯片浏览窗格第 8 张幻灯片后面，单击"开始"选项卡"剪贴板"组的"粘贴"按钮。

（3）修改幻灯片的标题内容

将幻灯片中标题内容修改为"五、活动要求"。

（4）修改幻灯片的正文内容

将幻灯片中的"活动内容"的正文删除，然后粘贴从 Word 文档"五四青年节活动方案.docx"中复制的关于"活动要求"的内容。

（5）设置"活动要求"对应小标题的格式

将第 1 张"活动要求"幻灯片的小标题"（一）高度重视，精心组织"的字体设置为"微软雅黑"，将字号设置为"36"，将字体样式设置为"加粗"，将字体颜色设置为"紫色"，将"行距"设置为"1.5 倍行距"。

（6）设置"活动要求"的第 1 张幻灯片的对应正文内容的格式

将 "活动要求"第 1 张幻灯片对应的正文内容的字体设置为"微软雅黑"，将字号设置为"36"，将字体样式设置为"加粗"，将字体颜色设置为"黑色"。

将"对齐方式"设置为"两端对齐"；将"特殊"缩进方式设置为"首行"，其"度量值"设置为"2 厘米"；将"行距"设置为"1.5 倍行距"。

（7）复制已添加的"活动要求"第 1 张幻灯片并修改内容

在左侧幻灯片浏览窗格的"活动要求"第 1 张幻灯片缩略图上单击鼠标右键，在弹出的快捷菜单中选择"复制幻灯片"命令，复制幻灯片并生成一张相同的幻灯片备份。

将幻灯片备份中的小标题"（一）高度重视，精心组织"替换为"（二）突出主题，体现特色"，删除关于第 1 项活动要求"（一）高度重视，精心组织"的正文内容，然后粘贴从 Word 文档"五四青年活动方案.docx"中复制的关于第 2 项活动要求"（二）突出主题，体现特色"的正文内容。小标题和正文内容格式保持不变。

（8）复制已添加的"活动要求"第 2 张幻灯片并修改内容

在左侧幻灯片浏览窗格的"活动要求"第 2 张幻灯片缩略图上单击鼠标右键，在弹出的快捷菜单中选择"复制幻灯片"命令，即将幻灯片复制并生成一张相同的幻灯片备份。

将幻灯片备份中的小标题"（二）突出主题，体现特色"替换为"（三）加强宣传，营造氛围"，删除关于第 2 项活动要求"（二）突出主题，体现特色"的正文内容，然后粘贴从 Word 文档"五四青年节活动方案.docx"中复制的关于第 3 项活动要求"（三）加强宣传，营造氛围"的正文内容。小标题和正文内容格式保持不变。

（9）保存新增及修改内容

第 9、10、11 张"活动内容"幻灯片的外观效果如图 5-47、图 5-48 和图 5-49 所示。单击快速访问工具栏中的"保存"按钮 🖫，保存该演示文稿。

### 9. 制作"预期效果"幻灯片

（1）复制"活动目的"幻灯片

在幻灯片浏览窗格中"活动目的"幻灯片缩略图上单击鼠标右键，然后在弹出的快捷菜单中选择"复制"命令。

（2）粘贴幻灯片

将光标定位到幻灯片浏览窗格第 11 张幻灯片"活动要求"之后，单击鼠标右键，在弹出的快捷菜单中选择"粘贴"命令即可。

（3）修改幻灯片的标题内容

将幻灯片中标题内容修改为"六、预期效果"。

（4）修改幻灯片的正文内容

将幻灯片中关于"活动目的"的正文内容删除，粘贴从 Word 文档"五四青年节活动方案.docx"中复制的关于"预期效果"的正文内容。

（5）设置"预期效果"内容的格式

将"预期效果"正文内容的字体设置为"微软雅黑"，将字号设置为"26"，将字体样式设置为"加粗"，将字体颜色设置为"黑色"。

将"对齐方式"设置为"两端对齐"；将"特殊"缩进方式设置为"首行"，其"度量值"设置为"2厘米"；将"行距"设置为"1.5 倍行距"。

（6）保存演示文稿新增及修改内容

第 12 张"预期效果"幻灯片的外观效果如图 5-50 所示。单击快速访问工具栏中的"保存"按钮 🖫，保存该演示文稿。

### 10. 制作"经费预算"幻灯片

（1）添加幻灯片

在第 12 张幻灯片"六、预期效果"之后添加一张版式为"空白"的幻灯片。

（2）复制第 12 张幻灯片标题

在第 12 张幻灯片"六、预期效果"中复制标题（包括占位符及其标题文字），然后在新添加的第 13 张幻灯片中粘贴刚才复制的标题。将第 13 张幻灯片的标题文字修改为"七、经费预算"。

（3）插入表格

选中第 13 张幻灯片，单击"插入"选项卡"表格"组的"表格"按钮，在其下拉菜单中选择"插入表格"命令，打开"插入表格"对话框。

在弹出的"插入表格"对话框中将"列数"和"行数"分别设置为"3"和"15"，如图 5-63 所示，然后单击"确定"按钮关闭该对话框。在幻灯片中就会插入一张 15 行 3 列的表格。

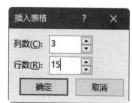

图 5-63　"插入表格"对话框

> **说 明**　在幻灯片含有文字"单击此处添加文本"的占位符中单击"插入表格"按钮▦，也可以打开"插入表格"对话框。

（4）在表格中输入文字内容

在表格中标题行分别输入标题文字"序号""费用支出项目""金额（元）"，然后分别输入各项对应的内容。

（5）设置表格文字的格式

选中表格中的内容，将表格中文字的中文字体设置为"微软雅黑"，将字号设置为"20"，将表格各行都设置为"垂直居中"，将表格标题行文字的对齐方式设置为"居中"，将第 2 列所有行的对齐方式都设置为"左对齐"，将其他列所有行的对齐方式设置为"居中"。

（6）调整表格的行高和列宽

拖曳鼠标调整表格的高度，然后根据表格中文字内容将各列的列宽调整至合适的宽度。

（7）调整表格在幻灯片中的位置

拖曳表格至幻灯片中的合适位置。

（8）保存演示文稿新增及修改的内容

第 13 张"经费预算"幻灯片的外观效果如图 5-51 所示。单击快速访问工具栏中的"保存"按钮▦，保存该演示文稿。

### 11. 制作结束页幻灯片

（1）添加幻灯片

在第 13 张幻灯片"七、经费预算"之后添加一张版式为"空白"的幻灯片。

（2）在幻灯片中插入艺术字

在"空白"版式的幻灯片中插入艺术字"请提宝贵意见或建议"。

（3）设置艺术字的"文本效果"

在幻灯片中选中艺术字，单击"绘图工具 - 格式"选项卡"艺术字样式"组的"文本效果"按钮，在其下拉菜单中设置"发光"效果和"转换"效果。

（4）在幻灯片中插入图片

选中要插入图片的第 14 张幻灯片，单击"插入"选项卡"图像"组的"图片"按钮，打开"插入图片"对话框，在该对话框中选择文件夹"模块 5"中的图像文件"新时代新青年新作为.jpg"，然后单击"插入"按钮，在当前幻灯片中插入图片。

在幻灯片中调整图片的大小和位置，还可以使用"图片工具 - 格式"选项卡设置图片样式、图片边框、图片效果、图片版式，以及进行裁剪图片、旋转图片等操作。

（5）保存演示文稿新增及修改的内容

第 14 张结束页幻灯片的外观效果如图 5-52 所示。单击快速访问工具栏中的"保存"按钮▦，保存该演示文稿。

## 【任务 5-2】设置演示文稿"五四青年节活动方案"的动画效果与幻灯片的放映方式

扫码观看本
任务视频

### 【任务描述】

打开文件夹"模块 5"中的演示文稿"五四青年节活动方案.pptx"，按照以下要求完成相应的操作。

① 将第 1 张幻灯片中的标题文字"五四青年节活动方案"的进入动画设置为"劈裂"，将方向设置

为"左右向中央收缩",将开始方式设置为"从上一项开始"。

② 将第 1 张幻灯片中的艺术字"传承五四精神、焕发青春风采"的"进入"动画设置为"擦除",将方向设置为"自左侧","持续时间"设置为"02.00",开始方式设置为"上一动画之后"。

③ 将第 1 张幻灯片中的文字"明德学院 团委、学生会"的进入动画设置为"形状",将方向设置为"切出",将形状设置为"菱形",开始方式设置为"单击时"。

④ 如果所设置的动画效果的顺序有误,则借助于"动画窗格"的"上移"按钮和"下移"按钮调整其顺序。

⑤ 为其他各张幻灯片中的对象设置动画效果。

⑥ 将幻灯片的切换效果设置为"翻转",效果采用默认选项,将"持续时间"设置为"02.00",将换片方式设置为"单击鼠标时"。

⑦ 从第 1 张幻灯片开始放映幻灯片。

**【任务实施】**

**1. 设置第 1 张幻灯片中文本和对象的动画效果**

（1）打开演示文稿

打开演示文稿"五四青年节活动方案.pptx",切换到"动画"选项卡。

（2）选择幻灯片

选择需要设置动画效果的第 1 张幻灯片。

（3）设置主标题"五四青年节活动方案"的动画效果

在幻灯片中选中含有主标题"五四青年节活动方案"的占位符,在"动画"选项卡"动画"组的动画列表框中选择"劈裂"选项,然后单击动画列表右侧的"效果选项"按钮,在其下拉菜单中选择"左右向中央收缩"选项。

单击"动画"选项卡"高级动画"组的"动画窗格"按钮,使其处于选中状态,打开"动画窗格"窗格。然后单击"动画窗格"窗格动画行右侧的 ▾ 按钮,在其下拉菜单中选择"从上一项开始"选项。

（4）设置艺术字"传承五四精神、焕发青春风采"的动画效果

在幻灯片中选中艺术字"传承五四精神、焕发青春风采",在"动画"选项卡的"动画"组动画列表中选择"擦除"选项,然后单击动画列表右侧的"效果选项"按钮,在其下拉菜单中选择"自左侧"选项。

在"动画"选项卡"计时"组"开始"下拉列表框中选择"上一动画之后",在"持续时间"数值微调框中输入"02.00"。

（5）设置文字"明德学院 团委、院学生会"的动画效果

在幻灯片中选中文字"明德学院 团委、学生会"的文本框,在"动画"选项卡的"动画"组动画列表中选择"形状"选项,然后单击动画列表右侧的"效果选项"按钮,在其下拉菜单的"形状"区域中选择"菱形"选项,左"方向"区域选择"切出"选项,如图5-64所示。

（6）调整动画效果的顺序

添加了多项动画效果的"动画窗格"窗格如图5-65所示,该窗格中以列表方式列出了顺序排列的动画效果,并且在幻灯片窗格中对应的幻灯片对象也会出现动画效果的标记。如果需要调整动画效果的排列顺序,可以选定其中需要调整顺序的动画效果,然后单击"上移"按钮 ▴ 或"下移"按钮 ▾ 来改变动画顺序。

图 5-64 设置"效果选项"

**2. 为其他各张幻灯片中的对象设置动画效果**

参考第 1 张幻灯片动画的设置方法，灵活地为其他各张幻灯片中的对象设置动画效果。

**3. 设置幻灯片的切换效果**

（1）向幻灯片添加切换效果

选中设置切换效果的幻灯片，在"切换"选项卡"切换到此幻灯片"组选择"翻转"切换效果，如图 5-66 所示。

图 5-65　添加了多项动画效果的"动画窗格"窗格

图 5-66　选择"翻转"切换效果

（2）设置切换效果的计时

在"切换"选项卡"计时"组的"持续时间"数值微调框中输入或选择所需的持续时间，这里设置为"02.00"。在"换片方式"区域选中"单击鼠标时"复选框。

如果幻灯片切换时需要添加声音，则在"声音"下拉列表框中选择一种合适的声音即可。

单击"计时"组"应用到全部"按钮，则将当前幻灯片的切换效果应用到全部幻灯片，否则，只应用到当前幻灯片。

**4. 保存演示文稿的动画设置和切换效果设置**

单击快速访问工具栏中的"保存"按钮 🔲，保存该演示文稿。

**5. 从第一张幻灯片开始放映幻灯片**

切换到"幻灯片放映"选项卡，在"开始放映幻灯片"组单击"从头开始"按钮即可从第一张幻灯片开始放映幻灯片，然后依次单击播放下一张幻灯片。

# 模块6
# Python编程基础

随着大数据时代的来临，数据的采集和处理已成为关键。作为一种面向对象的高级语言，Python支持多线程调度，对于海量数据的采集和处理有独特的优势，是一种适用于大数据开发和分析的重要语言。目前，Python已广泛应用于云计算、人工智能、数据分析等众多领域。

## 6.1 Python 简介

Python 是一种功能强大的高级语言，由 Guido van Rossum 设计，它基于 ABC 语言并吸收了 C、C++、Algol-68、SmallTalk、Unix shell 和其他脚本语言的优点，是结合解释性、编译性、互动性并面向对象的脚本语言。

Python 具有简单易学、免费开源、可移植性强、可扩展、程序库丰富等特点。Python 语言结构简单，保留字少，适合编程初学者学习；Python 是一种开源语言，用户可免费查看、下载、修改、发布及使用；Python 作为一门解释型的语言，它天生具有跨平台的特征，只要为平台提供了相应的 Python 解释器，Python 就可以在该平台上运行；Python 的可扩展性体现在它的模块上，可以把 Python 嵌入C/C++程序，从而向程序用户提供脚本功能；Python 具有丰富和强大的程序库。

### 【任务 6-1】配置 Python 开发环境

#### 【任务描述】

学习 Python 需要动手进行程序的编写实践，因此首先需要下载并安装Python，然后配置 Python 的开发环境。

#### 【任务实施】

**1. 下载 Python 安装文件**

打开 Python 官网下载网址，下载 Python 安装文件，如图 6-1 所示。

**2. 安装 Python**

扫码观看
微课视频

双击 Python 安装文件图标后，在弹出的安装界面中选中"Add Python 3.8 to PATH"复选框，选择"Install Now"选项开始安装，如图 6-2 所示。

Python 完成安装后会自动安装 Python 集成开发和学习环境（Integrated Development and Learning Environment，IDLE），安装 IDLE 后可方便实现程序的编译、链接、执行等功能。

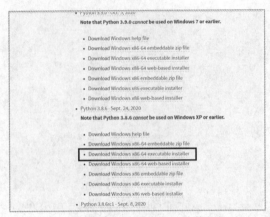

图 6-1　下载 Python 安装文件　　　　　　　图 6-2　安装 Python

## 【任务 6-2】编写第一个 Python 程序

### 【任务描述】

在配置好 Pyhton 编程环境的基础上，编写自己的第一个 Python 程序，在屏幕上输出 hello world。

### 【任务实施】

#### 1. 运行 Python IDLE

从"开始"菜单中执行 Python IDLE，软件运行界面如图 6-3 所示，其中>>>是命令提示符，等待输入命令。

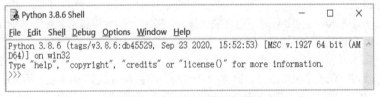

图 6-3　Python IDLE 运行界面

#### 2. 输入 print 命令函数

print 函数实现在屏幕输出数据，基本语法是：

print(<expression>, <expression>, <expression>, …<expression>)

上述语法中的表达式可以是一个或多个，若是多个，中间用逗号（,）隔开，表达式可以是字符串或变量。

输入命令 print（'hello world'）后，Python IDLE 会交互式反馈运行结果，如图 6-4 所示。完成第一个 Python 程序，在屏幕上输出 hello world。

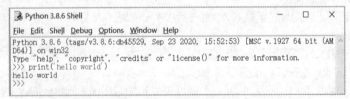

图 6-4　第一个 Python 程序

## 6.2　Python 基础语法知识

Python 是一门简单易学的高级语言，其借鉴吸收了 ABC 语言、C 语言等众多编程语言的优点，在编程规则部分与这些语言相似。初学者需了解 Python 的固定语法要求，掌握 Python 的编程规则 。 Python 的基础语法知识主要包括：注释、代码缩进、保留字与标识符、变量、转义字符、字符串的基本 操作和 Python 常用的操作运算符。

## 6.2.1 注释

如图 6-5 所示，单行注释以#开头，注释行不会被机器编译执行，只是起到提示作用，不参与程序 运行。

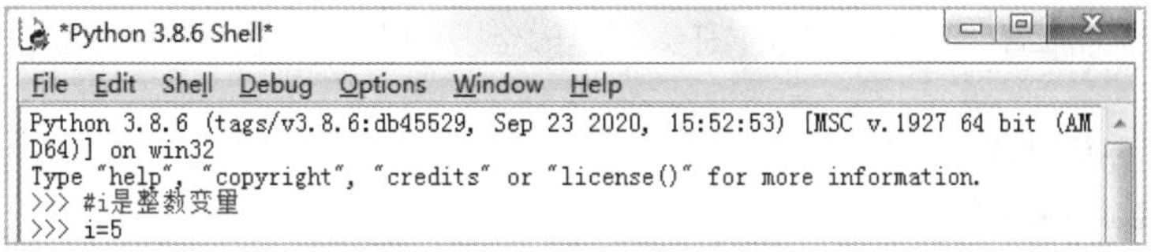

图 6-5 单行注释

多行注释在注释行前和末尾分别使用三个单引号，其本质是将多行内容表示为一个字符串，如图 6-6 所示。

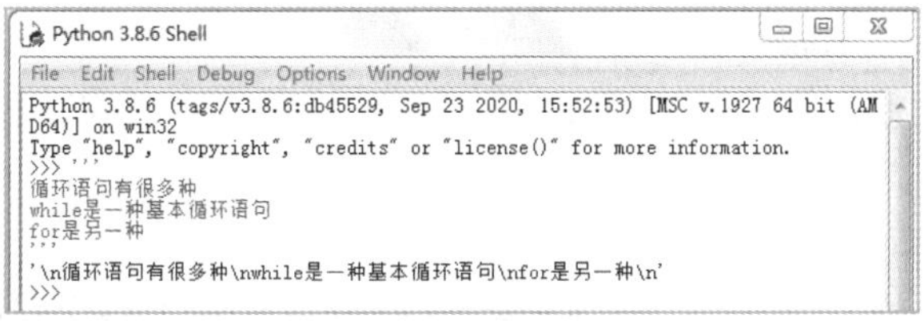

图 6-6 多行注释

## 6.2.2 代码缩进

Python 代码简洁，无需用花括号（{ }）来标识程序段，但同一程序段必须保持相同的缩进。图 6-7 所示为正确的缩进形式。

```
1    s=1
2    print(s)
3    if s>0:
4        s=s+1
5    else:
6        s=s-1
```

图 6-7 正确的缩进形式

错误的缩进会导致程序无法编译执行，如图 6-8 所示。图中有两处缩进错误，print 必须和第一行的 s 对齐，else 必须和 if 对齐。

```
1    s=1
2        print(s)
3    if s>0:
4        s=s+1
5        else:
6            s=s-1
```

图 6-8 错误的缩进

## 6.2.3 保留字与标识符

保留字又称为关键字，是 Python 中已经被赋予特殊含义的单词，如保留字 "if" 用于流程控制，可 使用 kwlist 函数查看 Python 的所有保留字，如图 6-9 所示。

```
>>> import keyword
>>> keyword.kwlist
['False', 'None', 'True', 'and', 'as', 'assert', 'async', 'await', 'break', 'class', 'continue', 'def', 'del', 'elif',
'else', 'except', 'finally', 'for', 'from', 'global', 'if', 'import', 'in', 'is', 'lambda', 'nonlocal', 'not', 'or',
'pass', 'raise', 'return', 'try', 'while', 'with', 'yield']
```

图6-9　Python的保留字

标识符是 Python 中用于为变量、函数、类、对象、模块等命名的字符串，一个合法的标识符必须符合以下条件。

① 标识符只能由字母、数字或下划线组成。

② 标识符应以字母开头，不能以数字开头。以下划线开头的标识符具有特殊含义，如表示类中的属性或方法。

③ 标识符中不能存在保留字。

以下几个是合法标识符。

a_1，aB123，myName，ab1C_

而下面这几个是非法标识符。

a*b4（标识符不能由*组成）

3d_M（标识符不能以数字开头）

else（else 是保留字，标识符中不能存在保留字）

此外还需注意，标识符区分大小写，如变量 A 和变量 a 会被认为是不同的变量。

扫码观看
微课视频

## 6.2.4　变量

Python 变量根据取值不同可分为6种标准数据类型：数字、字符串、列表、元组、字典和集合。其中数字型变量和字符串型变量属于基本型变量，列表、元组、字典和集合型变量属于复合数据类型变量。变量在创建时无需声明，但必须赋值，Python 能根据变量取值自动识别其数据类型。

变量使用等号（＝）进行赋值，如 a=3，将 3 的值赋予变量 a。

当创建变量时，系统会根据变量的不同取值分配不同的存储空间，如 x=3，y=3，则变量 x，y 在内存中指向同一个地址，使用 id 函数可查看变量的内存地址，如图 6-10 所示。

```
>>> x=3
>>> y=3
>>> id(x)
8791385442016
>>> id(y)
8791385442016
```

图6-10　相同取值的变量指向同一内存地址

若变量的取值不同，如 a=5，b=6，则变量 a，b 在内存中指向不同地址，如图 6-11 所示。

```
>>> a=5
>>> b=6
>>> id(a)
8791385442080
>>> id(b)
8791385442112
```

图6-11　变量取值不同指向内存位置不同

在以上两个例子中，若继续改变 a 的取值，使其与与 x 相同，如 a=3，则 a 指向的内存地址将和 x 相同，因为 a=x=3。

### 1. 数字型变量

数字型变量分为整型（int）、浮点型（float）、布尔型（bool）及复数型（complex）四种。其中布尔型变量取值可以是 True 或 False，并且布尔型变量可以和整型变量相互转换，True 等价于 1，False

等价于 0，所有的非 0 数也可以看作是 True。复数型变量用于存储复数，如 a=1.2+0.5j。

不同的数据类型可以相互转换，int 函数可以将浮点数进行取整运算后，转换为整数，float 函数可以将整数变成浮点数，bool 函数可以将非 0 数转换为 True，将 0 转换为 False，如图 6-12 所示。

```
>>> a=2
>>> b=2.5
>>> c=True
>>> int(b)
2
>>> float(a)
2.0
>>> bool(a)
True
```

图 6-12　不同数据类型转换

#### 2. 字符串型变量

字符串型变量取值为字符串，字符串的表示可以用单引号（'）、双引号（"）或三引号来表示（'''），其中三引号多用于多行字符串的表示。如图 6-13 所示。

```
>>> 'hello'
'hello'
>>> "hello"
'hello'
>>> '''hello
world'''
'hello\nworld'
```

图 6-13　字符串的表示

## 6.2.5　转义字符

当字符串内出现单引号'、双引号"时，需要用转义字符来表示。例如，要表示字符串 I'm a student 时，若直接表示为'I'm a student'就会报错，原因是语句单引号的匹配会出错，语句被解析为'I'及后面的 m a student'两部分，正确的表示是在单引号前加转义字符"\"，表示为'I\'m a student'，如图 6-14 所示。

```
>>> 'I\'m a student'
"I'm a student"
>>> 'he is a \"thief\"'
'he is a "thief"'
```

图 6-14　转义字符的表示

## 6.2.6　字符串的基本操作

字符串的基本操作包括定位字符、截取字符段及字符串连接等。

定位字符首先需了解字符串索引的概念，如定义字符串变量 s='helloworld'，这里第一个字符 h 的位置从 0 开始计数，即 s[0]='h'，s[1]='e'，…，s[9]='d'，索引位置从 0 开始，到 $n-1$ 结束，其中 $n$ 为字符串长度。注意，不能通过索引赋值形式直接改变字符串内的字符值，如直接赋值 s[0]='b'，Python 不支持这种形式的用法。

截取字符段可以 s[i:j]的形式来表示，i 为起始索引，j 为结束索引（字符串中不包含 s[j]），如在上段定义的 s 中，s[2:5]='llo'。若字符段持续到字符串末尾，则可以表示为 s[i: ]的形式，结束索引可以不写，如 s[2: ]='lloworld'。

字符串的连接可以通过加号（+）来连接，如 st=s+'welcome to python'。

字符串基本操作如图 6-15 所示。

```
>>> s='helloworld'
>>> s[0]
'h'
>>> s[2]
'l'
>>> s[2:5]
'llo'
>>> s[2:]
'lloworld'
>>> s[0]='b'
Traceback (most recent call last):
  File "<pyshell#30>", line 1, in <module>
    s[0]='b'
TypeError: 'str' object does not support item assignment
```

图6-15　字符串基本操作

扫码观看
微课视频

### 6.2.7　Python 常用操作运算符

#### 1. 算术运算符

常用的算术运算符有加（＋）、减（－），乘（＊），除（／），此外，还有求余（％），乘方（＊＊）。现以以下几个计算为例：3+30-5*6/2　34%10　4**3，运算结果如图6-16所示。

```
>>> 3+30-5*6/2
18.0
>>> 34%10
4
>>> 4**3
64
```

图6-16　算术运算

在第一个混合运算中，由于式子里有除法，结算结果自动转化为浮点数，第二个式子的含义是求34除以10的余数，第三个式子的含义是求4的3次方。

#### 2. 逻辑运算符

逻辑运算符包括 and、or、not，其含义如下。

and，与运算，x and y，若 x 为 0 或 False，返回 x 值，否则，返回 y 值。

or，或运算，x or y，若 x 非 0 或为 True，返回 x 值，否则返回 y 值。

not，非运算，not x，若 x 为 0 或 False，返回 True，否则，返回 False。

具体运算结果如图6-17所示。

```
>>> x=0
>>> y=1
>>> z=2
>>> x and y
0
>>> y and z
2
>>> x or y
1
>>> y or z
1
>>> not x
True
>>> not y
False
```

图6-17　逻辑运算

### 6.2.8　实例

### 【实例6-1】输入 5 个整数，求平均数

此实例中，待输入的 5 个整数分别用变量 a，b，c，d，e 表示，平均数用 avg 表示。运算过程如图6-18所示。

```
>>> a=88
>>> b=92
>>> c=89
>>> d=96
>>> e=90
>>> avg=(a+b+c+d+e)/5
>>> avg
91.0
```

图 6-18　求平均数

## 【实例 6-2】判断表达式的值

判断 not(5>8) and（3>5）and (7>3) or (3<7) 的值。运算结果如图 6-19 所示。

```
>>> not(5>8) and (3>5) and (7>3) or (3<7)
True
```

图 6-19　判断表达式的值

此实例中，需认真分析结果生成过程，5>8 值为 False，not(5>8)值为 True，3>5 值为 False，7>3 值为 True，3<7 值为 False，因此原式=True and False and True or True，结果为 True。

# 6.3 Python 常用数据类型

虽然 Python 数据类型不需要显式声明，但其数据在内存中存储时仍然有具体的类型。前面一节介绍了 Python 数据类型的数字型与字符串型，Python 常用的数据类型远不止这两类。Python 原生数据类型可以分为逻辑类（Boolean）、数字类（int，float，complex）、序列类（tuple，list，range）、迭代类（Iterator）、文本序列类（str）、二进制序列类（bytes，bytearray，memoryview）、集合类（set，frozenset）、字典类 （dict）、上下文管理类（Context Manager Types）、别名生成类（Generic Alias Type）。对于初学者来说，切勿贪大求全，掌握其中常用类型的使用方式是一个较好的切入点。

## 6.3.1 逻辑类

逻辑类数据的值被表示为 True 或是 False。与其他 Python 数据类型相同，逻辑类变量并不会显式声明，仅使用"引用"的方式指向内存特定区域。下例声明两个逻辑类变量，x 和 y，如图 6-20 所示。

```
>>> x=True
>>> y=False
```

图 6-20　声明两个逻辑类变量

逻辑类数据常在需要条件判断的语句中使用，比如 if、while 语句等，如图 6-21 所示。

```
1  x=True
2  if x:
3      print('true')
4
5  y=False
6  while y:
7      #while语句的循环体永远不会执行
8      print("it won't execute anyway.")
```

图 6-21　逻辑类数据的使用

虽然万物皆可逻辑化，比如""、()、[]、{}、set()、range(0)都表示 False，但在实际编程中，应按照事物的逻辑来组织逻辑表达式，以免产生难以理解的代码。如下例，判断 y 是不是闰年，其中比较运算的结果就是逻辑值 True 或 False，逻辑值根据逻辑运算 and、or、not 算出最终的逻辑结果，if 语句根据最终结果决定是否执行输出闰年的语句。运算过程如图 6-22 所示。

**207**

```
>>> y = 2000
>>> if y % 400 == 0 or (y % 4 == 0) and not (y % 100 == 0):
    print("The year get 1 more day.")


The year get 1 more day.
```

图 6-22　判断是不是闰年

## 6.3.2　数字类

Python 大大简化了数字类数据的种类，仅仅分为整型（int）、浮点型（float）、变量的数据类型和复数类型（complex）。逻辑类其实是整型的一个分支，但是其使用比较特殊，故单独将其列出。

### 1. 整型数据

与其他编程语言类似，Python 中整型数据"有界限范围"；数据在计算机中存储需要占用内存空间，而分配给某个整型数据的空间是有限的。通常来说，Python 中整型数据可以表示的最大数据为 9223372036854775807，如图 6-23 所示。但实际上其可以表示范围与 Python 运行时的解释器有关，不是一个固定的数据；简单地理解，Python 可以表示非常大的数据。若有更大的数据需要表示，可以使用浮点型数据或是自定义类型数据表示。

```
>>> import sys
>>> print(sys.maxsize)
9223372036854775807
```

图 6-23　整型数据可以表示的最大数据

Python 中整型数据的四则运算与数学中的运算并没有太多差别。但有一点需要注意，在其他编程语言中 "取整除法"的判定通常是根据被除数与除数的数据类型来决定，而在 Python 中，"取整除法"使用//来表示。如图 6-24 所示，6/4 的结果为 1.5，而 6//4 的结果为 1。

```
>>> a = 6/4
>>> b = 6//4
>>> print('a =',a,', while b =',b)
a = 1.5 , while b = 1
```

图 6-24　"取整除法"使用//来表示

### 2. 浮点型数据

浮点型数据（浮点数）更确切来说表示的是数学中的实数，其表示数据的范围如图 6-25 所示。浮点数有精度限制，往往是 15 位。

```
>>> import sys
>>> print(sys.float_info.max)
1.7976931348623157e+308
>>> print(sys.float_info.min)
2.2250738585072014e-308
>>> print(sys.float_info.dig)
15
```

图 6-25　浮点数表示数据的范围

### 3. 变量的数据类型

Python 中变量的数据类型不是一成不变的，其取决于当前指向的内存空间的数据类型；简单来说，将一个整型数据赋给变量 x，那么 x 就是整型数据。如图 6-26 所示，执行第一行后变量 x 是一个整型数据，而执行第二行后变量 x 变成了浮点数。

```
>>> x=6    # x is an integer
>>> x=1.1  # x turns into a float number
```

图 6-26　变量 x 的数据类型变化

### 4. 复数型数据

Python 中复数型数据表示数学中的复数，在信号处理中常常使用傅里叶变换将模拟信号转变为数字信号，其中就包含复数型数据的运算。图 6-27 所示为信号处理中使用的傅里叶变换，输出结果如图 6-28 所示。

```
1  import numpy as np
2  import matplotlib.pyplot as plt
3  x=np.linspace(0,2*np.pi,50)
4  wave=np.cos(x)
5  transformed=np.fft.fft(wave) #傅里叶变换
6  plt.plot(transformed) #绘制变换后的信号
7  plt.show()
```

图 6-27　信号处理中使用的傅里叶变换

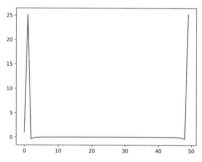

图 6-28　绘制傅里叶变换后的信号

## 6.3.3　序列类

序列类中包含三种基本的数据类型：元组（tuple）、列表（list）、等差数列（range）。此外，文本序列类（str）与二进制序列类（bytes，bytearray，memoryview）是序列类的几个扩展类型。

扫码观看
微课视频

### 1. 元组

元组是不可改变的序列，常常用来构建复合自定义数据类型。例如，2 个元组的组合可构成 Python 中的枚举类型（enumerate）。此外，元组也可用来存储相同类型数据构成的序列。图 6-29 所示为创建一个存储一个句子的元组，并将其输出。

```
>>> tup = ('The',' ','tuple',' (','\'abc\',')',' returns', ' (',\'a\',',',\'b\',',',\'c\',')')
>>> for word in tup:
        print(word,end='')

The tuple ('abc') returns ('a','b','c')
```

图 6-29　创建一个存储一个句子的元组，并将其输出

元组中元素一旦建立，就不能改变。如图 6-30 所示，代码尝试修改元组中第二个元素的值，结果报错。

```
>>> tup=(1,2,3)
>>> tup[1]=0
Traceback (most recent call last):
 File "<pyshell#11>", line 1, in <module>
   tup[1]=0
TypeError: 'tuple' object does not support item assignment
```

图 6-30　元组不可修改

因此，元组常常用来表示"不想"或者"不能"改变的常量列表。下例中使用元组表示 12 个月份的英文拼写，如图 6-31 所示。

```
>>> x=5
>>> tup=('Jan.','Feb.','Mar.','April','May','Jun.','July','Aug.','Sep.','Nov.','Oct.','Dec.')
>>> print('The',x,'-th month of a year is',tup[x-1])
The 5 -th month of a year is May
```

图 6-31　使用元组表示月份

**2. 列表**

列表是可变序列，常用来存储同类数据序列，也可以用来存储不同类的数据序列。列表与元组声明时不同，列表使用方括号（[ ]）声明。图 6-32 所示创建了一个等差数列，并使用切片运算符（：）取列表中下标为 2 到下标为 4 之间的所有元素。li[2]表示列表中下标为 2 的元素，即 3，而 li[2:4]表示取出 li[2] 到 li[4]（不包含 li[4]）中所有的元素，即[3，4]。

```
>>> li = [1,2,3,4,5,6]
>>> print(li[2])
3
>>> print(li[2:4])
[3, 4]
```

图 6-32　等差数列进行切片运算

简化代码逻辑的操作除了列表切片，还有列表拼接。如图 6-33 所示，列表 li3 为列表 li 与列表 li2 之间的拼接。

```
>>> li = [1,2,3,4,5,6]
>>> li2 = [7,8,9]
>>> li3 = li+li2
>>> print(li3)
[1, 2, 3, 4, 5, 6, 7, 8, 9]
```

图 6-33　列表拼接

**3. 等差数列型数据**

为了简化代码逻辑，Python 可利用等差数列型数据生成等差数列。常用的方式有 range(n)与 range(i，j)，前者表示 0 到 $n-1$ 的等差数列，后者表示 $i$ 到 $j-1$ 的等差数列。如图 6-34 所示，利用等差数列型数据生成了 0 到 9 的等差数列。

```
>>> X = range(10)
```

图 6-34　利用等差数列型数据生成 0 到 9 的等差数列

此外等差数列型数据还能设置公差（step），如图 6-35 所示。

```
>>> r = range(1,10,2)
>>> for i in r:
    print(i,end=' ')


1 3 5 7 9
```

图 6-35　利用等差数列型数据设置公差

## 6.3.4　文本序列类

文本序列类数据是序列类数据的一个子类型，但其使用非常频繁，并且使用方式与普通的序列类数据有些区别。声明一个文本序列类数据仅需要将一个字符串或字符赋值给变量即可，也可以使用 str()创建字符串，如图 6-36 所示。

```
>>> s = "string"
>>> s = str(100)
```

图 6-36　声明文本序列类数据

与普通的序列类数据相似，文本序列类数据也可以进行切片运算，如图 6-37 所示。

```
>>> s = "string"
>>> print(s[0:2])
st
```

图 6-37　文本序列类数据进行切片运算

但文本序列类数据真正强大的地方在于其内置函数实现了许多常用的关于字符串（如 str）的算法，如首字母大写 str.capitalize()、文本编码 str.encode(encoding="utf-8"，errors="strict")、文本匹配 str.find(sub[,start[,end]])、文本数字转换 str.isdigit() 等。图 6-38 所示的例子使用 str.split(sep=None，maxsplit=-1) 函数将 CSV 文件读出的数据使用逗号分隔成列表类型。

```
>>> s = "name,value,tag,amount,from,to,vendor"
>>> ss = s.split(',')
>>> print(ss[1])
value
```

图 6-38　将 CSV 文件读出的数据使用逗号分隔成列表类型

谈到文本序列类就离不开自然语言处理，其中中文是自然语言处理（Natural Language Processing，NIP）中的重难点。图 6-39 所示演示了将中文字符序列简单地进行分词的过程。

```
1    import jieba
2    seg = jieba.lcut("中国是一个伟大的国家")
3    print(seg)
```

```
['中国', '是', '一个', '伟大', '的', '国家']
```

图 6-39　将中文字符序列分词

### 6.3.5　字典类

Python 的字典类虽然叫作 dict，但是其实现使用了哈希表的思想。通过计算 key 的 Hash 值来获得 value 在内存中的位置。这种保存数据的方式读取数据非常快、写入数据也很快，但扩容是非常耗时的过程。

字典类数据是使用花括号来表示的。例如，图 6-40 所示为使用字典类数据保存一台计算机的配置信息。在花括号内多个键值对以逗号分隔，每个键值对都要符合"键：值"的规则。访问字典类数据时可以使用"变量名[键]"的格式。

```
>>> computer = {'model':'lenovo','weight':10,'size':(10,20,5),'owner':None}
>>> print(computer['weight'])
10
```

图 6-40　使用字典类数据保存信息

## 6.4　Pyhton 程序流程控制

顺序、选择和循环是 Python 的三种程序流程控制的基本结构，其中顺序结构是最简单的程序结构，只要按照解决问题的顺序写出相应的语句就行，它的执行顺序是自上而下，依次执行。本节重点讲解选择结构和循环结构，通过采用选择结构或循环结构编程来解决中国古代的几个经典数学问题，如鸡兔同笼、百鸡等。

## 6.4.1　选择结构

选择结构又称为分支结构，通过条件判断控制程序走向不同分支，选择结构可分为单分支结构、两分支结构和多分支结构。

### 1. 单分支结构

If 是选择结构的基本保留字，对于单分支结构，其用法格式为：

if　布尔表达式：

　　　　语句

注意表达式右边的冒号不能缺少，此程序段的含义是：若表达式为真，则执行语句，否则，则不执行。例如，当考试成绩 x 大于或等于 60 时，输出‘pass’，而当 x 小于 60 时，不做处理，其程序运行过程如图 6-41 所示。

```
>>> x=70
>>> if x>=60:
            print('pass')


pass
>>> x=50
>>> if x>=60:
            print('pass')
```

图 6-41　单分支结构

### 2. 两分支结构

两分支结构的用法格式为：

　　if　布尔表达式 1：

　　　　语句 1

　　else：

　　　　语句 2

扫码观看
微课视频

注意，else 后的冒号也不能缺少。程序段的含义是，若表达式 1 成立，则执行语句 1，否则执行语句 2。例如，当 x 大于或等于 60 时，输出‘pass’，而当 x 小于 60 时，输出‘fail’，其程序运行过程如图 6-42 所示。

```
>>> x=70
>>> if x>=60:
            print('pass')
else:
            print('fail')


pass
>>> x=50
>>> if x>60:
            print('pass')
else:
            print('fail')


fail
```

图 6-42　两分支结构

### 3. 多分支结构

多分支结构的用法格式为：

if　布尔表达式 1：

　　语句 1

elif　布尔表达式 2：

　　语句 2

　　　…

elif 布尔表达式 *n*-1：

    语句 *n*-1

else：

   语句 *n*

程序段的含义是，若表达式 1 成立，则执行语句 1，其他语句不再执行；若表达式 1 不成立而表达式 2 成立，则执行语句 2，其他语句不再执行；以此类推，若前 *n*-1 个表达式都不成立，则执行语句 *n*。例如，若 x 大于 0，输出"正数"；若 x 等于 0，输出"0"；若 x 小于 0，输出"负数"，其程序运行过程如图 6-43 所示。图中显示了 x=-1 时的输出结果。

```
>>> x=-1
>>> if x>0:
        print('正数')
elif x==0:
        print('0')
else:
        print('负数')

负数
```

图 6-43　多分支结构

## 6.4.2　循环结构

### 1. for 循环

for 循环依次取出序列中的每一个元素进行处理，常用的序列有字符串、列表、元组等。其基本格式为：

for 变量 in 序列：

    语句

下面演示用 for 循环计算 1+2+3+4+5+6+7+8+9+10。如图 6-44 所示，首先将数据 1~10 存入列表 L 中，赋初值 s=0，利用 for 循环将列表中的每个数据取出并加入 s 中。

```
>>> L=[1,2,3,4,5,6,7,8,9,10]
>>> s=0
>>> for i in L:
        s=s+i

>>> print(s)
55
```

图 6-44　使用列表作为计数器的 for 循环

若数据量很大，则列表存储数据输入量大，此时，可以使用 range 函数生成数据序列，用 for 循环配合 range 函数进行循环控制。例如，求和 s=1+2+3+…+100，其程序运行过程如图 6-45 所示。

```
>>> s=0
>>> for i in range(1,101):
        s=s+i

>>> print(s)
5050
```

图 6-45　用 range 函数实现 for 循环

扫码观看
微课视频

### 2. while 循环

while 循环基本格式如下：

while 布尔表达式：

    语句

当布尔表达式为 True 时，执行语句，语句执行完后，再次进行布尔表达式计算。若为 True，则再次执行语句，重复以上过程，直到布尔表达式值为False时退出。改用while循环实现s=1+2+3+…+100，其程序运行过程如图6-46所示。

```
>>> s=0
>>> i=1
>>> while i<=100:
        s=s+i
        i=i+1

>>> print(s)
5050
```

图6-46　while循环实现1～100的求和

值得注意的是，在 while 循环中，一定要加入改变布尔表达式中的变量值的语句，否则，容易产生死循环，如上述程序，若不写 i=i+1，则表达式的值始终为 True，将产生死循环。

### 3. break和continue

（1）break

当循环语句执行的过程中，若已达到理想效果或找到编程所需要的答案时，可使用 break 从当前循环中立刻退出。例如，计算5，6，7，8，9的最小公倍数，其程序运行过程如图6-47所示。

```
>>> i=1
>>> while i<=10000:
        if(i%5==0)&(i%6==0)&(i%7==0)&(i%8==0)&(i%9==0):
            print(i)
            break
        i=i+1

2520
```

图6-47　计算5，6，7，8，9的最小公倍数

若去掉 break，将算出 10000 以内的所有公倍数为 2520，5040 和 7560。

（2）continue

continue 的作用是跳出本次循环，进入下一轮循环。在当前判断不符合条件时，提前结束其他无效语句的执行，进入下一轮循环判断中。例如，用 continue 求 10 以内 3 的倍数，其程序运行过程如图 6-48 所示。

```
>>> i=0
>>> while i<10:
        i=i+1
        if i%3!=0:
            continue
        print(i)

3
6
9
```

图6-48　用continue求10以内3的倍数

## 6.4.3　实例

### 【实例6-3】"鸡兔同笼"问题

在大约一千五百年前，我国古代数学名著《孙子算经》中记载了一道数学趣题，这就是著名的"鸡兔同笼"问题。"今有鸡兔同笼，上有三十五头，下有九十四足，问鸡兔各几何？"，程序运行过程如图6-49所示。

扫码观看
微课视频

```
>>> for i in range(1,35):
        if i*2+(35-i)*4==94:
            print('鸡：',i,'兔：',35-i)
            break


鸡：23 兔：12
```

图 6-49　著名的"鸡兔同笼"问题

解题思路是，设鸡数量为 i，则兔的数量为 35-i，利用 for 循环，i 从 1 开始取值，并判断鸡和兔的脚数是否为 94，若满足则返回数据退出。

### 【实例 6-4】"百鸡"问题

中国古代数学名著《张丘建算经》记载了著名的"百鸡"问题，题目是"今有鸡翁一，值钱五，鸡母一，值钱三，鸡雏三，值钱一。今百钱买鸡百只。问鸡翁，鸡母，鸡雏各几何？"，翻译成现代文就是"现在公鸡一只值 5 钱，母鸡一只值 3 钱，小鸡三只值 1 钱，现在用 100 钱买 100 只鸡，问公鸡，母鸡和小鸡各多少只？"，程序运行过程如图 6-50 所示。

```
>>> for i in range(1,100):
        for j in range(1,100):
            if 5*i+3*j+1/3*(100-i-j)==100:
                print("公鸡：",i,"母鸡：",j,"小鸡：",100-i-j)


公鸡：4 母鸡：18 小鸡：78
公鸡：8 母鸡：11 小鸡：81
公鸡：12 母鸡：4 小鸡：84
```

图 6-50　著名的"百鸡"问题

### 【实训任务】

① 计算 10! =1*2*3*4*5*6*7*8*9*10。

② 成绩 grade 按分数划分如下等级。

90<=grade<=100　　优秀

80<=grade<90　　良好

70<=grade<80　　中等

60<=grade<70　　及格

grade<60　　　　不及格

输入成绩 83，显示成绩等级。

③ 100 个和尚吃 100 个馒头，大和尚每人吃 3 个馒头，3 个小和尚吃 1 个馒头，问有多少大和尚，多少小和尚？

## 6.5　Python 函数

Python 与其他编程语言类似：有函数、可以面对对象编程。与 C++、Java、C#等语言比起来，Python 更简单、代码容错率更高。接下来，我们借助一系列实例介绍 Python 的这些特性。

从数学的角度看，函数是输入到输入的映射；从计算机程序的角度看，函数是将不连续且重复的代码使用一句话代替的编程方式。例如，图 6-51 所示的 circle 函数完成了在界面上画圆的工作，两次调用函数使得界面上画出了图 6-52 所示半径分别为 50、110 的两个圆。

```
1  import turtle
2  def circle(x=10,color='red'):
3      turtle.color(color)
4      turtle.circle(x)
5      pass
6
7  circle(50)
8  circle(110,'blue')
```

图6-51　使用circle函数画圆

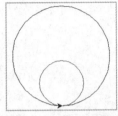

图6-52　使用circle函数画出的两个圆

简单的来说，函数需要先声明、再调用。Python中函数声明需要使用"def"保留字，其格式如下：

def　函数名（参数列表）：

　　函数体

　　return 返回值

如图6-53所示，使用函数实现数学中的一元二次方程$f(x)=3x^2+2x+1$。函数名字是f，参数列表只有一个参数为x，返回值是$3x^2+2x+1$的计算结果。两次调用函数，第一次计算f(2)，结果是17，第二次计算f(3)，结果是34。

Python函数参数列表比较灵活，可以设置"可选参数"，也可以设置"默认参数"。如图6-54所示，将a+b的平方写成一个函数结果作为返回值，a与b分别设置为默认值1和2。第一次调用函数没有使用任何参数，结果为a=1，b=2的默认参数计算结果。第二次调用函数只给了一个参数3，并将其赋值给了a，b沿用了默认值2。第三次调用函数指定了参数b为0，a沿用了默认值1。

```
1  def f(x):
2      return 3 * (x ** 2) + 2 * x + 1
3
4  print(f(2))
5  print(f(3))
```

```
17
34
```

图6-53　使用函数实现一元二次方程

```
1  def func(a=1,b=2):
2      return (a + b) ** 2
3
4  x = func()
5  print(x)
6  x = func(3)
7  print(x)
8  x = func(b=0)
9  print(x)
```

```
9
25
1
```

图6-54　函数参数使用

扫码观看
微课视频

因为Python具有简单的语法、较高的代码容错率、强大的第三方库和良好的开源生态，所以它被越来越多的人所接受。近些年，Python在数据处理、网络安全、人工智能等方面大放异彩。

下面举个简单的例子来说明Python的简单。要实现某个功能，C语言可能需要100行代码，而Python可能只需要几行代码，因为C语言什么都要得从头开始，而Python已经内置了很多常见功能，我们只需要导入包，然后调用一个函数即可。简单就是Python的巨大魅力之一，是它的杀手锏。

例如，Python可以使用几行代码画出参数曲线，如图6-55所示。输出结果如图6-56所示。

```
1    import matplotlib as mpl
2    from mpl_toolkits.mplot3d import Axes3D
3    import numpy as np
4    import matplotlib.pyplot as plt
5    mpl.rcParams['legend.fontsize'] = 10
6    fig = plt.figure()
7    ax = fig.gca(projection='3d')
8    theta = np.linspace(-4 * np.pi, 4 * np.pi, 100)
9    z = np.linspace(-2, 2, 100)
10   r = z ** 2 + 1
11   x = r * np.sin(theta)
12   y = r * np.cos(theta)
13   ax.plot(x, y, z, label='parametric curve')
14   ax.legend()
15   plt.show()
```

图 6-55　利用 Python 画出参数曲线的 Python 程序

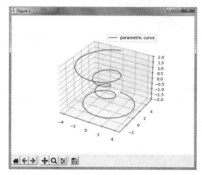

图 6-56　利用 Python 画出参数曲线的结果

又例如，几行 Python 代码可以编写简单的 web 爬虫，如图 6-57 所示。

```
1    import requests
2    url = 'https://www.baidu.com'
3    headers = {
4        'User-Agent': 'Mozilla/5.0 (Windows NT 10.0; Win64; x64) AppleWebKit/537.36 (KHTML, like Gecko) Chrome/76.0.3809.100 Safari/537.36'
5    }
6    response = requests.get(url=url, headers=headers)
7    print(response.text)
```

图 6-57　编写简单的 web 爬虫

同时 Python 也可以做一些比较复杂的事情。例如。根据海底采样数据画出海底地形图，程序运行过程如图 6-58 所示。输出结果如图 6-59 所示。

```
1    import numpy as np
2    points = np.array([129, 140, 103.5, 88, 185.5, 195, 105, 157.5, 107.5, 77,
3                       81, 162, 162, 117.5, 7.5, 141.5, 23, 147, 22.5, 137.5,
4                       85.5, -6.5, -81, 3, 56.5, -66.5, 84, -33.5]).reshape(14, 2)
5    values = np.array([-4, -8, -6, -8, -6, -8, -8, -9, -9, -8, -8, -9, -4, -9])
6    grid_x, grid_y = np.mgrid[0:200:400j, -100:200:600j]
7    from scipy.interpolate import griddata
8    grid_z0 = griddata(points, values, (grid_x, grid_y), method='nearest')
9    grid_z1 = griddata(points, values, (grid_x, grid_y), method='linear')
10   grid_z2 = griddata(points, values, (grid_x, grid_y), method='cubic')
11   import matplotlib.pyplot as plt
12   from mpl_toolkits.mplot3d.axes3d import Axes3D
13   plt.figure()
14   ax1 = plt.subplot2grid((2, 2), (0, 0), projection='3d')
15   ax1.plot_surface(grid_x, grid_y, grid_z0, color="c")
16   ax1.set_title('nearest')
17   ax2 = plt.subplot2grid((2, 2), (0, 1), projection='3d')
18   ax2.plot_surface(grid_x, grid_y, grid_z1, color="c")
19   ax2.set_title('linear')
20   ax3 = plt.subplot2grid((2, 2), (1, 0), projection='3d')
21   ax3.plot_surface(grid_x, grid_y, grid_z2, color="r")
22   ax3.set_title('cubic')
23   ax4 = plt.subplot2grid((2, 2), (1, 1), projection='3d')
24   ax4.scatter(points[:, 0], points[:, 1], values, c="b")
25   ax4.set_title('org_points')
26   plt.tight_layout()
27   plt.show()
```

图 6-58　根据海底采样数据画出海底地形图的 Python 程序

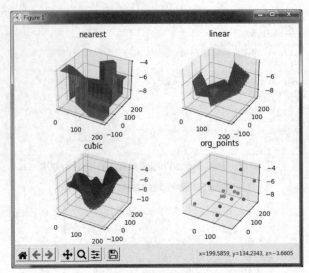

图6-59　根据海底采样数据画出海底地形图的结果

Python 甚至可以快速地画出乔治的恐龙，如图 6-60 所示。

图6-60　乔治的恐龙

Python 容易上手，受到了许多非计算机专业从业人员的追捧，让人们从烦琐的代码语法中解放，专注于模型逻辑，专业于本职业务。这使得 Python 变成与 Word、Excel、Visio 类似的工具，将来可能是上班族必备的技能之一。

# 模块7
# 信息技术基础

**07**

信息技术（Information Technology，IT）是传感技术、计算机技术、通信技术和控制技术等用于管理和处理信息的各种技术的总称。本章主要介绍搜索引擎、信息安全等内容。

## 7.1 搜索引擎

搜索引擎是根据用户需求，运用一定算法和用特定策略，从互联网检索出特定信息反馈给用户的一门检索技术。搜索引擎的实现基于多种技术，如网络爬虫技术、检索排序技术、网页处理技术、大数据处理技术、自然语言处理技术等。典型的搜索引擎有百度、谷歌等。下面以百度为例，说明如何使用搜索引擎。

### 1. 简单搜索

在搜索框中输入关键词，按【Enter】键或单击"百度一下"按钮，执行搜索，页面中很快会显示搜索结果，如图 7-1 所示。

图 7-1　简单搜索

通常，搜索结果的前面几条为广告内容，百度会在网站地址后标注广告内容提示。

### 2. 使用双引号搜索

通常，百度会自动对关键词进行拆分，这会导致搜索结果中包含许多无用的内容。使用双引号将关键词括起来，表示执行精确搜索，如图 7-2 所示。

图 7-2　使用双引号搜索

### 3. 使用加号搜索

在关键词前面使用加号，表示在搜索结果的网页中必须包含关键词，如图 7-3 所示。

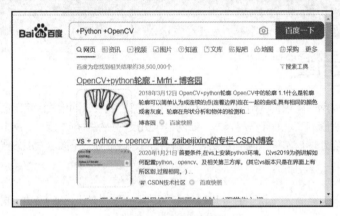

图 7-3　使用加号搜索

### 4. 使用书名号搜索

使用书名号将关键词括起来，表示搜索影视作品或小说，如图 7-4 所示。

图 7-4　使用书名号搜索

### 5. 在指定网站内搜索

使用"site:网站域名"可限制在指定网站内搜索网页。例如，"Python site:xinhuanet.com"表示只在新华网中搜索关键词"Python"，如图 7-5 所示。

图 7-5　在指定网站内搜索

### 6. 在网页标题中搜索

在关键词前加上"intitle:"，表示只在网页标题中搜索关键词，如图 7-6 所示。

图 7-6　在网页标题中搜索

### 7. 精确搜索指定文件类型的文档

在百度中搜索文档时，可使用"filetype:文档格式"指定要搜索文档的文件类型。例如，"Python filetype:pdf"表示搜索包含关键词 Python 的 PDF 文档，如图 7-7 所示。

图 7-7　精确搜索指定文件类型的文档

### 8. 使用逻辑运算符

在百度中，可使用下面的逻辑运算符表示关键词之间的逻辑关系。

逻辑与：空格，表示在搜索结果的网页中同时包含多个指定的关键词，与使用加号"+"作为关键词前缀类似。

逻辑或：|，表示在搜索结果的网页中包含一个或多个指定的关键词，如图 7-8 所示。

逻辑非：–，表示在搜索结果的网页中不包含指定关键词，如图 7-9 所示。

图7-8　使用逻辑或搜索

图7-9　使用逻辑非搜索

# 7.2　信息安全

随着计算机网络的迅速发展，当今社会已全面进入信息化时代，人们可随时随地通过手机、PAD 或其他移动设备访问网络共享资源、与他人交换信息。人们在享受海量信息资源的同时，也面临着严峻的信息安全问题，如信息泄露、网络攻击、计算机病毒等。

## 7.2.1　信息安全概念

在现代信息社会，信息已成为一种重要的社会资源。信息安全是涉及网络技术、通信技术、密码技术、信息安全技术、数学、信息论等多种学科的综合性学科。信息安全不仅仅关系到人们的日常生活，也关系到国家、社会的安全和稳定。信息安全包括信息本身的安全和信息系统的安全。

**1. 信息本身的安全**

信息本身的安全指保证信息的机密性、完整性和可用性，避免意外损失或丢失信息，防止信息被窃取；保证信息传播的安全，防止和控制非法、有害信息的传播，维护社会道德、法规和国家利益。

① 信息的机密性：非授权用户不能访问信息。

② 信息的完整性：信息正确、完整、未被篡改。

③ 信息的可用性：保证信息随时可以使用。

常见的需要保证安全的信息如下。

① 个人的姓名、身份证号码、住址、电话号码、照片、银行账号等个人信息。

② 企业、事业、机关单位的商业机密、技术发明、财务数据等需要保密的信息。

③ 政府部门、科研机构等单位与国家安全相关的需要保密的信息。

**2. 信息系统的安全**

信息系统的安全指保证存储信息、处理信息和传输信息的系统的安全，其重点是保证信息系统的正常运行，避免存储设备和传输网络发生故障、被破坏，避免系统被非法入侵。

信息系统的安全包括构成信息系统的计算机、存储设备、操作系统、应用软件、数据库、传输网络等各组成部分的安全。

### 7.2.2 信息安全威胁

信息安全威胁主要来源于物理环境、信息系统自身缺陷以及人为因素。

**1. 来自物理环境的安全威胁**

来自物理环境的安全威胁，主要包括自然灾害、辐射、电力系统故障等造成的自然的或意外的事故。例如，地震、火灾、水灾、雷击、静电、有害气体等对计算机系统的损害；电力系统停电、电压突变，导致系统停机、存储设备被破坏、网络传输数据丢失。

**2. 因信息系统自身缺陷产生的安全威胁**

信息系统自身包括硬件系统、软件系统等，这些组成部分存在的缺陷会产生安全威胁。

硬件系统的安全威胁主要来源于设计或质量缺陷。例如，计算机的硬盘、电源或主板芯片发生故障，导致系统崩溃、数据丢失等。

软件系统包括操作系统、应用软件等，其设计缺陷、软件漏洞等容易被黑客或计算机病毒利用，为系统带来安全威胁。

**3. 人为因素产生的安全威胁**

人为因素主要包括内部攻击和外部攻击两大类。

内部攻击指系统内部合法用户的故意或非故意行为造成的隐患或破坏。例如，内部人员非法窃取、盗卖数据；违规操作导致设备损坏、系统故障；系统密码设置简单导致增加系统被入侵风险。

外部攻击指来自系统外部的非法用户攻击。例如，冒用合法用户登录系统盗取或破坏数据；利用系统漏洞入侵系统。

### 7.2.3 信息安全技术

信息安全涉及信息的存储、处理、使用、传输等多个环节的理论和技术。常见的信息安全技术如下。

① 加密技术：对数据、文件、口令等机密数据进行加密，提高信息安全性。数据加密技术主要分为数据存储加密和数据传输加密。常见的加密算法有对称加密算法和非对称加密算法。

② 入侵检测技术：信息系统存在本地和网络入侵风险，入侵检测可帮助系统快速发现威胁。

③ 防火墙技术：防火墙用于在本地网络和外部网络之间建立防御系统，仅允许安全、核准的信息进入本地网络，组织存在威胁的信息访问和传递。

④ 系统容灾技术：系统容灾技术可在系统遭受安全威胁及被破坏时，快速恢复系统数据和系统运行。数据备份和系统容错是系统容灾技术的主要研究内容。

# 模块8
## 应用互联网技术与认知新一代信息技术

Internet 改变了人们的工作、学习与生活的方式，我们应学会在信息海洋中遨游，学会从网上获取各种资源，并利用网络进行学习和交流。

互联网与制造业融合发展促使各相关产业产生了巨大变革，云计算、大数据、物联网、人工智能、区块链、互联网+等新一代信息技术的发展，正加速推进全球产业分工深化和经济结构调整，重塑全球经济竞争格局，我国也正在推进数字经济发展。

## 8.1 认知计算机网络

计算机网络是计算机技术和通信技术相结合的产物，是利用通信线路和通信设备，将分布在不同地理位置的具有独立功能的若干台计算机连接起来形成的计算机的集合。建立计算机网络的主要目的是实现资源共享和数据通信。

**1. 计算机网络的组成**

计算机网络基本上包括计算机、网络操作系统、传输介质（有形的或无形的，例如无线网络的传输介质就是空气）和应用软件 4 部分。

**2. 计算机网络的分类**

虽然网络类型的划分标准多种多样，但是从地理范围划分是一种大家都认可的通用网络划分标准。按这种标准，网络可分为局域网、城域网和广域网 3 种。局域网一般来说只能在一个较小区域内，城域网则将不同地区的网络互联。不过在此要说明的一点就是这里的网络划分并没有严格意义上地理范围的区分，只能是一个定性的概念。

（1）局域网

局域网（Local Area Network，LAN）是一种十分常见、应用极广的网络。LAN 随着整个计算机网络技术的发展和提高得到了充分的应用和普及，几乎每个单位都有自己的 LAN，甚至有的家庭都有自己的小型 LAN。很明显，局域网是在局部地区范围内的网络，它覆盖的地区范围较小。LAN 在连接计算机数量配置上没有太多的限制，少的可以只有两台，多的可达几百台。一般来说，在企业 LAN 中的工作站数量在几十到两百台。对于网络涉及的地理距离来说，LAN 可以覆盖到 10 千米。LAN 一般位于一个建筑物或一个单位内，不存在寻径问题，不包括网络层的应用。

LAN 的特点：连接范围小、用户数少、配置容易、连接速率高。IEEE 的 802 标准委员会定义了多种主要的 LAN：以太网（Ethernet）、令牌环（Token Ring）网、光纤分布式数据接口（Fiber Distributed Date Interface，FDDI）网络、异步传输模式（Asynchronous Transfer Mode，ATM）网和无线局域网（Wireless LAN，WLAN）。

（2）城域网

城域网（Metropolitan Area Network，MAN）一般来说是在一个城市，但不在同一地理范围内的计算机网络。这种网络的连接距离可以在 10～100 千米，它采用的是 IEEE 802.6 标准。与 LAN 相比，

MAN 的扩展距离更长，连接的计算机数量更多，在地理范围上可以说是 LAN 的延伸。在一个大型城市或都市地区，一个 MAN 通常连接着多个 LAN，如连接政府机构的 LAN、医院的 LAN、公司企业的 LAN 等。由于光纤连接的引入，MAN 中高速的 LAN 互联成为可能。

MAN 多采用 ATM 技术做骨干网。ATM 是一个用于数据、语音、视频以及多媒体应用程序的高速网络传输方法。ATM 包括一个接口和一个协议，该协议能够在一个常规的传输信道上，在不变的比特率及变化的通信量之间进行切换。ATM 提供一个可伸缩的主干基础设施，以便能够适应不同规模、速度以及寻址技术的网络。其最大缺点就是成本太高，一般应用于政府城域网，如邮政、银行、医院等。

（3）广域网

广域网（Wide Area Network，WAN）也称为远程网，其覆盖的范围比 MAN 覆盖的范围更广，它一般使在不同城市之间的 LAN 或者 MAN 互联，地理范围可从几百千米到几千千米。因为距离较远，信息衰减比较严重，所以这种网络一般要租用专线，通过接口信息处理协议（IMP）和线路连接起来，构成网状结构，从而解决问题。因为连接 MAN 的用户多，MAN 的总出口带宽有限，所以用户的终端连接速率一般较低，通常为 9.6Kbit/s~45Mbit/s。中国公用计算机互联网（ChinaNet）、中国公用分组交换数据网（China Public Packet Switched Data Network，ChinaPAC）和中国数字数据网（China Digital Data Network，ChinaDDN）都属于 WAN。

上面讲了网络的几种类型，其实在现实生活中我们接触得最多的还是 LAN，因为它的连接范围可大可小，无论是在单位还是在家庭，实现起来都比较容易，它也是应用十分广泛的一种网络，所以我们有必要对 LAN 及 LAN 中的接入设备做进一步的介绍。

随着笔记本计算机和个人数字助理（Personal Digital Assistant，PDA）等便携式计算机的日益普及和发展，人们要随时随地接听电话、发送传真和电子邮件、阅读网上信息或登录远程机器等。然而在汽车或飞机上是不可能通过有线介质与单位的网络相连接的，这时候就需要无线网。虽然无线网与移动通信经常是联系在一起的，但这两个概念并不完全相同。例如，当便携式计算机通过 PCMCIA 卡接入电话插口，它就变成有线网的一部分。此外，有些通过无线网连接起来的计算机的位置可能又是固定不变的，如在不便于通过有线电缆连接的大楼之间就可以通过无线网将两栋大楼内的台式计算机连接在一起。

无线网特别是无线局域网有很多优点，如易于安装和使用。但无线局域网也有许多不足：它的数据传输率一般比较低，远低于有线局域网的数据传输率；它的误码率也比较高，而且站点之间相互干扰比较厉害。用户无线网的实现有不同的方法。国外的某些大学在校园内安装了许多天线，允许学生们坐在树底下查看图书馆的资料。这种情况下，两台计算机之间可直接通过无线局域网以数字方式进行通信。还有一种可能的方式是利用传统的模拟调制解调器通过蜂窝电话系统进行通信。在国外的许多城市已能提供蜂窝式数字信息分组数据（Cellular Digital Packet Data，CDPD）的业务，因而可以通过 CDPD 系统直接建立无线局域网。无线网是当前国内外的研究热点，无线网的研究是由巨大的市场需求驱动的。无线网的特点是使用户可以在任何时间、任何地点接入计算机网络，而这一特性使其具有强大的应用前景。当前已经出现了许多基于无线网的产品，如个人通信系统（Personal Communication System，PCS）电话、无线数据传输终端、便携式可视电话、个人数字助理等。无线网的发展依赖于无线通信技术的支持。无线通信系统主要有低功率的无绳电话系统、模拟蜂窝系统、数字蜂窝系统、移动卫星系统、无线局域网和无线广域网等。

### 3. 计算机与网络信息安全

计算机与网络信息安全是指为数据处理系统采取的技术方面和管理方面的安全保护，保护计算机硬件、软件、数据不因偶然的或恶意的原因而遭到破坏、更改或显露。这里面既包含层面的概念，其中计算机硬件可以看作是物理层面，软件可以看作是运行层面，再就是数据层面；也包含属性的概念，其中破坏涉及的是可用性，更改涉及的是完整性，显露涉及的是机密性。

计算机与网络信息安全的内容主要有以下几方面。

① 硬件安全，即计算机与网络硬件和存储媒体的安全。硬件安全要保护这些硬设施不受损害，能够正常工作。

② 软件安全，即计算机及其网络的各种软件不被篡改或破坏，不被非法操作或误操作，功能不会失效，不被非法复制。

③ 运行服务安全，即计算机与网络中的各个信息系统能够正常运行并能正常地通过网络交流信息。运行服务安全通过对网络系统中的各种设备运行状况的监测，发现不安全因素能及时报警并采取措施改变不安全状态，保障网络系统正常运行。

④ 数据安全，即计算机与网络中存在及流通的数据的安全。数据安全要保护网络中的数据不被篡改、非法增删、复制、解密、显示、使用等。它是保障网络安全最根本的目的。

# 8.2　认知与应用互联网

Internet 是世界上规模最大、覆盖范围最广的计算机网络，通常称为"因特网"。Internet 是将全世界不同国家、不同地区、不同部门的计算机通过网络互联设备连接在一起构成的一个国际性的资源网络。Internet 就像是在计算机与计算机之间架起的一条条信息"高速公路"，各种信息在上面传送，使人们得以在全世界范围内共享资源和交换信息。

## 8.2.1　认知 Internet 服务

Internet 服务是指通过互联网为用户提供的各类服务，通过 Internet 服务可以进行互联网访问，获取需要的信息。Internet 服务采用的是传输控制协议/网际协议（Transmission Control Protocol / Internet Protocol，TCP / IP）。

## 8.2.2　认知 Internet 地址

为了实现 Internet 中不同计算机之间的通信，网络中每台计算机都必须有一个唯一的地址，称为 Internet 地址。Internet 地址有两种表示形式，分别为 IP 地址和域名地址，用数字表示的地址称为 IP 地址，用字符表示的地址称为域名地址。

Internet 地址由网络号和主机号构成，其中网络号标识用于标识某个网络，主机号标识在网络上的某台计算机。

### 1. IP 地址

IPv4 地址包含 4 个字节，即 32 个二进制位。为了书写方便，通常每个字节使用一个 0～255 之间的十进制数字表示，每个十进制数字之间使用"."分隔，这种表示方法称为"点分十进制"。如"192.168.1.18"表示某个网络上某台主机的 IPv4 地址。

### 2. 域名地址

域名地址是使用字符表示的 Internet 地址，并由域名系统（Domain Name System，DNS）将其解释成 IP 地址。

### 3. DNS 服务

DNS 服务是域名地址与 IP 地址对应的网络服务，让用户在访问网站时，不再需要输入冗长难记的 IP 地址，只需输入域名即可访问，因为 DNS 服务会自动将域名地址转换成正确的 IP 地址，DNS 协议使用了 TCP 和用户数据报协议（User Datagram Protocol，UDP）的 53 端口。

## 8.2.3　认知 TCP/IP

TCP/IP 是 Internet 中所使用的通信协议，它是 Internet 上的计算机之间进行通信所必须遵守的规则集合。其中，TCP 提供传输层服务，负责管理数据包的传递过程，并有效地保证数据传输的正确性；IP 提供网际层服务，负责将需要传输的数据分割成许多数据包，并将这些数据包发往目的地，每个数据包中包含了部分要传输的数据和传送目的地的地址等重要信息。

### 8.2.4　认知浏览器

浏览器是用来检索、展示以及传递 Web 信息资源的应用程序，使用者可以借助超级链接（Hyperlinks），通过浏览器浏览互相关联的信息，实现从 Web 服务器中搜索信息、浏览网页、收发电子邮件等功能。Web 信息资源由统一资源标识符（Uniform Resource Identifier，URI）标记，它是一个网页、一张图片、一段视频或者任何在 Web 上所呈现的内容。

主流的浏览器分为 IE（Internet Explorer）浏览器、Chrome 浏览器、火狐（Firefox）浏览器、Safari 浏览器等几大类，其中 IE 浏览器是微软公司开发的一种 Web 浏览器。

### 8.2.5　认知搜索引擎

搜索引擎是指 Internet 中的信息搜索工具，常用的搜索引擎有百度搜索、搜狗搜索、谷歌搜索等。当用户访问某个网页时，输入要查找的关键词并提交，搜索引擎就会在数据库中检索，并将检索结果返回到页面。

### 8.2.6　认知电子邮件

电子邮件（E-mail）是指在 Internet 中通过电子信件形式进行通信的方式。电子邮件收发有速度快、信息形式多样、收发方便、交流范围广等优点，目前已逐渐成为人们常用的通信方式。

使用 Internet 提供的电子邮件服务时，首先要申请电子邮箱，每个邮箱都有一个唯一的标识，该标识也就是我们常说的电子邮件地址，其格式为"用户名@域名"，其中"用户名"是用户申请的账号，"域名"是电子邮件服务器域名，例如"g×××@163.com"表示一个电子邮件地址。

## 【任务 8-1】使用百度网站搜索信息

**【任务描述】**

使用 Chrome 浏览器打开百度网站首页，然后完成以下各项任务。

① 搜索"区块链的定义"。

② 搜索"张家界景点图片"。

③ 搜索"阿坝县旅游宣传片"。

④ 利用百度翻译将中文短句"纸上得来终觉浅，绝知此事要躬行"翻译为英文。

扫码观看本
任务视频

**【任务实施】**

在 Chrome 浏览器的地址栏中输入百度网址，打开百度网站首页。

**1. 搜索"区块链的定义"**

在百度首页的搜索内容输入框中输入"区块链的定义"，然后单击"百度一下"按钮，即可获取搜索结果。单击搜索结果中的超链接，打开"区块链的定义"对应的网页，将所需内容复制到计算机的文档中即可。

**2. 搜索"张家界景点图片"**

在百度首页的搜索内容输入框中输入"张家界景点图片"，然后单击"百度一下"按钮，即可获取搜索结果。单击导航按钮"图片"，切换到"图片"页面，找到所需的景点图片，然后保存至计算机中即可。

**3. 搜索"阿坝县旅游宣传片"**

在百度首页单击导航按钮"视频"，切换到"视频"页面，在搜索内容输入框中输入"阿坝县旅游宣传片"，然后单击"百度一下"按钮，即可获取搜索结果。选择所需的视频在线观看或下载到计算机中即可。

**4. 将中文短句翻译为英文**

打开百度首页，单击"导航"按钮，"更多"超链接，打开百度"产品大全"页面，在"搜索服务"区域，单击"百度翻译"超链接，打开"百度翻译"网页，在左侧文本框中输入"纸上得来终觉浅，绝知此事要躬行"，右侧文本框会自动显示对应英文。

## 【任务 8-2】使用电子邮箱收发电子邮件

### 【任务描述】

① 申请注册一个网易 163 邮箱，也可以申请注册其他网站的邮箱。

② 登录申请成功的邮箱。

③ 通过该邮箱撰写和发送一封邮件。

④ 查看收件箱中已收到的邮件。

⑤ 阅读邮件内容。

### 【任务实施】

#### 1. 申请网易 163 邮箱

（1）打开"网易"邮箱的注册页面

打开浏览器，打开"163 网易免费邮"网页，在页面单击右下方导航栏的超链接"注册网易邮箱"，切换到网易邮箱的注册页面。

（2）创建账号

在网易邮箱的注册页面输入用户名、密码、手机号码等用户信息，如图 8-1 所示。

**注意**　如果输入的用户名已经被他人先占用了，就会弹出提示信息，要求重新输入用户名。

接下来进行安全信息设置，如果填写的信息不符合系统安全，系统会在下方显示相应的提示信息。输入完成后一定要记住自己所填写的信息，特别是用户名和登录密码，以便以后登录使用。然后单击"立即注册"按钮，显示图 8-2 所示注册成功的提示信息。

图 8-1　输入用户信息

bestday_×××@163.com 注册成功！

进入邮箱

图 8-2　注册成功的提示信息

电子邮箱注册成功后，单击"进入邮箱"，即可直接进入 163 网易免费邮的首页。

**2. 登录网易 163 邮箱**

打开浏览器，打开 163 网易免费邮的登录页面。在网易 163 邮箱登录页面输入用户名和密码，如图 8-3 所示，然后单击"登录"按钮即可登录。

登录成功后打开 163 网易免费邮首页，如图 8-4 所示。

图 8-3　登录网易 163 邮箱

图 8-4　163 网易免费邮首页

**3. 撰写和发送邮件**

（1）打开写信界面

单击左侧的"写信"按钮，打开邮件撰写界面。

（2）填写收件人邮件地址

在"收件人"文本框中填写对方的邮件地址，这里输入"happyday_×××@163.com"。

（3）输入邮件主题

在邮件主题文本框中输入主题文字，这里输入"新年问候"。

（4）撰写邮件正文内容

在邮件正文内容文本框中输入邮件正文内容，这里输入"祝您在新的一年万事如意！一切顺利！"。

**提示**　这里不仅可以输入文字，还可以设置输入内容的格式，例如设置字体、字号、对齐方式、文字颜色等格式，也可以完成复制、剪切和粘贴等操作，还具有设置超链接、增加图片、添加表情、添加信封等功能。

（5）添加附件

单击超链接"添加附件"，弹出"打开"对话框，在该对话框选择要上传的文件，然后单击"打开"按钮，完成添加附件操作。附件文件可以添加多个，如果要删除添加的附件文件，单击附件文件名称后面的"删除"按钮即可。

（6）设置邮件状态

在撰写邮件界面下方选中　"紧急""已读回执""纯文本""定时发送""邮件加密"等复选框，还可以设置邮件状态。

邮件撰写完成后的界面如图 8-5 所示。

（7）发送邮件或存草稿箱

邮件撰写完成后，可以直接单击"发送"按钮发送，也可以单击"存草稿"按钮将写好的邮件保存到草稿箱，以后再发送该邮件。

图 8-5　邮件撰写完成后的界面

#### 4. 查看收件箱中的邮件

查看刚才从电子邮箱"bestday_×××@163.com"发给电子邮箱"happyday_×××@163.com"的邮件，需要登录电子邮箱"happyday_×××@163.com"。每次登录邮箱时，邮件系统会自动收取邮件，收到的邮件都会存放在"收件箱"中，如图 8-6 所示。如果有未读的邮件，在页面有提示信息。只需单击 163 邮箱页面左侧导航栏中的"收件箱"即可查看收件箱中的邮件。

图 8-6　查收收件箱中的邮件

#### 5. 阅读邮件内容

如果需要阅读邮件的内容，只需在收件箱的邮件列表中单击邮件主题所在的行即可。

## 8.3　云计算技术与应用

大规模分布式计算技术即为"云计算"的概念起源，云计算又称为网络计算。简单的云计算技术在网络服务中已经随处可见，如搜寻引擎、网络邮箱等，使用者只要输入简单指令就能得到大量信息。

### 8.3.1　云计算的定义

"云"实质上就是一个网络，狭义地讲，云计算就是一种提供资源的网络，使用者可以随时获取"云"上的资源，按需求量使用，按使用量付费，并且资源可以看成是无限扩展的，只要按使用量付费就可以。"云"就像自来水厂一样，我们可以随时接水，并且不限量，按照自己家的用水量，付费给自来水厂就可以。从广义上说，云计算是与信息技术、软件、互联网相关的一种服务。云计算把许多计算资源集合起来，通过软件实现自动化管理，只需要很少的人参与，就能快速提供资源。也就是说，计算能力作为一种商品，可以在互联网上流通，就像水、电、天然气一样，可以方便地被使用者取用，且价格较为低廉。总之，云计算不是一种全新的网络技术，而是一种全新的网络应用概念，云计算的核心概念就是以互联网为中心，在网站上提供快速且安全的云计算服务与数据存储服务，让每一个使用互联网的人都可以使用网络上的庞大计算资源与数据。

云计算是一种基于并高度依赖于 Internet 的计算资源交付模型，它集合了大量服务器、应用程序、数据和其他资源，通过 Internet 以服务的形式提供这些资源，并向用户屏蔽底层差异的分布式处理架构。用户可以根据需要从诸如亚马逊网络服务（Amazon Web Services，AWS）之类的云计算服务提供商那里获得技术服务，例如数据计算、存储和数据库，而无须购买、拥有和维护物理数据中心及服务器。

云计算是分布式计算技术的一种，其工作原理是通过网络"云"将庞大的计算处理程序自动拆分成无数个较小的子程序，再交由多部服务器所组成的庞大系统搜寻、计算、分析之后将处理结果回传给用户。通过这项技术，网络服务提供者可以在很短的时间内（数秒之内），完成对数以千万计甚至亿计数据的处理，提供和"超级计算机"同样强大效能的网络服务。现阶段所说的云服务已经不单单是一种分布式计算，而是分布式计算、效用计算、负载均衡、并行计算、网络存储、热备份冗杂和虚拟化等计算机技术混合演进并跃升的结果。

## 8.3.2 云计算的优势与特点

与传统的网络应用模式相比，云计算具有以下优势与特点。

### 1. 虚拟化技术

虚拟化突破了时间、空间的界限，是云计算最显著的特点，虚拟化技术包括应用虚拟和资源虚拟两种。物理平台与应用部署的环境在空间上是没有任何联系的，云计算正是通过虚拟平台对相应终端操作完成数据备份、迁移和扩展等。

### 2. 动态可扩展

云计算具有高效的运算能力，在原有服务器的基础上增加云计算功能能够使计算速度迅速提高，最终实现动态扩展虚拟化要求，达到对应用进行扩展的目的。

用户可以利用应用软件的快速部署条件更为简单快捷地将自身所需的已有业务以及新业务进行扩展。例如，云计算系统中出现设备的故障，对于用户来说，无论是在计算机层面上，还是在具体运用上都不会受到阻碍，用户可以利用云计算具有的动态可扩展功能来对其他服务器开展有效扩展。这样就能够确保任务得以有序完成。在对虚拟化资源进行动态可扩展的同时，能够高效扩展应用，提高云计算的操作水平。

### 3. 按需部署

计算机包含了许多应用、程序软件等，不同的应用对应的数据资源库不同，所以用户运行不同的应用时，需要有较强的计算能力以对资源进行部署，而云计算平台能够根据用户的需求快速配备计算能力及资源。

### 4. 兼容性强

目前市场上大多数信息技术（Information Technology，IT）资源、软件、硬件都支持虚拟化。虚拟化要素统一放在云计算系统虚拟资源池当中进行管理，可见云计算的兼容性非常强，可以兼容低配置机器、不同厂商的硬件产品，并获得更强的计算能力。

### 5. 可靠性高

云计算即使出现服务器故障也不会影响计算机与应用的正常运行，因为单个服务器出现故障可以通过虚拟化技术将分布在不同物理服务器上的应用进行恢复或利用动态可扩展功能部署新的服务器进行计算。

### 6. 性价比高

将资源放在虚拟资源池中进行统一管理在一定程度上优化了物理资源，用户可以选择相对廉价的计算机组成云一方面减少费用，另一方面计算机的计算性能不逊于大型主机的计算性能。

## 8.3.3 云计算的服务类型

大多数云计算服务都可归为四大类：适用于对存储和计算能力进行基于 Internet 访问的基础设施即服务（Infrastructure as a Service，IaaS）、能够为开发人员提供用于创建和托管 Web 应用程序工具的平台即服务（Platform as a Service，PaaS）、适用于基于 Web 的应用程序的软件即服务（Software as a Service，SaaS）和无服务器计算服务。每种类型的云计算服务都提供不同级别的控制、灵活性和管理，因此用户可以根据需要选择正确的服务。

（1）基础设施即服务

基础设施即服务是云计算主要的服务类别之一，云计算服务提供商以即用即付的方式向用户提供虚拟化计算资源，如服务器、虚拟机、存储空间、网络和操作系统。IaaS 包含云 IT 的基本构建块。它通常提供对网络功能、计算机（虚拟或专用硬件）和数据存储空间的访问。IaaS 为用户提供最高级别的灵活性，并使用户可以对 IT 资源进行管理控制。它与许多 IT 部门和开发人员熟悉的现有 IT 资源最为相似。

（2）平台即服务

平台即服务为开发人员提供了通过全球互联网构建应用程序和服务的平台。PaaS 可以为开发、测试、交付和管理软件提供按需开发环境，让开发人员能够更轻松地快速创建 Web 或移动应用，而无须考虑对开发所必需的服务器、存储空间、网络和数据库基础结构的设置或管理，从而可以将更多精力放在应用程序的部署和管理上。这有助于提高效率，因为开发人员不用操心与资源购置、容量规划、软件维护、补丁安装或应用程序运行有关的任何无差别的繁重工作。

（3）软件即服务

软件即服务通过互联网提供按需付费应用程序，云计算服务提供商托管应用程序，并允许其用户连接到应用程序且通过全球互联网访问应用程序。

使用 SaaS 时，云计算服务提供商托管软件应用程序和基础结构。用户通过 Internet（通常使用电话、平板计算机或 PC 上的 Web 浏览器）可以连接到应用程序。

SaaS 提供了一种完善的产品，其运行、管理、软件升级和安全修补等工作皆由云计算服务提供商负责。使用 SaaS 产品时，用户无须考虑如何维护服务或管理基础设施，只需要考虑如何使用该特定软件。

（4）无服务器计算

无服务器计算服务侧重于构建应用功能，无须花费时间继续管理要求管理的服务器和基础结构。云计算服务提供商可为用户处理设置、规划容量和管理服务器。无服务器计算服务的体系结构具有高度可缩放和事件驱动的特点，且仅在出现特定函数或事件时才使用资源。

### 8.3.4　云计算的应用领域

如今，云计算技术已经融入社会生活的方方面面。

**1.云存储**

云存储是在云计算技术上发展起来的一种新的存储技术。云存储是一个以数据存储和管理为核心的云计算系统。用户可以将本地的资源上传至云端，可以在任何地方通过连入互联网来获取云端的资源。云存储向用户提供了存储容器服务、备份服务、归档服务和记录管理服务等（如百度云、微云等），极大地方便了用户对资源的管理。

**2. 医疗云**

医疗云在移动技术、多媒体、5G 通信、大数据及物联网等新技术的基础上，结合医疗技术，使用云计算来创建医疗健康服务云平台，实现了医疗资源的共享和医疗范围的扩大。医疗云运用云计算技术，提高了医疗机构的效率，方便居民就医。现在医院的预约挂号、电子病历、医保等都是云计算与医疗领域结合的产物，医疗云还具有数据安全、信息共享、动态扩展、布局全国的优势。

**3. 金融云**

金融云是指利用云计算的模型，将信息、金融和服务等分散到庞大分支机构构成的互联网"云"中，旨在为银行、保险和基金等金融机构提供互联网处理和运行服务，同时共享互联网资源，从而解决现有问题并且达到高效、低成本的目标。现在，金融与云计算的结合使快捷支付基本普及，只需要在手机上进行简单操作，就可以完成查询银行存款、购买保险和买卖基金业务。目前，已有多家企业推出了自己的金融云服务。

### 4. 教育云

教育云可以将需要的任何教育硬件资源虚拟化，然后将其传入互联网中，以向教育机构和学生、教师提供一个方便快捷的平台。慕课（Massive Open Online Course，Mooc）——大规模开放的在线课程，就是教育云的一种应用。

### 5. 服务云

用户使用在线服务来发送邮件、编辑文档、看电影或电视、听音乐、玩游戏或存储图片和其他文件，这些都属于服务云的范畴。

## 8.3.5 如何选择云计算服务提供商

云计算服务提供商是提供基于云的平台、基础结构、应用程序或存储服务并通常收取费用的公司。用户决定将资源移动到云计算后，下一步就是选择云计算服务提供商。选择云计算服务提供商应考虑以下事项。

### 1. 业务运行状况和流程

业务运行状况和流程应考察以下几方面。

① 财务运行状况：应对云计算服务提供商的稳定性进行跟踪记录，要求云计算服务提供商财务状况良好，有长期顺利运营所需的充足资本。

② 组织、监管、规划和风险管理：云计算服务提供商应具有正式的管理结构、已确立的风险管理策略以及访问第三方云计算服务提供商的正式流程。

③ 云计算服务提供商的信任度：云计算服务提供商的客户应认同该公司及其理念，查看云计算服务提供商的声誉及其合作伙伴，了解其云经验级别，阅读评论，并咨询境况相似的其他客户。

④ 业务知识和技术专长：提供商服务提供商应了解客户的业务和计划，并能够将其技术专业知识应用到这些业务和计划中。

⑤符合性审核：提供商服务提供商应经第三方审核机构验证，符合客户的所有要求。

### 2. 管理支持

管理支持应考察以下几方面。

① 服务级别（SLA）协议：提供商服务提供商应保证能提供令客户满意的基础级服务。

② 性能报告：云计算服务提供商应能够提供性能报告。

③ 资源监视和配置管理：云计算服务提供商应具有足够的控制权，来跟踪和监视提供给客户的服务及对其系统所做的任何更改。

④ 计费与记账：云计算服务提供商应能自动进行计费与记账操作，让客户能够监视所用资源及其产生的费用，避免产生超出预期的费用，还应提供对计费相关问题的支持。

### 3. 技术能力和流程

技术能力和流程应考察以下几方面。

① 部署、管理和升级：确保云计算服务提供商拥有便于客户配置、管理和升级软件和应用程序的机制。

② 标准接口：云计算服务提供商应使用标准应用程序接口（Application Programming Interface，API）和数据转换接口，让客户能够轻松连接到云。

③ 事件管理：云计算服务提供商应具有与其监视管理系统集成的正式事件管理系统。

④ 变更管理：云计算服务提供商应具有请求、记录、批准、测试和接受更改的正式流程文件。

⑤ 混合能力：即使最初不计划使用混合云，也应确保云计算服务提供商能够支持该模式。

### 4. 安全性准则

安全性准则应考察以下几方面。

① 安全基础结构：云计算服务提供商应有用于所有级别和类型的云服务的综合性安全基础结构。

② 安全策略：云计算服务提供商应备有综合性安全策略和规程，用于管理对提供商和客户系统的访问权限。

③ 身份管理：云计算服务提供商要求对任何应用程序或硬件组件进行更改的任何人，以个人或组角色为基础进行授权，还应要求对应用程序或数据进行更改的任何人进行身份验证。

④ 数据备份和保留：云计算服务提供商应具备有可操作的用于确保客户数据完整性的策略和规程。

⑤ 物理安全性：云计算服务提供商应有确保物理安全性的控制权，包括对共存硬件的访问权限。此外，数据中心应采取环境保护措施来保护设备和数据免受破坏事件影响，应有冗余网络和电源，以及灾难恢复和业务连续性计划文件。

# 8.4 大数据技术与应用

随着计算机技术的发展与互联网的普及，信息的积累已经到了一个非常庞大的地步，信息的增长也在不断加快，随着互联网、物联网建设的加快，信息更是爆炸式增长，收集、检索、统计这些信息越发困难，必须使用新的技术来解决这些问题，大数据技术应运而生。

## 8.4.1 大数据的定义

大数据本身是一个抽象的概念。从一般意义上讲，大数据指无法在一定时间范围内用常规软件工具进行获取、存储、管理和处理的数据集合，是需要新处理模式才能具有更强的决策力、洞察力和流程优化能力的海量、高增长率和多样化的信息资产。大数据由巨型数据集组成，这些数据集大小常超出人类在可接受时间内的收集、使用、管理和处理能力。

大数据技术是指从各种各样类型的数据中，快速获得有价值信息的技术。应用大数据技术的平台包括大规模并行处理（MPP）数据库、数据挖掘电网、分布式文件系统、分布式数据库、云计算平台、互联网和可扩展的存储系统等。

## 8.4.2 大数据的特点

高德纳公司于 2012 年修改了对大数据的定义："大数据是大量、高速及/或多变的信息资产，它需要新型的处理方式去促成更强的决策能力、洞察力与最优化处理。"目前，业界对大数据还没有一个统一的定义，但是大家普遍认为，大数据应具备大量（Volume）、高速（Velocity）、多样（Variety）和低价值密度（Value）4 个特征，简称"4V"特征，即数据体量巨大、数据处理速度快、数据类型繁多和数据价值密度低，如图 8-7 所示。

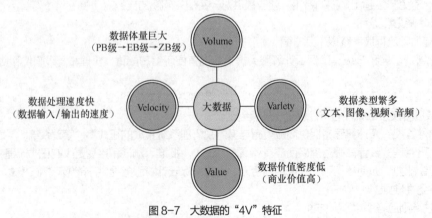

图 8-7 大数据的"4V"特征

（1）大量

大数据的数据体量巨大。数据集合的规模不断扩大，数据量已经从 GB 级增加到 TB 级、PB 级，近年来，数据量甚至开始以 EB 和 ZB 来计数。

例如，一个中型城市的视频监控信息一天就能达到几十太字节（TB）的数据量。百度首页导航每天需要提供的数据超过 1.5PB（1PB=1024TB），如果将这些数据打印出来，会使用超过 5000 亿张 A4 纸。有资料证实，到目前为止，人类生产的所有印刷材料的数据量仅为 200PB。

（2）高速

大数据的数据产生、处理和分析的速度在持续加快。加速的原因是数据创建的实时性特点，以及将流数据结合到业务流程和决策过程中的需求。大数据技术的数据处理速度快，处理模式已经开始从批处理转向流处理。

很多大数据需要在一定的时间限度内得到及时处理，业界对大数据技术的处理能力有一个称谓——"1 秒定律"，也就是说，可以从各种类型的数据中快速获得高价值的信息。大数据技术的快速处理能力充分体现出它与传统数据处理技术的本质区别。

（3）多样

大数据的数据类型、格式和形态繁多。传统 IT 产业产生和处理的数据类型较为单一，大部分是结构化数据。随着传感器、智能设备、社交网络、物联网、移动计算、在线广告等新的渠道和技术不断涌现，产生的数据类型无以计数。

现在的数据不再只是格式化数据，更多的是半结构化或者非结构化数据，如 XML、邮件、博客、即时消息、视频、音频、图片、单击流、日志文件、地理位置等多类型的数据。企业需要整合、存储和分析来自复杂的传统和非传统信息源的数据，包括企业内部和外部的数据。

（4）低价值密度

大数据的数据价值密度低。大数据由于体量不断加大，单位数据的价值密度在不断降低，然而数据的整体价值在提高，大数据包含很多深度的价值，大数据的分析、挖掘和利用将带来巨大的商业价值。以监控视频为例，在 1 小时的视频中，在不间断的监控过程中，有用的数据可能仅仅只有一两秒，但是却会非常重要。

## 8.4.3 大数据的作用

大数据孕育于信息通信技术，它对社会、经济、生活产生的影响绝不限于技术层面。从本质上讲，它为我们看待世界提供了一种全新的方法，即我们的决策行为将日益基于数据分析。具体来讲，大数据将有以下作用。

（1）对大数据的处理分析正成为新一代信息技术融合应用的节点

移动互联网、物联网、社交网络、数字家庭、电子商务等是新一代信息技术的应用形态，这些应用不断产生大数据。云计算为这些海量、多样化的大数据提供存储和运算平台。对不同来源数据进行管理、处理、分析与优化，将结果反馈到上述应用中，将创造出巨大的经济和社会价值。

（2）大数据是信息产业持续高速增长的新引擎

面向大数据市场的新技术、新产品、新服务、新业态会不断涌现。在硬件与集成设备领域，大数据将对芯片、存储产业产生重要影响，还将催生出一体化数据存储处理服务器、内存计算等市场。在软件与服务领域，大数据将引发数据快速处理分析、数据挖掘技术和软件产品的发展。

（3）大数据将成为提高企业核心竞争力的关键因素

各行各业的决策正在从"业务驱动"向"数据驱动"转变。企业组织利用相关数据，帮助自身降低成本、提高效率、开发新产品、做出更明智的业务决策等，把数据集合并后再进行分析，得出的信息和数据关系可以用来了解察觉商业趋势、判定研究质量、避免疾病扩散、打击犯罪或测定即时交通路况等。在商业领域，对大数据的分析可以使零售商实时掌握市场动态并迅速做出应对，可以为商家提供更加精准有效的营销策略提供决策支持，可以帮助企业为消费者提供更加及时和个性化的服务；在医疗领域，大数据可提高诊断准确性和药物有效性；在公共事业领域，大数据也开始在促进经济发展、维护社会稳定等方面发挥重要作用。

（4）大数据时代科学研究的方法手段将发生重大改变

例如，抽样调查是社会科学的基本研究方法。在大数据时代，可实时监测、跟踪研究对象在互联网上产生的海量行为数据，进行挖掘分析，揭示出规律性的内容，做出研究结论和对策。

## 8.4.4　大数据技术的主要应用行业

经过近几年的发展，大数据技术已经慢慢地渗透到各个行业。不同行业的大数据应用进程的速度，与行业的信息化水平、行业与消费者的距离、行业的数据拥有程度有着密切的关系。总体看来，应用大数据技术的行业可以分为以下4类。

### 1. 互联网和营销行业

互联网行业是离消费者距离较近的行业，同时拥有大量实时产生的数据。业务数据化是其企业运营的基本要素，因此，互联网行业中大数据应用的程度较高。与互联网行业相伴的营销行业，是围绕互联网用户行为分析，以为消费者提供个性化营销服务为主要目标的行业。

### 2. 信息化水平比较高的行业

金融、电信等行业进行信息化建设比较早，内部业务系统的信息化结构相对完善，对内部数据有大量的历史积累，并且有一些深层次的分析分类应用，目前正处于将内外部数据结合起来共同为业务服务的阶段。

### 3. 政府及公用事业行业

不同部门的信息化程度和数据化程度差异较大，例如，交通行业目前已经有了不少大数据应用案例，但有些行业还处在数据采集和积累阶段。政府将会是未来整个大数据产业快速发展的关键，政府的公用数据开放可以使政府数据在线化走得更快，从而激发大数据应用的大发展。

### 4. 制造业、物流、医疗、农业等行业

制造业、物流、医疗、农业等行业的大数据应用水平还处在初级阶段，但未来消费者驱动的 C2B 模式会倒逼着这些行业的大数据应用进程逐步加快。

据统计，目前中国大数据 IT 应用投资规模较大的有五大行业，其中，互联网行业占比最高，占大数据 IT 应用投资规模的 28.9%，其次是电信行业（19.9%），第三为金融行业（17.5%），政府行业和医疗行业分别排第四和第五。

## 8.4.5　大数据预测及其典型应用领域

大数据预测是大数据最核心的应用，它将传统意义的预测拓展到"现测"。大数据预测的优势体现在，它把一个非常困难的预测问题，转化为一个相对简单的描述问题，而这是传统小数据集合无法做到的。从预测的角度看，大数据预测所得出的结果不仅能用于处理现实业务的简单、客观的数据，更能用于帮助企业进行经营决策。

### 1. 预测是大数据的核心价值

大数据的本质是解决问题，大数据的核心价值就在于预测，而企业经营的核心也是基于预测而做出正确判断。在谈论大数据应用时，最常见的应用案例便是"预测股市""预测流感""预测消费者行为"等。

大数据预测则是基于大数据和预测模型去预测未来某件事情发生的概率。让分析从"面向已经发生的过去"转向"面向即将发生的未来"是大数据分析与传统数据预测的最大不同。

大数据预测的逻辑基础是：每一种非常规的变化事前一定有征兆，每一件事情都有迹可循，如果找到了征兆与变化之间的规律，就可以进行预测。大数据预测无法确定某件事情必然会发生，它更多的是给出一个事件会发生的概率。

实验的不断反复、大数据的日积月累让人类不断发现各种规律。利用大数据预测可能的灾难，利用

大数据分析可能引发癌症的原因并找出治疗方法，都是未来能够惠及人类的事业。

例如，麻省理工学院利用手机定位数据和交通数据进行城市规划；气象局通过整理近期的气象情况和卫星云图，可以更加精确地判断未来的天气状况。

### 2. 大数据预测的思维改变

在过去，人们的决策主要是依赖 20%的结构化数据（如公司的销售数据、员工的基本信息等），而大数据预测则可以帮助人们利用另外80%的非结构化数据（如图像、影像、电子邮件等数据）来做决策。大数据预测具有更多的数据维度、更高的数据频率和更广的数据宽度。与小数据时代相比，大数据预测的思维具有很大改变：实样而非抽样、预测效率而非精确、相关性而非因果关系。

（1）实样而非抽样

在小数据时代，由于缺乏获取全体样本的手段，人们发明了"随机调研数据"的方法。理论上，抽取样本越随机，就越能代表整体样本。但问题是获取一个随机样本的代价极高。人口调查就是一个典型例子，一个国家很难做到每年都完成一次人口调查，因为随机调研实在是太耗时耗力。然而云计算和大数据技术的出现，使得获取足够大的样本数据乃至全体数据成为可能。

（2）预测效率而非精确

小数据时代由于使用抽样的方法，所以需要数据样本的具体运算非常精确，否则就会"差之毫厘，失之千里"。例如，在一个总样本为 1 亿的人口中随机抽取 1000 人进行人口调查，如果在 1000 人中的运算出现错误，那么放大到 1 亿时，偏差将会很大。但在全样本的情况下，有多少偏差就是多少偏差，而不会被放大。

在大数据时代，快速获得一个大概的轮廓和发展脉络，比严格的精确性要重要得多。有时候，当掌握了大量新型数据时，精确性就不那么重要了，因为我们仍然可以掌握事情的发展趋势。大数据基础上的简单算法比小数据基础上的复杂算法更加有效。数据分析的目的并非就是数据分析，而是用于决策，故而时效性也非常重要。

（3）相关性而非因果关系

大数据研究不同于传统的逻辑推理研究，它需要对数量巨大的数据进行统计性的搜索、比较、聚类、分类等分析归纳工作，并关注数据的相关性（或称关联性）。相关性是指两个或两个以上变量的取值之间存在某种规律性。相关性没有必然性，只有可能性。

相关性可以帮助我们捕捉现在和预测未来。如果 A 和 B 经常一起发生，则我们只需要注意到 B 发生了，就可以预测 A 也发生了。

根据相关性，我们理解世界不再需要建立在假设的基础上，这个假设是指针对现象建立的有关其产生机制和内在机理的假设。因此，我们也不需要建立这样的假设，如哪些检索词条可以表示流感在何时何地传播，航空公司怎样给机票定价，顾客的烹饪喜好是什么。取而代之的是，我们可以对大数据进行相关性分析，从而知道哪些检索词条最能显示流感的传播，飞机票的价格是否会飞涨，哪些食物是台风期间待在家里的人最想吃的。

数据驱动的关于大数据的相关性分析法，取代了基于假想的易出错的方法。大数据的相关性分析法更准确、更快，而且不易受偏见的影响。建立在相关性分析法基础上的预测是大数据的核心。

相关性分析本身的意义重大，同时它也为研究因果关系奠定了基础。通过找出可能相关的事物，我们可以在此基础上进行进一步的因果关系分析。如果存在因果关系，则再进一步找出原因。这种便捷的机制通过严格的实验降低了因果关系分析的成本。我们也可以从相关性中找到一些重要的变量，这些变量可以用到验证因果关系的实验中去。

### 3. 大数据预测的典型应用领域

互联网给大数据预测应用的普及带来了便利条件，结合国内外案例来看，以下 10 个领域是最有前景的大数据预测应用领域。

（1）天气预报

天气预报是典型的大数据预测应用领域。天气预报粒度已经从天缩短到小时，有严苛的时效要求。

如果基于海量数据通过传统方式进行计算，则得出结论时明天早已到来，这样的预测并无价值，而大数据技术的发展则提供了高速计算能力，大大提高了天气预报的时效性和准确性。

（2）体育赛事预测

2014 年世界杯期间，谷歌、百度、微软和高盛等公司都推出了比赛结果预测平台。百度公司对全程 64 场比赛的预测准确率为 67%，进入淘汰赛后准确率为 94%。这意味着未来的体育赛事会被大数据预测所掌控。

从互联网公司的成功经验来看，只要有体育赛事历史数据，并且与指数公司进行合作，便可以进行其他体育赛事的预测。

（3）股票市场预测

英国华威商学院和美国波士顿大学物理系曾研究发现，用户通过谷歌搜索的金融关键词或许可以预测股票市场的走向，相应的投资战略收益高达 326%。

（4）市场物价预测

单个商品的价格预测更加容易，尤其是机票这样的标准化产品，去哪儿旅行网提供的"机票日历"就是价格预测的结果，它能告知用户几个月后机票的大概价位。

由于商品的生产、渠道成本和大概毛利在充分竞争的市场中是相对稳定的，与价格相关的变量是相对固定的，商品的供需关系在电子商务平台上可实时监控，因此价格可以预测。基于预测结果可向用户提供购买时间建议，或者指导商家进行动态价格调整和营销活动以实现利益最大化。

（5）用户行为预测

基于用户搜索行为、浏览行为、评论历史和个人资料等数据，互联网业务可以洞察用户的整体需求，进而进行针对性的产品生产、改进和营销。百度公司基于用户喜好进行精准广告营销，阿里巴巴公司根据天猫用户特征包下生产线来订制产品，亚马逊公司预测用户单击行为提前发货均是受益于互联网用户行为预测。

受益于传感器技术和物联网的发展，线下的用户行为洞察正在酝酿。免费商用 Wi-Fi，iBeacon 技术、摄像头影像监控、室内定位技术、近场通信（Near Field Communication，NFC）传感器网络、排队叫号系统，可以探知用户线下的移动、停留、出行规律等数据，从而进行精准营销或者产品定制。

（6）人体健康预测

中医可以通过望闻问切的手段发现一些人体内隐藏的慢性病，甚至通过看体质便可知晓一个人将来可能会出现什么症状。人体体征变化有一定规律，而慢性病发生前人体已经有一些持续性异常。从理论上来说，如果大数据掌握了这样的异常情况，便可以进行慢性病预测。

智能硬件使慢性病的大数据预测变为可能，可穿戴设备和智能健康设备可收集人体健康数据，如心率、体重、血脂、血糖、运动量、睡眠量等状况。如果这些数据足够精准、全面，并且有可以形成慢性病预测模式的算法，或许未来这些设备就会提醒用户身体患某种慢性病的风险。

（7）疾病疫情预测

疾病疫情预测是指基于人们的搜索情况、购物行为预测大面积疫情暴发的可能性，最经典的"流感预测"便属于此类。如果某个区域的"流感"搜索需求越来越多，就可以推测该处有流感趋势。

（8）灾害灾难预测

气象预测是最典型的灾难灾害预测。如果地震、洪涝、高温、暴雨这些自然灾害可以利用大数据进行更加提前的预测和告知，便有助于减灾、防灾、救灾、赈灾。与过去的数据收集方式存在着有死角、成本高等问题，而在物联网时代，人们可以借助廉价的传感器摄像头和无线通信网络，进行实时的数据监控收集，再利用大数据预测分析，做到更精准地预测自然灾害。

（9）环境变迁预测

除了进行短时间的微观的天气、灾害预测之外，还可以进行更加长期和宏观的环境和生态变迁预测。森林和农田面积缩小、野生动物植物濒危、海岸线上升、温室效应等问题是地球面临的"慢性问题"。人类知道越多地球生态系统以及天气形态变化的数据，就越容易模型化未来环境的变迁，进而阻止不好的转变发生。大数据可帮助人类收集、储存和挖掘更多的地球数据，同时还提供了预测的工具。

（10）交通行为预测

通过用户和车辆的基于位置的服务（Location Based Services，LBS）定位数据，可分析人车出行的个体和群体特征，进行交通行为的预测。交通部门可通过预测不同时间、不同道路的车流量，来进行智能的车辆调度，或应用潮汐车道（可变车道）；用户则可以根据预测结果选择拥堵概率更低的道路。

例如，百度公司基于地图应用的 LBS 在春运期间可通过预测人们的迁徙趋势来指导火车线路和航线的设置，在节假日可通过预测景点的人流量来指导人们的景区选择，平时还有百度热力图来告诉用户城市商圈、动物园等地点的人流情况，从而指导用户的出行选择和商家的选点选址。

除了上面列举的 10 个领域，大数据预测还可应用在能源消耗预测、房地产预测、就业情况预测、高考分数线预测、选举结果预测、奥斯卡大奖预测、保险投保者风险评估、金融借贷者还款能力评估等领域。大数据预测让人类具备可量化、有说服力、可验证的洞察未来的能力，大数据预测的魅力正在释放出来。

## 8.5　人工智能技术与应用

人工智能（Artificial Intelligence，AI）是计算机科学的一个分支，是 20 世纪 70 年代以来世界三大尖端技术（空间技术、能源技术、人工智能）之一，也被认为是 21 世纪三大尖端技术（基因工程、纳米科学、人工智能）之一。这是因为近 30 年来它获得了迅速的发展，在很多学科领域都获得了广泛应用，并取得了丰硕的成果，人工智能已逐步成为一个独立的分支，在理论和实践上都已自成系统。

### 8.5.1　人工智能的定义

人工智能是研究、开发用于模拟、延伸和扩展人的智能的理论、方法、技术及应用系统的一门新的技术科学。

人工智能较早的定义，是由约翰·麦卡锡在 1956 年提出的："人工智能就是要让机器的行为看起来就像是人所表现出的智能行为一样。"美国的尼尔逊博士对人工智能下了这样一个定义："人工智能是关于知识的学科——怎样表示知识以及怎样获得知识并使用知识的科学。"这些说法反映了人工智能学科的基本思想和基本内容，即人工智能是研究人类智能活动的规律，构造具有一定智能的人工系统，研究如何让计算机去完成以往需要人的智力才能胜任的工作，也就是研究如何应用计算机的软、硬件来模拟人类某些智能行为的基本理论、方法和技术。总体来讲，目前对人工智能的定义大多可划分为 4 类，即机器"像人一样思考""像人一样行动""理性地思考"和"理性地行动"。这里"行动"应广义地理解为采取行动，或制订行动的决策，而不是肢体动作。

人工智能是研究使用计算机来模拟人的某些思维过程和智能行为（如学习、推理、思考、规划等）的学科，主要包括计算机实现智能的原理、制造类似于人脑智能的计算机，使计算机能实现更高层次的应用。人工智能涉及计算机科学、心理学、哲学和语言学等学科，几乎涵盖了自然科学和社会科学的所有学科，其范围已远远超出了计算机科学的范畴。人工智能与思维科学的关系是实践和理论的关系，人工智能处于思维科学的技术应用层次，是它的一个应用分支。从思维观点看，人工智能不仅限于逻辑思维，还要考虑形象思维、灵感思维，才能促进其突破性的发展。数学常被认为是多种学科的基础科学。数学不仅在标准逻辑、模糊数学等范围发挥作用，还能进入人工智能学科，通过互相促进让彼此获得更快的发展。

人工智能力图了解智能的实质，并生产出一种新的能以与人类智能相似的方式做出反应的智能机器，该领域的研究包括机器人、语言识别、图像识别、自然语言处理和专家系统等。人工智能从诞生以来，理论和技术日益成熟，应用领域也不断扩大，可以设想，未来人工智能带来的科技产品，将会是人类智慧的"容器"。

### 8.5.2 人工智能的主要研究内容

人工智能的研究具有很高的技术性和专业性，各分支领域都是深入且各不相通的，因而涉及范围极广。人工智能学科研究的主要内容包括知识表示、自动推理、智能搜索、机器学习、知识处理系统、自然语言处理等方面，主要应用领域有智能控制、专家系统、语言和图像理解、遗传编程机器人、自动程序设计等。

**1. 知识表示**

知识表示是人工智能的基本问题之一，推理和搜索都与知识表示方法密切相关。常用的知识表示方法有逻辑表示法、产生式表示法、语义网络表示法和框架表示法等。

**2. 自动推理**

逻辑推理是人工智能研究最持久的领域之一，问题求解中的自动推理是知识的使用过程，由于有多种知识表示方法，相应地有多种推理方法。推理过程一般可分为演绎推理和非演绎推理，谓词逻辑是演绎推理的基础，结构化表示下的继承性能推理是非演绎性的。由于知识处理的需要，近几年来人们提出了多种非演绎的推理方法，如连接机制推理、类比推理、基于示例的推理、反绎推理和受限推理等。

**3. 智能搜索**

信息获取和精细化技术已成为当代计算机科学与技术研究中迫切需要研究的课题，将人工智能技术应用于这一领域的研究是人工智能走向广泛实际应用的契机与突破口。智能搜索是人工智能的一种问题求解方法，搜索策略决定着问题求解的一个推理步骤中知识被使用的优先关系，可分为无信息导引的盲目搜索和利用经验知识导引的启发式搜索。启发式知识常由启发式函数来表示，启发式知识利用得越充分，求解问题的搜索空间就越小。近年来，搜索方法研究开始注意那些具有百万节点的超大规模的搜索问题。

**4. 机器学习**

机器学习是人工智能的一个重要课题。机器学习是指在一定的知识表示意义下计算机能获取新知识的过程。按照学习机制的不同，机器学习主要有归纳学习、分析学习、连接机制学习和遗传学习等。

**5. 知识处理系统**

知识处理系统主要由知识库和推理机组成。对于知识库所需要的知识，当知识量较大而又有多种表示方法时，知识的合理组织与管理很重要。推理机在问题求解时，规定使用知识的基本方法和策略，推理过程中为了记录结果或通信需要而使用数据库或采用黑板机制。如果在知识库中存储的是某一领域（如医疗诊断）的专家知识，则这样的知识库称为专家系统。为适应复杂问题的求解需要，单一的专家系统向多主体的分布式人工智能系统发展，这时知识共享、主体间的协作、矛盾的出现和处理将是研究的关键问题。

专家系统是目前人工智能中最活跃、最有成效的研究领域之一，它是一种具有特定领域内大量知识与经验的程序系统。近年来，在"专家系统"或"知识工程"的研究中已出现了成功和有效应用人工智能技术的趋势。人类专家由于具有丰富的知识，所以才能拥有优异的解决问题的能力。计算机程序如果能体现和应用这些知识，那么也应该能解决人类专家所解决的问题，而且能帮助人类专家发现推理过程中出现的差错，现在这一点已被证实，例如，在矿物勘测、化学分析、规划和医学诊断方面，专家系统已经达到了人类专家的水平。

**6. 自然语言处理**

自然语言处理是人工智能技术应用于实际领域的典型范例，经过多年艰苦努力，这一领域已获得了大量令人注目的成果。目前，该领域的主要课题是计算机系统如何以主题和对话情境为基础，生成和理解自然语言，这是一个极其复杂的编码和解码问题。

### 8.5.3 人工智能对人们生活的积极影响

就人类科技发展的历史看来，从"蒸汽时代"到"电力时代"，再到"信息时代"，人们从自然中不断获得全新的动力，但是结果却是相同的，使人们的工作变得更轻松。人工智能就是这样的技术，其对人们生活的积极影响是多方面的，主要体现如下。

### 1. 更好地满足人类需求

人工智能具有思维推理和行为实践的双重功能，可以更好地在物质上和精神上满足人的需求。

### 2. 使人类劳动工作方式趋于简单并提高效率

人工智能技术不仅可以在工作中大大减轻人类的体力劳动，甚至人工智能的一些机器学习、记忆、自动推理的功能，还可以极大地降低人类脑力劳动的强度，并辅助人类进行数据分析或事务决策。利用人工智能的目的就是用无机物构成的机器来取代人类有机大脑的部分功能，可以在体力和脑力上双重性地帮助人类减轻劳动负担。人类拥有更多的可自由支配的时间，来完成其余事务，这无疑使得人类生活变得效率更高，更加自由。例如，机器人和专家系统能分别帮助人解放体力和脑力劳动。

### 3. 使人类的衣食住行等基本生活方式丰富化

人工智能技术与人类衣食住行等各种用具的结合，将彻底改变人类的生活方式。

（1）智能服装

智能服装在传统服装的基础上，加入了电子智能设备，从而能够读出人体的心跳和呼吸频率，能够调节温度，能够自动播放音乐，能够自动显示文字与图像等。

（2）智能家电

智能冰箱、智能电视等智能家电现在已经进入了千家万户，利用语音识别、图像识别等技术，这些家电在便利操控和安全性能上无疑更具有优势。

### 4. 提高人类生活安全保障性

目前的安全防盗技术主要利用数字密码和电磁密码等安全保障措施，这些密码保障方式虽然足够先进，但依然有漏洞和破绽可循，容易被破解。而人工智能领域图像识别和计算机视觉等技术，提供了人面识别、指纹识别、虹膜识别等保密方式，使人们的隐私及人身财产安全能够得到更好的保障。

### 5. 使人类的社会交往与娱乐方式发生革新

智能手机的社交功能与体感游戏机的娱乐功能是人工智能在社交和娱乐方面应用的典范。智能手机使得人们与陌生人的联系变得更加容易，使得社交活动更容易展开，当然，这其中有一定风险性，需要人们审慎对待；而体感游戏机在使人得到休闲娱乐的同时，也在一定程度上帮助人们锻炼体魄，从而使人变得更加健康，以及培养人们的身体的协调性与互助协作精神。

## 8.5.4 人工智能的应用领域

近年来，人工智能迅速融入经济、社会、生活等各行各业，在全世界形成了燎原之势，其在金融、物流等多个领域人工智能也将发挥更大的作用，如支付、结算、保险、个人财富管理、仓库选址、智能调度等众多方面已经开始与人工智能融合。人工智能的未来发展方向将更为广阔，未来的人工智能将更多地进入生活的方方面面。

### 1. 金融领域

银行使用人工智能系统进行组织运作，金融投资和管理财产。银行使用协助顾客服务系统帮助核对账目、发行信用卡和恢复密码等。

### 2. 医疗和医药领域

随着技术的成熟，人工智能被应用到医疗和医药领域，例如，人工智能能够"读图"识别影像，还能"认字"读懂病历，甚至出具诊断报告，给出治疗建议。这些曾经在想象中的画面，逐渐变成现实，对解决医疗资源供需失衡及地域分配不均等问题意义重大。此外，人工神经网络可以用来开发临床诊断决策支持系统。

### 3. 顾客服务领域

人工智能是自动上线的好助手，可减少操作，使用的主要是自然语言加工系统，呼叫中心的回答机器也用类似技术。

**4.传媒领域**

通过语音合成技术所研发的 AI 主播具有形象逼真、口音自然、口型精准等优点，未来人工智能在传媒领域将发挥更大的作用。

**5. 语音识别领域**

在语音识别领域，继在具有语音识别功能的科大讯飞输入法之后，出现了云知声智能科技股份有限公司开发的智能医疗语音录入系统。该系统采用了国内面向医疗领域的智能语音识别技术，能实时准确地将语音转换成文本。这项应用不但能避免复制粘贴操作，增加病历输入安全性，而且可以节省医生的时间。目前，一些医院已应用了这一技术。

**6. 金融智能投资领域**

所谓智能投顾（投资顾问），即利用计算机的算法优化理财。目前，国内进行智能投顾业务的企业已经超过 20 家。

### 8.5.5　人工智能的发展趋势与展望

经过几十多年的发展，人工智能在算法、算力（计算能力）和算料（数据）方面（即"三算"方面）取得了重要突破，正处于从"不能用"到"可以用"的技术拐点，但是距离"很好用"还有诸多瓶颈。那么在可以预见的未来，人工智能将会出现怎样的发展趋势与特征呢？

**1. 从专用人工智能向通用人工智能发展**

实现从专用人工智能向通用人工智能的跨越式发展，既是下一代人工智能发展的必然趋势，也是研究与应用领域的重大挑战。阿尔法狗系统开发团队创始人戴密斯·哈萨比斯提出朝着"创造解决世界上一切问题的通用人工智能"这一目标前进。微软公司在 2017 年成立了通用人工智能实验室，众多感知、学习、推理、自然语言理解等方面的科学家参与其中。

**2. 从人工智能向人机混合智能发展**

借鉴脑科学和认知科学的研究成果是人工智能的一个重要研究方向。人机混合智能旨在将人的作用或认知模型引入人工智能系统中，提升人工智能系统的性能，使人工智能成为人类智能的自然延伸和拓展，通过人机协同工作更加高效地解决复杂问题。

**3. 从"人工+智能"向自主智能系统发展**

当前人工智能领域的大量研究集中在深度学习，但是深度学习的局限是需要大量人工干预，例如，人工设计深度神经网络模型、人工设定应用场景、人工采集和标注大量训练数据、人工适配智能系统等，非常费时费力。因此，科研人员开始关注减少人工干预的自主智能方法，提高机器智能地拥有对环境的自主学习能力。例如，阿尔法狗系统的后续版本阿尔法元从零开始，通过自我对弈强化学习，实现了围棋、国际象棋、日本将棋的"通用棋类人工智能"。

**4. 人工智能将加速与其他学科领域交叉渗透**

人工智能本身是一门综合性的前沿学科和高度交叉的复合型学科，研究范畴广泛而又异常复杂，其发展需要与计算机科学、数学、认知科学、神经科学和社会科学等学科深度融合。随着超分辨率光学成像、光遗传学调控、透明脑、体细胞克隆等技术的突破，脑科学与认知科学的发展开启了新时代，能够大规模、更精细地解析智力的神经环路基础和机制。人工智能将进入生物启发的智能阶段，依赖于生物学、脑科学、生命科学和心理学等学科的发现，将机理变为可计算的模型。同时人工智能也会促进脑科学、认知科学、生命科学甚至化学、物理、天文学等传统科学的发展。

**5. 人工智能产业将蓬勃发展**

随着人工智能技术的进一步成熟，以及政府和产业界投入的日益增长，人工智能应用的云端化进程将不断加快，全球人工智能产业规模在未来 10 年将进入高速增长期。

**6. 人工智能将推动人类进入普惠型智能社会**

"人工智能＋X"的创新模式将随着技术和产业的发展日趋成熟，对生产力和产业结构产生革命性影响，并推动人类进入普惠型智能社会。我国经济社会转型升级对人工智能有重大需求，在消费场景和行业应用的需求牵引下，需要打破人工智能的感知瓶颈、交互瓶颈和决策瓶颈，促进人工智能技术与社会各行各业的融合，建设若干标杆性的创新应用场景，实现低成本、高效益、广范围的普惠型智能社会。

### 7. 人工智能领域的国际竞争将日益激烈

当前，人工智能领域的国际竞争已经拉开帷幕，并且将日趋白热化。

### 8. 人工智能的社会学将提上议程

为了确保人工智能的健康可持续发展，使其发展成果造福于民，需要从社会学的角度系统全面地研究人工智能对人类社会的影响，制定完善人工智能的法律法规，规避可能的风险。2017 年 9 月，联合国区域间犯罪和司法研究所决定在海牙成立第一个联合国人工智能和机器人中心，规范人工智能的发展。

## 8.6 物联网技术与应用

在物品上嵌入电子标签、条形码等能够存储物体信息的标识，通过无线网络的方式将其即时信息发送到后台信息处理系统，而各大信息系统可互联形成一个庞大的网络，从而可达到对物品实施跟踪、监控等智能化管理的目的。这个网络就是物联网（Internet of Things，IoT）。通俗来讲，物联网可实现人与物之间的信息沟通。

### 8.6.1 物联网的定义

物联网的概念是在 1999 年提出的，物联网早期的定义很简单：把所有物品通过射频识别（Radio Frequency Identification，RFID）等信息传感设备与互联网连接起来，实现智能化识别和管理。物联网被视为互联网的应用拓展，应用创新是物联网发展的核心，以用户体验为核心的创新 2.0 是物联网发展的灵魂。目前，物联网是指通过信息传感设备，按约定的协议将任何物品与互联网相连接进行信息交换和通信，以实现智能化识别、定位、跟踪、监控和管理的网络。物联网主要解决物品与物品、人与物品、人与人之间的互联。

### 8.6.2 物联网的工作原理

物联网是在计算机互联网的基础上，利用 RFID、无线数据通信等技术，构造一个覆盖世界上万事万物的。在这个网络中，物品（商品）能够彼此进行"交流"，而无需人的干预。其实质是利用 RFID 技术，通过计算机互联网实现物品（商品）的自动识别和信息的互联与共享。

而 RFID，正是能够让物品"开口说话"的一种技术。在"物联网"的构想中，RFID 标签中存储着规范而具有互用性的信息，通过无线数据通信网络把它们自动采集到中央信息系统，实现物品（商品）的识别，进而通过开放性的计算机网络实现信息交换和共享，实现对物品的"透明"管理。

"物联网"概念的提出，打破了之前的传统思维。过去的思路一直是将物理基础设施和 IT 基础设施分开：一方面是机场、公路、建筑物，另一方面是数据中心，包括 PC、宽带等。而在"物联网"时代，钢筋混凝土、电缆将与芯片、宽带整合为统一的基础设施，在此意义上，基础设施更像是一块新的地球工地，世界的运转就在它上面进行，其中包括经济管理、生产运行、社会管理乃至个人生活。

### 8.6.3 物联网的主要特征

物联网主要具有以下特点。

① 全面感知，即利用 RFID、传感器、二维码等随时随地获取物体的信息。

② 可靠传递，通过各种电信网络与互联网的融合，将物体的信息实时准确地传递出去。

③ 智能处理，利用云计算、模糊识别等各种智能计算技术，对海量的数据和信息进行分析和处理，对物体实施智能化的控制。

### 8.6.4　物联网的体系结构

目前，物联网还没有一个被广泛认同的体系结构，但是，我们可以根据物联网对信息感知、传输、处理将其划分为3层结构，即感知层、网络层和应用层。

① 感知层：主要用于对物理世界中的各类物理量、标识、音频、视频等数据进行采集与感知。数据采集主要涉及传感器、RFID、二维码等技术。

② 网络层：主要用于实现更广泛、更快速的网络互联，从而对感知到的数据信息进行可靠、安全的传送。目前能够用于物联网的通信网络主要有互联网、无线通信网、卫星通信网与有线电视网。

③ 应用层：主要包含应用支撑平台子层和应用服务子层。应用支撑平台子层用于支撑跨行业、跨应用、跨系统之间的信息协同、共享和互通。应用服务子层包括智能交通、智能家居、智能物流、智能医疗、智能电力、数字环保、数字农业、数字林业等领域。

### 8.6.5　物联网的应用案例

#### 1. 物联网在农业中的应用

（1）农业标准化生产监测

实时采集农业生产中最关键的温度、湿度、二氧化碳含量、土壤温度、土壤含水率等数据，以实时掌握农业生产的各种数据。

（2）动物标识溯源

实现各环节一体化全程监控，实现动物养殖、防疫、检疫和监督的有效结合，对动物疫情和动物产品的安全事件进行快速、准确的溯源和处理。

（3）水文监测

将传统近岸污染监控、地面在线检测、卫星遥感和人工测量融为一体，为水质监控提供统一的数据采集、数据传输、数据分析、数据发布平台，为湖泊观测和成灾机理的研究提供实验与验证途径。

#### 2. 物联网在工业中的应用

（1）电梯安防管理系统

通过安装在电梯外围的传感器采集电梯正常运行、冲顶、蹲底、停电、关人等情况下的数据，并经无线传输模块将数据传送到物联网的业务平台。

（2）输配电设备监控、远程抄表

基于移动通信网络，实现所有供电点及受电点的电力电量信息、电流电压信息、供电质量信息及现场计量装置状态信息的实时采集，以及实现对用电负荷远程控制。

（3）一卡通系统

基于RFID-SIM卡的企事业单位的门禁、考勤及消费管理系统，校园一卡通及学生信息管理系统等都是物联网的应用。

#### 3. 物联网在服务产业中的应用

（1）个人保健

在用户身上放置不同的传感器，对用户的健康参数进行监控，并且实时传送到相关的医疗保健中心。如果有异常，医疗保健中心会通过手机提醒用户体检。

（2）智能家居

以计算机技术和网络技术为基础，实现家电控制和家庭安防功能，包括各类消费型的电子产品、通信产品、信息家电及智能家居等。

（3）智能物流

通过网络提供的数据传输通路，实现物流车载终端与物流公司调度中心的通信、远程车辆调度、自动化货仓管理等功能。

（4）移动电子商务

实现手机支付、移动票务、自动售货等功能。

（5）防攻击性入侵

铺设多个传感节点，覆盖地面、栅栏和低空探测，防止人员的翻越、偷渡、恐怖袭击等攻击性入侵。

### 4. 物联网在公共事业中的应用

（1）智能交通

通过连续定位系统（Continuous Positioning System，CPS）、监控系统，可以查看车辆运行状态，关注车辆预计到达时间及车辆的拥挤状态。

（2）平安城市

利用监控探头，实现图像敏感性智能分析，并与 110、119、112 等交互，从而构建和谐安全的城市生活环境。

（3）城市管理

运用地理编码技术，实现城市部件的分类、分项管理以及对城市管理问题的精确定位。

（4）环保监测

将传统传感器所采集的各种环境监测信息，通过无线传输设备传输到监控中心，进行实时监控和快速反应。

（5）医疗卫生

物联网在医疗卫生领域的应用包括远程医疗、药品查询、卫生监督、急救及探视视频监控等。

### 5. 物联网在物流产业中的应用

物流产业是物联网相关技术最有现实意义的应用领域之一。物联网的建设，会进一步提升物流智能化、信息化和自动化水平，推动物流功能整合。对物流服务各环节运作将产生积极影响。具体地讲，主要有以下几个方面。

（1）生产物流环节

基于物联网的物流体系可以实现整个生产线上的原材料、零部件、半成品和产成品的全程识别与跟踪，减少人工识别成本和出错率。应用物品电子编码（Electronic Product Code，EPC）技术，就能通过识别电子标签来快速从种类繁多的库存中准确地找出所需的原材料和零部件，并能自动预先形成详细补货信息，从而实现流水线均衡、稳步生产。

（2）运输环节

物联网能够使物品在运输过程中的管理更透明，可视化程度更高。通过为运输的货物和车辆贴上 EPC 标签，在运输线的一些检查点上安装上 RFID 接收转发装置，企业能实时了解货物目前所处的位置和状态，实现运输货物、线路、时间的可视化跟踪管理。此外，物联网还能帮助实现智能化调度，提前预测和安排最优的行车路线，缩短运输时间，提高运输效率。

（3）仓储环节

将物联网技术（如 EPC 技术）应用于仓储管理，可实现仓库存货、盘点、取货的自动化操作，从而提高作业效率，降低作业成本。入库储存的商品可以实现自由放置，提高了仓库的空间利用率；通过实时盘点，能快速、准确地掌握库存情况，及时进行补货，提高库存管理能力，降低库存水平。同时按指令准确高效地拣取多样化的货物，减少出库作业时间。

（4）配送环节

在配送环节，采用 EPC 技术能准确地了解货物存放位置，大大缩短拣选时间，提高拣选效率，加快配送的速度。读取 EPC 标签，与拣货单进行核对，提高了拣货的准确性。此外，可以确切了解目前有多少货箱处于转运途中、转运的始发地和目的地，以及预期的到达时间等信息。

（5）销售物流环节

当贴有 EPC 标签的货物被客户提取时，智能货架会自动识别并向系统报告，物流企业可以实现敏捷反应，并通过历史记录预测物流需求和服务时机，从而使物流企业更好地开展主动营销和主动式服务。